愿你此生更精彩

——王士弘成人礼寄语

尊敬的王士弘先生，我亲爱的儿子：

今日之前，我都叫你小名，这是父亲对未成年孩子的惯常称呼，更是老家寿光的习惯风俗，直到现在你的爷爷奶奶都还经常叫我小名。每当听到被你爷爷奶奶称呼小名，我都心满意足，因为这个称呼表明我的父母都还健在，我既可以承欢膝下，也有机会在二老面前偶尔撒娇儿卖乖，比如故意让你爷爷炒盘儿他最拿手的肉炒土豆丝。父母慈祥，儿孙孝顺，其乐融融。

但从今日起，我得叫你大名了，且须冠之以"先生"，因为你已成人，事实上你的品德修养，也配得上"先生"二字，你让我感动，我为你骄傲，所以在你的成人礼上，我就发自内心地叫你一声"先生"。当然，"先生"二字，更是对你未来的美好期许，我和你妈都衷心希望，无论做人、做事，还是做学问，你都能"讲良心，说实话，做好人"，这才无愧于"先生"这个称呼。

你本不该转学到寿光二中，但是出于父母的责任，为你的发展进步和身心健康着想，我们不得不竭尽全力帮你转学过来。来了，就是你可喜可贺的福分，我们发自内心地为你感到欢喜。成长的过程，就是遭遇挫折的过程，也是不断纠错的过程。在这里，我想说的是面对挫折和磨难的态度问题，你若能"把挫折磨难，都看作是上天对你的祝福"，并且能"把难念的经，都唱作奉献之歌"，你就真的成人了，也就真的可以问心无愧地被人尊称为"先生"了。我相信你有这个能力，也相信你能成为"大先生"。

从送你高二开学报到那天突然发现应该好好跟你谈谈为人处世的规矩和道理，到我动笔写作《愿你此生更精彩——与高中孩子的十七堂对话课》中的每一篇文章，我都在以自己的积极努力和精益求精，伴你一步一步，一天一天地成长、成熟、成人，我很欣慰，也很自豪！欣慰的是，我有一个品行敦厚、自强不息的好儿子；自豪的是，最起码在你成人前后的一年里，我尽到了为人之父的责任，而且比一般的父亲都做得更好，因为很少有父亲能为教育儿子专门写本书，但我做到了。文章写作你没出力，但你却是我文章写作的不竭动力，从这个层面讲，《愿你此生更精彩——与高中孩子的十七堂对话课》就是你我父子合作的结果，我骄傲！

十八岁，作为成人的标志，它不仅是人生的开始，更是辉煌人生的开始。在机遇与挑战同在、辉煌与艰难并存的新征程，希望这部为你写就、为你成长、为你赋能，同时也是为你祈祷的著作，能够带给你更大的勇气、更多的智慧、更强的力量和足够的理性！

基于对你品行的深刻了解和对你上进之心的绝对信任，我相信有了《愿你此生更精彩——与高中孩子的十七堂对话课》的出版加持，再加上你的勤奋努力，你的人生一定更加精彩！

吹毛求疵的爸爸

2023 年 11 月 26 日

MAY YOUR
LIFE BE
MORE EXCITING

王明勇 / 著

愿你此生更精彩

—— 与高中孩子的十七堂对话课

知识产权出版社
全国百佳图书出版单位
—— 北京 ——

图书在版编目（CIP）数据

愿你此生更精彩：与高中孩子的十七堂对话课/王明勇著. —北京：
知识产权出版社，2024.8
ISBN 978-7-5130-9303-3

Ⅰ.①愿… Ⅱ.①王… Ⅲ.①人生哲学—青少年读物 Ⅳ.①B821-49

中国国家版本馆CIP数据核字（2024）第033117号

内容提要

本书基于作者自己的成长经历，自己成功的育儿经验，以及在过往经历和阅历中对于成败得失的体会感悟，总结出了给高中学生的十七堂课，基本涵盖做人、做事与做学问的方方面面。本书是作者的人生智慧、处世哲学的总结，期望孩子按照这些为人处世标准与榜样典范去做，无论做人、做事还是做学问，都能有相对圆满的结果。

本书可作为孩子和家长共同的心灵读物。

责任编辑：刘晓庆　　　　　　　　责任印制：刘译文

愿你此生更精彩——与高中孩子的十七堂对话课
YUAN NI CISHENG GENG JINGCAI——YU GAOZHONG HAIZI DE SHIQI-TANG DUIHUAKE

王明勇　著

出版发行：知识产权出版社 有限责任公司	网　址：http://www.ipph.cn
电　话：010-82004826	http://www.laichushu.com
社　址：北京市海淀区气象路50号院	邮　编：100081
责编电话：010-82000860转8597	责编邮箱：laichushu@cnipr.com
发行电话：010-82000860转8101/8102	发行传真：010-82000893
印　刷：天津嘉恒印务有限公司	经　销：新华书店、各大网上书店及相关专业书店
开　本：720mm×1000mm　1/16	印　张：19.75
版　次：2024年8月第1版	印　次：2024年8月第1次印刷
字　数：225千字	定　价：68.00元

ISBN 978-7-5130-9303-3

只要方向对，教育就不贵

不少人都在抱怨教育成本高，控诉教育花费贵，并因此害怕生育，起码是拿它当作拒绝生育的挡箭牌，但很少有人知道教育成本高在哪里，贵在何处。

据有心人测算，家长几乎 90% 以上的教育成本，都是在为孩子学习的"不自觉"买单。而一些成年人也会因为考试，动辄就报这样或者那样的辅导班，其实也是在为自己的"不会学"而买单。追根溯源，我认为孩子学习上的"不自觉"，主要是因为对于教育本性存在认知偏差所致，也就是教育方向出了问题。

在自学成才方面，我有自我标榜的底气。2015 年 11 月，我在应邀为本科毕业于国内不同重点高校，当时正在解放军西安政治学院攻读硕士、博士学位的三百多名青年才俊举办专题讲座时，就曾不无骄傲自豪地说："我在浪得虚名成为大律师之前的法学教育成本，满打满算也不到 800 元，因为我学法律直至通过司法考试，都是只买书，不报辅导班，全靠自学！"

俗话说，没有比较就没有鉴别。当然，没有比较也就没有伤害。我在面对这么多其中不乏本科毕业于清华、北大的高才生时，实话实说自己的法学教育成本不到 800 元人民币（2003 年通过司法考试时的统计数字），难免会因此招致"羡慕嫉妒恨"的无情板砖："800 元还不够我读大学一个月的开销呢，就凭这么一点小钱儿，你也能把法律学好？"

虽然不敢自称已在法学研究与法律运用上做到融会贯通，但是我的法学修养与法治思维，已然达到让我敢在高手如云的法律服务领域出手亮剑的地步，并有底气把山东水兵律师事务所的执业标准，"高大上"地定义为"品德自信，业务自信，学术自信"！而且，我还能够身体力行倡导"创学习型律所，做学者型律师"。

我之所以能从潜艇普通一兵，到全日制法学博士；从潜艇全训副艇长，到四级高级检察官；从基层部队的军事指挥官，180 度大转弯地改行到舰队政治部从事法律工作，并被解放军四总部联合表彰为"2006—2011 年全军法制宣传教育先进个人"，被中宣部、司法部联合表彰为"2006—2011 年全国法制宣传教育先进个人"；再从正团职主诉检察官，到海军北海舰队法律服务中心主任，并能取得田径二级裁判、帆船二级裁判、二级心理咨询师等不同行业的从业资格，靠的就是相对较强的自学能力。而这自学能力的养成，与我从七岁开始照看弟弟妹妹、洗衣做饭这个"家庭职业保姆"式的成长经历不无关联。经过这般生活历练之后，起码我不会惧怕困难。

所谓"师傅领进门，修行在个人"，说的就是自学能力。事实上，无论大学毕业之后的工作创业，还是考研、考博成功之后的学业精进，比的都是自学能力。但就现状而言，家长所忽视的，事实上也是大多数孩子所欠缺的，恰恰就是这自学能力的培养和提升。

不可否认，在考上大学之前，很多孩子都在接受被动式的"填鸭"教育，一些家长因受到高考指挥棒的指引和所谓"不能让孩子输在起跑线上"的误导，而从幼儿园起，就不顾孩子是否有能力或者是否有兴趣，甚至不管孩子是否已经身心俱疲，而拖着他们奔波忙碌于这样或那样的素质班、特长班与补习班、提升班，很少冷静理性和负责任地考虑对孩子成长进步而言更为重要的自主思考、自我完善、自我学习与自我约束方面的能力培养问题。这就导致现在的孩子考上大学远离父母亲朋的监管督导之后，往往茫然不知所措，而随波逐流地延续过去那种被动式的"填鸭"教育，为了毕业而毕业，即便找到相对不错的工作，包括考上公务员，也会因为缺乏主动自觉和主人翁精神而导致能力不济，难有更好的发展。我以为，现代人之所以心浮气躁有余，而冷静理性不足，根本原因就在于"自由之思想，独立之精神"这个教育基础没有打好，没有从娃娃开始培养自主自觉的能力素质。

至于家国情怀与责任担当，哪怕仅仅只是"讲良心，说实话，做好人"，甚至退而求其次，只是"团结合作，助人为乐"这样的为人处世基本要求，有些人也做不到，可见教育方向问题，已经不是仅仅花费多少那样让人担忧。

退役离队之前十年内，我有幸（事实上更多的是悲哀无奈）以辩护律师或者公诉检察官身份，参与处理过一些从劳教到死刑的刑事案件。我发现在这些无良人身上有一个共同点，那就是自私自利。不难想象，一个心中只有自己，而丝毫不顾及他人存在的人，即便有幸成为全国高考状元，也是家门不幸。

正是基于对教育现状的深刻洞察和自学成才的经历阅历，我才在发现王士弘的一些缺点或者说是需要改进之处后，就开始考虑针对孩子的培养教育写点儿什么，这就是《愿你此生更精彩——与高中孩子的十七堂对话课》这本书的写作初衷，目的就是想现身说法地告诉那些望子成龙或者望女成凤的家长，应该把孩子培养成什么样的人才算成龙成凤，并且现身说法地告诉大家：只要方向对，教育就不贵！

关于好孩子的培养标准，往简单处说，就是健康的体魄、健全的人格和向上的精神；往复杂处说，可以借鉴参考山东水兵律师事务所的企业文化："与人为善的品德，乐观向上的心态，精益求精的作风，积极进取的精神，弘扬法治的情怀。"

我认为，要想培养教育出一个有情怀、能担当、上层次的好孩子，在教育投入上实现降费增效，就要从培养教育孩子的责任心、上进心和感恩心做起，使其养成良好的自我控制能力、自我调节能力、自我纠错能力和自我学习能力。

2023 年 12 月 12 日至 16 日，我在山东省委党校参加"全国律师行业党组织书记培训班"期间，因为雨夹雪无法出门晨练，就在房间百无聊赖地刷抖音，居然看到了全国政协委员、中国教育学会副会长、江苏省锡山高级中学校长唐江澎先生的一段视频。他说："我教了 40 多年高中了，在我看来，让幼儿园的孩子养成整理东西的习惯，远比让他们早识字重要。让孩子多读书，远比让他们做那些阅读理解题重要。好的教育，就应该是培养终身运动者、责任担当者、问题解决者和优雅生活者。"

　　不得不说，唐校长这段话可谓一针见血，入木三分。对此，我深有感触，而且深以为然，并斗胆将其作为这篇自序的结束语。

　　　　　　　　　　　　　　2023 年 12 月 14 日写于济南

目 录 / CONTENTS

种种迹象表明，
必须得跟王士弘好好谈谈了

2022 年 9 月 7 日，是王士弘升入高二之后开学报到的日子。早晨 6 点 30 分，当我准时把车停在小区门口等他上车的时候，却发现他比预定时间足足迟到了 5 分钟。在一向惜时如金的我的眼里，迟到是不可接受和不能原谅的坏习惯。如果希望自己的孩子能够永远挺直腰杆儿地站着跟人侃侃而谈，就必须对其迟到现象予以高度重视并帮他及时纠正。

回想我在潜艇部队工作的那 14 年，守时到读秒，既是战术需要，也是我在指挥军官岗位养成的职业习惯。而在舰队机关工作的那 16 年里，无论是陪首长下部队，还是自己带队"送法下基层"，守时如钟都是我的职业信条和对参谋干事最基本的素质要求。而且我也发现，在与那些相对讲究的地方成功人士打交道过程中，哪怕只是一个轻松愉快的朋友聚餐，迟到也会计人嫌。因此，我坚定不移地以为，如果不能做到依诺守时，就不能理直气壮地说自己诚实守信。

我们知道，信用是为人处世的金字招牌。建立信用，最直接的途径，就是从守时开始规范自律，这可不是无关紧要，而是关乎人生成败的一件大事。因此，我认为，不管孩子的学习成绩好与坏，帮其养成守时自律的好习惯，都是为人父母者必须去做的一件大事。事实证明，养成这个习惯，可谓成本低、收效高，不学不行。

刚想到这儿，就见王士弘匆匆忙忙地跑过来，急三火四地坐上车。见此情景，我在眉头一皱的同时，也不免稍觉心安。皱眉头，是嫌他不够稳重，全然没有"泰山崩于前而色不变，麋鹿兴于左而目不瞬"的大将风度；稍觉心安，是因为见他来晚了还知道跑两步，这说明他尚有羞耻之心，证明孺子可教，我相信他会知耻而后勇。

王士弘上车跟我打过招呼，并抱歉地说声"来晚了，对不起"之后，就戴上耳机，自顾自地玩起了手机。虽然这是很多现代孩子甚至是不少成年人的通病，好像除了对手机有感情，与手机亲密无间到须臾不离外，其他的都可以置若罔闻。其他家长可能已经对此见怪不怪、习以为常，我却感觉很不舒服。这让我感到很失落，与手机比，我们这些做家长的在孩子眼里，似乎压根儿就没有什么存在感。

须臾不离手机者，有个专门的称谓，叫作"低头族"。低头时间久了，就会久病沉疴，既伤眼睛，又伤感情。这是手机泛滥时代的"流行性传染病"，我觉得不治不行。

从现实情况看，这种"病"看似娱乐至死，实际也是娱乐至死，无论现实危害还是历史影响都很大，大到"一部手机，疏远了老中少三代人"。因为须臾不离手机的后果，就是冲淡了亲情与交际，让人无可避免地远离天伦之乐。

更重要的是，手机看多了，刷视频上瘾后，不仅影响吃饭和睡眠质量，而且让人习惯被动接受和盲目服从，而不会主动自觉地动脑筋想事情，让人丧失研究思考的能力和拼搏上进之心。

更令人痛心的是，我从新闻报道里看到，去年暑假有个带孩子从外地来黄岛金沙滩海边游玩儿的年轻妈妈，由于只顾低头沉溺于须臾不离的手机，而没有顾及跟自己一起来青岛享受沙滩美景的两个儿子，结果导致等她抬头想看孩子玩到哪里去的时候，却发现自己那两个活泼可爱的小男孩儿，早已被无情的海浪吞噬。生命之花尚未绽放，便已无可奈何地悲催逝去！闻讯赶来的爷爷奶奶，据说当场哭晕过去。这是手机导致娱乐至死的典型案例，据说这种情况在全国范围内还不止一例，不能不引起高度重视和足够警惕。

对于像王士弘这样的已经能够开始"睁眼看世界，凝目思未来"的高中学生而言，虽然思想意识已经开始觉醒，但是尚缺对是非美丑的明辨能力。而那些不负责任甚至是颠倒黑白的网络信息，很容易把他们的思想引入歧途，一不小心就会影响其三观形成和价值判断。"低头族"的毛病害人不浅，所以不治不行。

基于以上情况，我认为是否须臾不离地沉溺于玩手机，就是区别"优秀"和"一般"的标准。有鉴于此，我才认为不管别人的父母怎么想，我都要帮王士弘尽快养成健康使用手机的良好习惯。

想到这里，我就趁停车等红灯的间隙，顺势瞥了一眼正在低头不语看手机的王士弘。没想到他的乘车位置又让我开始浮想联翩。关于上车之后的落座位置等乘车礼仪，以及请客吃饭时的座次安排等交际常识，在王士弘年满 14 周岁之前，我只是严格按照法律规定禁止他坐在副驾驶的位置上，其他的都是顺其自然，并没有对他进行刻意指导和规范训练。直到今天送他上学，我才忽然意识到王士弘已是大孩子了，早已到了孔子所谓"不知礼，无以立也"的年龄。乘车礼仪与交际常识等为人处世的能力如果现在不教，等他考上大学之后远走高飞，再想教，恐怕都已鞭长莫及。

在社会实践中摸爬滚打这么多年，我越来越深刻地体会到，在社交礼仪等课本之外的知识储备与素质培养方面，像我这样的农村家庭出身的孩子，跟城里的孩子明显不可同日而语。而类似的教育训练越早开始，规矩就能越早养成，相关能力就会越早具备，也就能让自己的孩子越早地熟悉职场、融入社会，所以这方面的能力素质和规范常识，也该好好地教他了。

想到就业形势越来越严峻，我又不由自主地想到了生命的长度与张力，也就是生命的价值与意义等人生哲学这个大命题。简单地讲，就是我们的孩子应该成为什么样的人。让孩子朝着"宁为玉碎，不为瓦全""人生自古谁无死，留取丹心照汗青"的大格局、大境界，还是"各家自扫门前雪，哪管他人瓦上霜"的精致利己主义者等不同方向发展，是为人父母者不得不考虑或者不得不做心理准备的一个大问题。

此外，关于"做学问要在不疑处有疑，做人要在有疑处不疑"等世界观与方法论的问题，以及坚持真理、实事求是的学术态度养成问题，以及"如切如磋，如琢如磨"的工匠精神培养问题等，我感觉从今天开始，都需要抽空跟王士弘进行深入细致的交流探讨，并在交流探讨的过程中帮他找准正确的人生方向。

对家庭教育而言，高中是一个相对特殊的阶段。一方面，孩子即将步入大学，将要脱离父母的时刻关注或"掌控"，像雏鹰展翅一样远走高飞；另一方面，孩子的自我意识更加强烈，有的进入"叛逆期"，更容易受到外来观念的冲击和影响。这就决定，这一阶段的教育培养，既要全面具体、是非分明，又要小心谨慎、如履薄冰。

对于我发现的以上问题，直到今天早晨陪王士弘去高二开学报到，我才忽然意识到，早就应该适当干预和指导了。没早发现是我的失职，而发现了不去干预和指导，就无异于对子女的犯罪。思虑至此，我感到无论如何，都应该与王士弘好好地谈上一谈了。

在《归去来兮辞》中，陶渊明先生说："悟已往之不谏，知来者之可追。"知错就改，我能做到，我相信王士弘也能做到。

知错能改，善莫大焉。

2022 年 9 月 10 日教师节

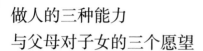

做人的三种能力
与父母对子女的三个愿望

在和当时就读于解放军西安政治学院（现为国防大学政治学院西安校区）的陈建孝、张乐、杨颖琛、孙艳秀和张金鑫等军事法学硕士研究生们聊天时，我曾不止一次地提到为人处世应当具备的三种能力，即自我控制能力、自我调节能力和自我纠错能力。我发现，在几乎所有的成功人士身上，都能同时找到这三种能力。换句话说，正是因为同时具备这三种能力，他们才会那么成功。

至于父母对子女的三个愿望，则是几年前我在亲朋好友组织的子女升学宴上的惯常用语。虽然不乏哗众取宠之嫌，但或多或少地总算把握住了那些望子成龙或者望女成凤的天下父母心。他们对于子女的一切美好愿望和真诚祝福，归结起来，无非就是这三个愿望：身体健壮、心理健康和政治安全。

今天，我之所以旧话重提，并将其形成文字，原因是多方面的。

一是因为在父亲节这个本该令人心情十分愉悦的日子，在接受当时正就读于国内某著名高校的女儿王岩祝福的同时，我也得到了这样一条消息：该校刚刚有个硕士研究生在读的男孩子，因为想不开而跳楼自杀了。更糟糕的是，听到这个消息后，我竟不由自主地想起了几个月前刚刚自寻短见的一位曾经十分熟悉且默契投缘的亲密战友。

有关这个著名高校跳楼自杀孩子的信息，我虽不甚了解，但是对于这个自缢身亡的亲密战友，我却知之甚多，我甚至曾经一度将其引为平生难得一知己。此兄生前公道正派、办事干练，既做过舰队首长秘书，也当过舰队机关的副处长，既能坚持原则，又会把握灵活，做事干净漂亮，为人值得称颂，让人由衷钦佩。他竟然因为解不开心理上的那个结儿（据说是因为抑郁症），而没能迈过人生的这道坎儿。他的离去不仅留下贤惠的妻子和优秀的儿子为其痛苦忧伤，而且导致年迈的父母白发人送黑发人，令人惋惜不已，痛心疾首。

二是因为由此及彼地想到了我曾经作为公诉人或者辩护律师或者法律顾问参与处理的那些自杀或者杀人案件，以及我所参与处理的那些违法犯罪分子被劳教直至处以极刑的犯罪案件。所有这些都令人触目惊心，在让人惊惧于道德教育缺失可怕的同时，也不能不叫人深感健全人格培养的重要性！

三是因为我那好为人师的老毛病又犯了，我总喜欢在逮住机会教育别人的同时，也过把"为人师瘾"。况且，律师是社会的医生，弘扬正气、针砭时弊，是我们肩负的义不容辞的社会责任。

凡此种种，都让我感觉在今年这个父亲节里不得不有话要说，如鲠在喉，不吐不快。

　　先说做人的三种能力。但凡为人，当然，我指的是打算做出一番成就或已经有所成就之人，所具备的第一种能力，当之无愧的就是自我控制能力。是否具备这种能力，直接关乎一个人是否真正成熟。人们常说，冲动是魔鬼。基于此，我认为，当一个人的理智足以控制其感情冲动的时候，这个人就算是真正成熟了。

　　比较而言，做人的第二种能力，就是自我调节能力。这种能力不是单一的，至少应该包含以下两个层面的含义。

　　一是工作安排层面，这个层面上的自我调节能力，更多地表现为一种运筹学方面的造诣修为，即在一定的时间范围内，如何把各项工作在程序上安排得井井有条，在执行中做到每个环节都能衔接有序，从而有条不紊地实现目标任务，以达到质量与效益最大化。

　　二是指个人情绪调控层面，即如何把自己的情绪调整到最佳工作与生活状态，最起码不把生活中的不良情绪带到工作和学习中，随时随地都能精神抖擞，每时每刻都能斗志昂扬，这样才能避免出现错误而且效率最高。

　　具备以上两种能力后，就要着力培养为人处世的第三种能力，也就是自我纠错能力。人非圣贤，孰能无过？事实证明，圣贤与常人的最大区别，就在于是否能够自我纠错。圣人云"吾日三省吾身"，说的就是"静坐常思己过"，以便在发现问题的基础上解决问题，使自己的品行与学术，朝着无过的圣贤标准日渐精进。

　　一个人的缺点和错误，不论是工作方面的还是生活方面的，抑或人生方面的，如果依靠别人帮助纠正，那么，轻则会让你颜面扫地，重则会使你大跌跟头。当然，相对而言这还不算最坏的结局。因为一旦需要动用国家强制力帮你纠错，那就悔之晚矣！因此，不管出于什么原因，也不管出现哪种情形，如同"靠天靠地不如靠自己"一样，如果能够练就自我纠错的能力，并具备壮士断腕的纠错决心，那么你离完美人生也就不会太远了。

接下来说一说父母对子女的三个愿望。对父母而言，无论望子成龙还是望女成凤，恐怕从出生的第一天起，甚至从他们有了孕育新生命的打算那天起，父母的第一个愿望，就是希望自己的孩子能够健康成长。在这个世界上，恐怕没有什么会比让自己的孩子健康成长更加重要的事情了。毫无疑问，健康成长的第一重含义，就是身体健壮。

从人格健全的角度看，健康成长的第二重含义，就是心理健康。随着社会生活的日渐丰富和压力的日益加大，越来越多的人开始出现抑郁症等心理问题。不用说，一旦心理健康出现问题，即便仅仅是吃饭不香、睡眠不好的亚健康，也会轻则让人萎靡不振，重则叫人神思恍惚，甚至昼夜不分，焦躁不安。而心理问题一旦严重到成为心理疾病，麻烦可就大了。试想，那些自杀者或杀人者，哪个不是或多或少都有一些心理问题？

比较而言，身体健壮是健康成长的物质基础，没有健壮的身体，一切都将无从谈起。而心理健康，则是人生的导向。如果心理不健康，能算正常人？一旦心理不健康到走上违法犯罪的道路，不言而喻，身体越健壮，对社会的危害也就越大。换句话说，如果心理不健康，不管成龙还是成凤，都是痴人说梦。

相比身体健壮与心理健康而言，政治安全的重要性虽然不显山不露水，甚至不会有人注意到还有政治安全这个概念，但是政治安全对于一个人的成龙成凤不可或缺。比如，参加恐怖组织或者加入黑社会，又比如相信"全能神"或者指望通过出卖国家利益和民族利益而实现个人富裕，从而丧失灵魂或者失去人格等。这一切，都是政治上的不安全。

事实上，即便没有反动到如此程度，仅仅是不分场合或不顾背景地发表一些不合时宜的负能量言论，甚至仅仅是因为没有擦亮眼睛而被别有用心者利用，因此给自己乃至社会造成恶劣影响，往往也会足够让人"喝上一壶"。

就其实质而言，我认为政治安全既是一种立场，又是一种原则，更是一种能力——一种让你之所以能够站着为人的能力，一种让你有利于国家和人民的能力，一种让你在任何时候都能够坚持原则、坚守灵魂的能力。

我认为，如果说自我控制能力与自我调节能力是为人处世的基本能力，那么自我纠错能力就是让你有异于常人，能够让你成龙成凤的能力。如果说身体健壮与心理健康是健康成长的基本标准，那么政治安全就会让你保持人格、拥有灵魂。

今天是西方人的父亲节，虽然我没有过洋节的价值认同感，但有感于女儿的至诚孝心，尤其是有感于其所就读的国内著名高校的那个素昧平生的孩子跳楼自杀，有感于曾经对我有过知遇之恩的亲密战友的自寻短见，想到别人在欢天喜地过父亲节，而这些不负责任轻生者的父母，却陷入白发人送黑发人的痛苦无助，因此我不能不说点儿什么。

潦草写下以上文字，衷心祝愿普天之下的所有子女，都能同时具备自我控制能力、自我调节能力和自我纠错能力，让自己真正成龙成凤！衷心祝愿普天之下所有父母对于子女翘首企盼的身体健壮、心理健康和政治安全，都能得遂心愿！

初作于 2014 年 6 月 15 日

修改于 2022 年 9 月 17 日

第一堂课
当理智能够控制感情的时候，你就成熟了

博士观点

一个人成熟与否的标志，不是年龄，不是学业，不是经历，也不是职位，更不是财富，而是你的理智是否能够控制你的感情。当理智能够控制感情的时候，你就成熟了。

话题缘起

2022 年 9 月 7 日，是王士弘晋升高二之后开学报到的日子。由于学校不能寄宿，日益严重的新冠疫情，又迫使我们为了孩子的身体健康考虑，尽量不让他去乘坐公共交通工具，加之修路造成的"清晨大堵"已成家常便饭，所以，要想保证王士弘能够按照学校要求在 07：15 之前准时进入学校大门，我们就得赶在 6：30 之前从家门口准时出发。

尽管昨晚已经一次又一次地跟王士弘敲定登车时间，没想到 9 月 7 日早晨不到 6：30，我虽已在小区门口早早地把车热好等待出发，王士弘却呼哧带喘地迟到了。问其来晚原因，王士弘同学一如既往地诚恳而谦恭，

匆忙落座之后立刻回答说："昨晚跟一个要好同学微信聊天到半夜十二点多，今天实在太困，就没有按时起床，所以迟到了，对不起！"

我从不怀疑王士弘的诚实善良与彬彬有礼，如同完全相信他解释说明的这个晚起迟到的原因。对于王士弘同学发现迟到之后就紧赶慢赶地抢时间，我虽欣赏其精神，但否定其做法。因为作为一名男子汉大丈夫，在任何时候都应该四平八稳，无论为人还是处世，都要做到像北宋文学家、散文家和唐宋八大家之一的苏洵在其所著《心术》中所云："为将之道，当先治心。泰山崩于前而色不变，麋鹿兴于左而目不瞬。"

因此，我始终坚持认为，如果一天到晚地慌里慌张或匆匆忙忙，不仅不成体统，而且难成大业。所以，对于王士弘同学动辄起身就跑，我虽十分肯定其精神可嘉，但十二分地否定其做法。不言而喻，我在此处的潜台词就是"要想不迟到，就该早出发"。

其实，在约定9月7日早晨开车去送王士弘上学之前好几天，王士弘的妈妈就曾不止一次地向我抱怨，手机聊天和网络游戏对于王士弘同学的现实影响越来越大。她担心长此以往，手机微信与网络游戏会像温水煮青蛙一样，把自控力本就不算十分强大的高二学生王士弘，一步一步地由过去的品学兼优，推向自我销蚀与自我毁灭的无底深渊。事实上，把越来越多的时间精力，都耗费在沉溺手机聊天、刷短视频或者玩网络游戏上，从而自毁前程或自甘堕落者，又何止一个两个的高二学生王士弘啊？

即便王士弘妈妈不就聊天软件泛滥叫苦连天，并希望我能瞅准机会跟他好好地谈上一谈，仅凭我耳濡目染身边同事或者在电梯里，甚至是在车来车往的斑马线上偶遇的那一个又一个虽然素不相识，却司空见惯的"机不离手，眼不离屏"的男男女女"低头族"，我就知道王士弘妈妈忧虑的无外乎两件事：一是微信聊天或者网络游戏的日渐泛滥，不可避免地由此占用王士弘越来越多的学习时间；二是一旦浏览到不健康的内容，就会由此浸染负能量，影响其健康人格形成，不利于培养乐观向上的"三观"，甚至影响其长大成人之后的政治安全。毫无疑问，如果政治生活不健康，甚至因受不良网站影响而出现反动言论，一个人即便再怎么学富五车，其对国家兴旺与民族复兴而言，也不是不可多得的人才，而是不折不扣的一大废品。

当然，我也十分清楚地知道，作为一名刚上高二的中学生，即便心智再为成熟，即便在人文地理与历史典故方面，博闻强记到比我所见过的一般大学毕业生、硕士研究生甚至个别不入流的博士生都要见多识广的王士弘，在以追求崇高的真、善、美为目标的世界观、人生观与价值观得以正确树立之前，必定缺乏是非明辨能力，不仅有可能美丑不分，甚至有可能人云亦云地传播负能量。因此，为了能把孩子培养成乐观向上、健康开朗，即便将来不能对国家、对民族有所大用，起码也不会危害国家之人，就必须在其成长过程中予以坚定正确的方向引导，必要时还要进行恰如其分的行为干预，绝对不能对他所谓的"个人喜好"放任自流。

为了不影响王士弘高二开学第一天的好心情，我在开车路上除了交代他要小心注意新冠疫情的传播风险，并与其沟通交流一些应该能对拓宽其知识面有所裨益的逸闻趣事外，其他并未多说什么。但在送他到校之后，我有了能在一定程度上影响其一生习惯养成的大主意，那就是要在晚上接他放学回家的路上，态度严厉并且推心置腹地与他好好地谈一谈手机微信、网站浏览及作息时间安排等问题。不言而喻，以上问题的核心关键，就是自控力的养成问题。

现身说法

关于自控力养成问题，我给王士弘讲的第一个故事，就是李敖先生谈戒烟。很多抽烟的人应该都会有一段难以忘却的戒烟往事，但是戒烟成功者往往寥寥无几。不知多少人决心戒烟时的豪言壮语，最终还是哭笑不得地化作了指尖上的那一缕缕青烟。据说抽烟人的共同感受，就是戒烟难，难于上青天。以至于在形容一个人对自己到底有多狠的时候，往往会说："这个人连烟都能戒掉，你说他对自己该有多狠！"

然而，据李敖先生自己讲，他的戒烟不仅非同凡响，而且易如反掌，说戒就戒，没有任何拖泥带水。也许正是因为李敖先生的戒烟经历非比寻常，所以他在凤凰卫视主持《李敖有话说》这档曾经深受全世界华人朋友喜爱的电视节目时，才不无骄傲自豪地说："在这个世界上我只佩服两个人，这是两个说戒烟马上就能把烟戒掉的人。第一个，是第二次世界大战中的原盟军驻欧洲部队总司令，后来的美国第三十四任总统（1953—1961 年连任两届）艾森豪威尔将军。这第二个让我由衷钦佩之人，就是我，李敖！"

李敖是中国台湾著名作家、历史学家、时事批评家，因其文笔犀利、批判色彩浓厚，嬉笑怒骂皆成文章，加之生性狂放，所以自诩为"中国白话文第一人"，且曾自称"在我李敖之后，中国再也不会有士"！李敖于2005 年 9 月访问大陆时，曾应邀在北大、清华、复旦三所高校作演讲，所著《李敖大全集》共80册、3000余万字，可谓鸿篇巨制。

对于李敖先生的率性而为、敢爱敢恨，以及博闻强识和深明民族大义，我击节赞叹，但是对其所谓"这个世界上除了我李敖与艾森豪威尔，不会再有第三个人能够做到说戒烟就能马上把烟戒掉"的惊天自信，我却实在不敢苟同。如果其他人不愿意站出来反驳李敖先生这句自信到甚至有一些自负的"再无第三人"论断，那么我就可以不无自豪地说，我王明勇就是那个李敖先生认为不会存在的说戒烟就能马上把烟戒掉的第三人。当然，我这只是一句玩笑话，因为我知道说戒烟就能马上把烟戒掉的人，在现实生活中并不罕见，即便数量再少，恐怕也可称得上是不胜枚举。

就个人经历而言，我虽志大才疏、孤陋寡闻，但也曾经作为解放军原总政治部选派的军事法律顾问短时间游学欧洲，与来自美、英、德、法等国的海军、空军军事法律顾问，交流探讨海军、空军战法问题，并曾在全日制攻读法学博士学位期间，因为在全院范围内举办"老王教你打官司"系列讲座，而与来自陆、海、空三军及火箭军和武警部队的战友们有过比较深入和全面的交流探讨，所以我对各兵种的情况也就略知一二，总体感觉潜艇兵与其他兵种都不太一样，尤其是潜艇兵的抽烟与戒烟，堪称世上奇观。

具体而言，登临潜艇的一大禁忌，就是任何人都不许抽烟，尤其是对于柴、电混合的老式常规动力潜艇而言。由于担心氢气爆炸，艇内更是严禁烟火。因此，让潜艇新兵学会戒烟，就跟教育孩子必须从娃娃抓起一样，是其入伍训练科目中的重要一环，带兵班长们都会想方设法地帮助新兵学戒烟。

潜艇兵是特种兵。我们这些新招录的潜艇兵，虽然来自五湖四海的各行各业，饮食习惯与兴趣爱好各不相同，但就其中的老烟民而言，其对香烟的嗜好却是"天下乌鸦一般黑"的出奇一致。好像不逮住机会猛抽两口，这一天就会过不去似的。那种宁愿不吃饭，也要想方设法抽口烟的恋烟情结，对于我们这些来自全国各地的"新兵蛋子"老烟民而言大同小异。

海军潜艇学院位于美丽的海滨城市青岛，但当我们在 11 月陆续抵达潜艇学院训练团，并在经过思想政治教育后开始既严格正规，又能把体力精力消耗到极限的入伍训练时，已是天寒地冻的数九寒天。因此，当我们在"白天兵看兵、晚上数星星"，能把脚底板儿冻到发麻而钻心疼的水泥地面操场或者柏油马路上体验感受到的，并非美丽浪漫，而是难以忍受的天寒地冻与枯燥乏味。毫无疑问，如果能在训练间隙抽空坐下来抽根儿烟，必然就是"赛过活神仙"！

然而，对于我们这些正在接受严苛训练并把戒烟当成首选科目的潜艇新兵而言，能在训练间隙抽空坐下来抽支烟，即便躲进平时连一秒钟都不想多待的厕所里偷偷摸摸地抽上一支烟，哪怕只抽一小口，也无异于白日做梦。几乎就跟动画片《黑猫警长》中的情节一模一样，我们这些"新兵蛋子"中的老烟民，总在绞尽脑汁地争取把拆分成根儿的香烟想方设法地小心藏好，而经验老到的带兵班长，则会通过一切蛛丝马迹和"破案"经验，把我们这些"新兵蛋子"自以为是地藏在衣服领子下面、胶底棉鞋鞋帮，以及衣服袖口与手套结合处、棉军帽上的帽徽两边夹层等处的香烟，跟战场上排雷似的，一根儿接一根儿地给起挖出来，让我们虽然在内心深处痛恨到咬牙切齿，却不得不在脸上挤出苦涩难堪的笑容。世故圆滑者还在苦笑之余不忘奉承一句："还是班长高明！"即便这样，我也没能在新兵训练期间把烟彻底戒掉。对我们这样的老烟民而言，烟就是命，命就是烟。

在备考军校期间，正好我艇南下数月执行战备巡逻任务，这就给了我们这几个留营人员长达数月之久的自由自在空间。相应地，曾经被我总结出十大好处的依依不舍的香烟，也就不言而喻地随之死灰复燃。

1989 年秋天，当我如愿以偿地考上海军潜艇学院通科部门长班，成为一名军校大学生之后，这种吸烟恶习也就如影随形地跟随我从遥远的浙江宁波，回到了已经阔别一年之久的美丽青岛。当然，潜艇学院对于我们这些新入校的干部学员而言，和训练潜艇新兵一样要求严苛。如果有谁胆敢在教学楼内抽烟，一旦被抓，立马就是警告处分。尽管如此高压，我也没有主动自觉的戒烟打算。

人生如戏，时时处处都充满戏剧性。我的戒烟经历也充满了戏剧性。1990 年春暖花开面朝大海的一个星期六的早晨，当我晨练长跑一个多小时之后，漫步徜徉在教学楼至宿舍楼的水泥路旁的绿化带时，甩一甩头上不断渗出的细密汗珠儿，闻一闻由不远处海边吹来的丝丝缕缕的略显湿润海风，再品一品桃花与杏梅的姹紫嫣红，感觉竟是如此的舒心惬意，似乎一切的人间美好都莫过于此。没想到正陶醉于忘我之间，我那似乎片刻也不得空闲的大脑又开始主动作为了：春暖花开之际，长跑出汗之余，有美景在眼前，神清气爽如此，夫复何求？

之后转而一想，跑步之前为什么感觉那么憋闷难受呢？对一个正常人而言，恐怕用脚指头也能想明白，一个老烟民之所以会在清晨起来就感觉到气堵憋闷，那他一定是昨天晚上抽烟抽多了。想到这里，我继而又想，既然抽烟抽多了会让人感觉到很难受，那为什么还要继续抽烟呢？为了神清气爽，干脆戒掉算了！

于是乎，想戒就戒，说到做到。自1990年那个春暖花开面朝大海的星期六早晨决定戒烟开始，到现在已经过去32年了。我已与曾经相依相恋很多年的香烟彻底分手，不管自己结婚生子，还是弟弟妹妹的人生大喜，我都从来没有再去抽过哪怕只是一小口的烟，就连放在鼻子下面闻上一闻这个动作也不曾有过。我戒烟之彻底决绝，由此可见一斑。

我的戒烟经历在说明培养自控力对一个人的成长和进步而言有多重要的同时，也说明事物的发展变化总是内因与外因共同作用的结果。内因是事物发展的根据，它是第一位的，它决定着事物发展的基本趋势；而外因是事物发展的外部条件，它是第二位的，它对事物的发展起着加速或延缓的作用，外因必须通过内因起作用。具体而言，是否能够戒得了烟，取决于自己的内心选择和是否积极行动，而不取决于外部条件。因此，我认为，所有的堕落都是自甘堕落，而所有的成功都是主动作为。人不要为自己的错误行为找借口，任何时候都是自己决定自己的命运，所以我们必须想方设法培养自控力。

当然，在我戒烟之后，也曾面对过不少被人"劝吸"的诱惑。比如，1994年，家境十分优渥的一位朋友就曾十分真诚友好地请我品尝一支高档香烟。本想先对我卖一个关子最后再报出实价让我大吃一惊的朋友，见对我轻易劝说不动，就提前抖搂包袱，说："王老兄我建议您还是抽一支尝尝吧！要知道这一支烟就要 60 元人民币呢，过了这个村可就没有这个店了啊！"

在我月工资只有区区几百元的 1994 年，即便面对如此高档香烟的诱惑，我也没有破例尝上一口，可见我戒烟的持之以恒和决心之大。

2014 年，我在解放军西安政治学院攻读法学博士学位期间，与我亦师亦友而且人品学问俱佳到令人钦佩的宋新平教授，有一天曾经在他的办公室里闲聊时向我一再敬烟，见我再三推辞，就半开玩笑半认真地对我说："抽一支玩玩嘛，怕啥？"我也以玩笑的口吻轻松作答："戒了不抽是规矩，规矩可立不可破！"

由我以上可谓跌宕起伏的戒烟经历，足见不管戒烟还是戒除其他不良嗜好，首先应当改变的，不是行为本身，而是行为人已经习惯成自然到融入骨子深处的思想认识。不能在潜意识中还存在抵触情绪的情况下，就要强行改变一个人的行为习惯。而且改变思想认识，仅仅只是一个不错的想法，要想取得实际效果，还得依靠扎实稳健的执行力，而执行力的内心原动力，毋庸置疑就是咬定青山不放松的自控力。

毫无疑问，能够按照自己内心的真实想法，一做就是雷打不动地坚持几十年，靠的就是自控力。

事实上，我在读高二的时候，就已经发现一个人如果能够理智地控制住自己的感情，那么这个人不管年龄大小，必然就是一个相对成熟的人。为了提升自控力，我当时的经典案例就是对痴迷小说进行"断舍离"。具体而言，一本引人入胜的小说不管已经如饥似渴地读到了多少页，当考试来临需要集中精力复习功课的时候，我立马就会做个标记把书合上。哪怕翻过这一页就是大结局，我也绝对不会继续往下翻。

要知道我在 1984 年入读寿光一中时，黑白电视机都是难得一见的奢侈品。在这种情况下，看小说就成了绝大多数青年学生的最大消遣和兴趣爱好。那时候年轻人对一本心仪小说的痴迷程度，绝不亚于现在年轻人对聊天软件、短视频或者网络游戏的沉迷不悟。因此，对已经如饥似渴地读到渐入佳境的小说戛然而止，就不失为锻炼和考验一个人自控力的良药妙方。这是我给王士弘讲的第二个培养和锻炼自控力的故事。

给王士弘同学讲完以上两个关于培养自控力的故事之后，我就一针见血地切入了本次谈话的正题，告诉他不能再像过去那样无节制地用手机微信了，并且告诉他从今天晚上开始，就要从杜绝手机诱惑开始，锻炼他的自控力。关于培养自控力方法，我直截了当地告诉王士弘："我建议你从今天晚上开始，到了十点半，你就把手机主动自觉地交给你妈妈，通过让她帮你保管手机这个物理隔离方式，逐渐培养和提高你的自控力。"

对于我这个合理化建议，王士弘略显迟疑，跟我商量说："今晚能否推迟十分钟？因为您跟我谈话到现在占用了一些时间，回家就得十点二十了，我还需要再查个资料，所以能不能推迟到十点四十再交手机？"这一请求合情合理，我没有理由不答应。父子协议就此达成，我感觉很欣慰。

实事求是地讲，王士弘同学真是好样的。我听他妈妈讲，自那天晚上与他促膝交谈至今，已经过去三个多月了，王士弘每天晚上都会依约在晚上十点半之前，在给我发送微信"手机已交，晚安"的同时，主动自觉地把手机交给妈妈保管。习惯成自然，王士弘能够在长达一百多天的时间里，始终如一地坚持到点儿就交手机，说明我对王士弘在自控力方面的培养目标已经基本达成。

可以讲，王士弘在我跟他谈话之后的表现还是相当不错的。事实上，也正是因为他的真心悔改和不懈努力，才赢得了我的钦佩和赞美，也因此导致我有感而发地写下这篇文章，在让更多的父母参考借鉴的同时，也算作是我对王士弘的激励和奖赏。

需要说明一点，那就是为什么发生在 2022 年 9 月 7 日的开学故事，却要等到三个多月之后的 2022 年 12 月 30 日才写出来，主要原因就是我需要一段时间来考察和检验王士弘自控力的培养锻炼效果。现在，我可以非常自豪地说，我的谈话卓有成效，因为根据王士弘妈妈反映，他在到点儿就主动自觉地上交手机，以此拒绝网络聊天或刷视频的诱惑，从而保证休息时间与学习效率方面，确实经得起考察检验，非常自律自觉。

我认为王士弘做得很棒，继续加油！

2022 年 12 月 30 日写于青岛

第二堂课
运动好，休息好，学习成绩自然好

博士观点

学习关乎一生，每个人都想有个好成绩，却往往事与愿违。学习不是扫马路，不但拼体力，而且拼智力，归根结底是拼综合实力。学习成绩不会因为你能三天两夜不睡觉地点灯熬油、加班加点就可以提高，因为决定学习成绩好坏的首要的和根本性因素，不是学习时间而是学习效率。可以讲，没有学习效率，一切都是枉然。如同磨刀不误砍柴工，运动和休息是提高学习效率的两块既相辅相成又缺一不可的磨刀石，是提高学习成绩的不二法门。只有运动好并能休息好，才能让学习成绩水到渠成地自然提高。

话题缘起

2022 年 12 月 7 日晚上 9 点 15 分，我准时接上王士弘在放学回家的路上，我与其促膝长谈有关自控力养成的问题后，就开始考虑如何帮助他提高学习效率，以此获得学习上的时间自由，使其有能力在相对有限的时间内，既能保证学习成绩，又能广泛涉猎，就像伟大领袖毛主席教导的那样"学生应当以学为主，兼学别样"，让其成为德、智、体全面发展的有用之才，而不是赔本赚吆喝地培养一个"死读书，读死书，读书死"的书呆子。

就我个人理解，提高学习效率问题，可是一个大人和孩子都很关心的问题。这个问题解决好了不仅利国而且利民，并且功在当今，利在千秋。然而追溯历史，不难发现在浩如烟海的诸如"头悬梁，锥刺股"，"凿壁偷光"，"萤雪夜读"，"一寸光阴一寸金，寸金难买寸光阴"，"劝君莫惜金缕衣，劝君惜取少年时"等不胜枚举的求学励志故事中，好像都在循循善诱读书人务必珍惜少年光阴，要求他们想方设法地通过争取付出更多时间，来换取学习成绩的提高。换句话说，这些不胜枚举的励志故事几乎都在劝诱读书人去打时间仗，而非让其思考如何提高学习效率，以求事半功倍，从而尽可能地挤出更多时间，按照自己的内心意愿去"兼学别样"。

很遗憾，一个又一个的读书人，似乎也就因此上了劝学人的当，一天到晚只知摇头晃脑地"之乎者也"，既不肯"汗滴禾下土"地农耕稼穑，又不会潇洒快活地"把酒话桑麻"，严重脱离现实生活与人民群众，没有学以致用，所以经常被人冷嘲热讽为"四体不勤，五谷不分，百无一用是书生"。

从激励年轻人珍惜光阴、刻苦读书的角度讲，唐代大诗人、书法家，被称为"上马可指挥千军，堪称乱世儒将；下马能精通诗书，可谓治世之能臣"的"千秋第一神臣"颜真卿，在其《劝学》诗中谆谆教诲我们的"三更灯火五更鸡，正是男儿读书时"无疑正确无比，可谓金玉良言。但从学习效果上讲，我却对此不敢苟同。我之所以敢冒天下之大不韪，专挑芸芸众生眼里可谓"投机取巧"的学习效率说事儿，是因为一个又一个血的教训和一次又一次的成功经验，让我越来越清醒地认识到，对提高学习成绩而言，必要的时间付出固不可少，但也不可否认，提高学习成绩的首要和决定性因素，绝对不是一味地付出时间，而是切实可行地提高效率。

此外，我还越来越心疼地看到，尽管早已铺天盖地精心绘就了素质教育的美好蓝图，但应试教育的客观现实与不得不靠发奋苦读才能成功逾越的考试壁垒，使孩子们的学习负担（尤其是被动学习与不得不做作业的心理负担）未减反增。我发现，王士弘在由小学到中学的成长过程中，随着年级递升，其所能支配的自由时间越来越少，有时候想带他出去参加体育锻炼也不得空闲，感觉这孩子不是在读书就是在做题，以至于连"秀才"都没有考取，就已经成了"进士"（近视），越来越像我们曾经嗤之以鼻的"书呆子"，而非我所期望的能够快乐学习与健康成长的"意气风发少年郎"。

反观于我，从懵懂无知的小学生（老师说啥是啥，只知听话拼命读书学习，而不会考虑其他），变成能在一定程度上睁眼看世界、凝目思未来的中学生（我从初二开始，就在斟酌权衡利弊得失之余，斗胆决定不去完成任务一般地跟风做作业，从而省出相对更多的时间去自主读书）。及至读了大学，我更是初生牛犊不怕虎地以为"我命由我不由天"。说起来十分好笑，我大学就读的是潜艇技术指挥专业，属于理工科，却常常利用周六晚上的不上自习时间，邀约三五好友，用一壶开水外加一包瓜子作陪，漫无边际地扯闲篇儿，旁若无人地纵论国际时事，全然不似一般意义上的

"两耳不闻窗外事，一心只读专业书"的理工男。

尤其值得一提的是，我在以军事学硕士学历，从潜艇副长（在海军舰艇部队，副艇长、副舰长都被称为"副长"）岗位，180 度大转弯地从基层军事指挥军官，而一跃成为海军北海舰队军事检察院主诉检察官，一年后又奉命牵头组建海军北海舰队法律服务中心。当我在这个行政正团职的主任岗位上顺风顺水地任职多年以后，当一般人都会以为做到这样一个有车有马的正团职领导岗位就是"人生奋斗莫过于此"的时候，我却非常敏锐地意识到，应当赶在全日制博士研究生入学考试的年龄上限到来之前，"莫留遗憾悔一生"地发奋考博，并且通过自己的刻苦努力与积极进取，终于在 44 周岁那年克服重重困难，成功赶上全日制读博的最后一班车，成为解放军西安政治学院当时年龄最大的博士研究生。不难看出，我的求学之路，基本上都是在以个人兴趣为导向地自主自觉，几乎是想学就学，学就学好，妥妥的一个素质教育典型模板，真正是在"放飞梦想，放飞自我"。自始至终，我都没有成为任人摆布或随波逐流的"书呆子"。

另外，在读书学习上我很少"小富即安"，总想利用一切可能的时间和机会争取更大的进步。比如，2001 年年底，当我以硕士研究生身份在潜艇副长岗位上干得风生水起的时候，又突发奇想或者叫作未雨绸缪地开始自学法律，并在两年之后作为一名法律上的"门外汉"，在统一的国家司法考试制度正式实行的第二年，即 2003 年 10 月，一举通过了号称连科班出身的法律人都需要磨掉几层皮、刻苦奋斗好几年才能通过的司法考试，取得了令人羡慕的法律职业资格证，从而有资格大言不惭地说："将来，我最差去做个律师呗。"

再比如，青岛被确定为举办 2008 年北京奥运会的伙伴城市后，尽管自己的英语基础相对薄弱，但我还是抓住这个千载难逢的大好机会，利用懂航海、会游泳、会划船、会心算，并有曾在潜艇部队风吹浪打十几年的出海经历等相对优越条件，自告奋勇地参加了青岛市体委组织的帆船裁判学习与等级考试培训班，并以 87 分的总成绩（90 分以上即可取得一级裁判资格）成为帆船二级裁判，并由此获得了 2008 年奥运会帆船比赛项目的志愿者参加资格。此前，我还考取了田径二级裁判。那些年，可以说是我想考什么就考什么，而且几乎都是一考即过，没有所谓的"二战"痛苦回忆。

以上事实说明，起码是与王士弘同学比，我已基本实现了学习上的时间自由，所以能够根据自己的内心喜好，在有限的时间内，随心所欲地安排自己的工作、学习和休息、运动，能做到统筹兼顾，有张有弛，根本原因就是我的学习效率比较高。

现身说法

说到学习效率，就不能不提及我的全日制读博经历。按照部队的通行做法，外出求学离开工作岗位如果连续超过三个月，就要被免职。我考取的是全日制博士研究生，学制三年。况且，部队当时有句顺口溜儿，叫作"入团容易，转正难"，说的是即便相对容易地晋升为副团职军官，但想调到正团可就比较困难了，而我当时任职的海军北海舰队法律服务中心主任岗位，恰恰就是行政正团职，是很多副团职干部的理想追求，所以成为许多人眼里梦寐以求的"香饽饽"，被人"仨猫瞪着六只眼"地紧盯不放，所以从大概率看，我被免职读博在所难免。

其实，早在决定报考全日制法学博士研究生之前，我就已经在蹉跎岁月中体味到了什么叫"舍得"。因此，在一般人眼中可能梦寐以求的舰队法律服务中心主任职位，以及与之匹配的专车与经费等相应待遇，对我而言早已成为可有可无的身外之物，已经去留皆无心理羁绊。

然而造化弄人，在我经过努力拼搏和一波三折，终于如愿以偿地考上解放军西安政治学院的法学博士研究生后，却因为我的军事法律顾问专业特长（当然，首长对我青眼相加，并由此给予格外关照才是关键），据说一时半会儿找不到可以替代的人，就没有按照惯例将我免职，使我由此成为西安政治学院历史上相对特殊的一名全日制博士研究生。比如，在其他博士都是三人或者两人挤住一间宿舍的情况下，唯独我是单人单间，就连房间号码，也是别有韵味的"521"。

再比如，与我同期入学的其他13名统考统招博士研究生都是相对轻松自在、能够心无旁骛地全脱产安心读书，而我却不得不因为工作需要，几乎每隔一周，就要由所在单位出具请假证明（学院要求必须是军级以上单位加盖公章才能请假），从学校马不停蹄地坐飞机赶回青岛，集中处理积攒一周以上的法律服务中心日常工作任务。这种和其他全日制读博同学完全不同的学习、工作状态，在让我不得不忍受无尽的奔波劳累和紧张压力的同时，也让我享受到了舍我其谁的江湖豪迈。

我虽然没有全职在岗工作，但是舰队法律服务中心的相关一切工作任务，并没有因为我在脱产读书而有所耽搁。不仅如此，舰队法律服务中心的基本工作，有的竟然比我脱产读博之前还要出彩很多。比如，我们见缝插针地举办舰队范围内法律服务骨干培训班的消息,就破天荒地上了《人民海军报》的头版头条,成为海军范围内当时可圈可点的一大要闻。这说明,我是工作、学习两不误。

读博期间,我还于 2013 年 6 月想方设法地挤出十分宝贵的时间,抽空学习并通过了二级心理咨询师的资格考试,并结合自己的办案心得与学习研究,笔耕不辍地著书立说。2015 年 1 月,我在法律出版社出版了 36.5 万字的《胜诉策略与非诉技巧:打赢官司的 50 个要点》。随后,我又在清华大学出版社出版了 19 万字的《法治照耀幸福生活》等个人专著。同时,我还在《法学杂志》《中国律师》《政工导刊》《海军杂志》《大连舰艇学院学报》等报刊发表学术论文总计 20 余万字,不仅为了完成博士学业而读了很多书,而且也在著书立说上下了很大功夫。

另外,我还在学员队政委田建明上校及研究生管理大队领导的大力帮助下,在全院范围内定期举办系列讲座"老王教你打官司"。没想到这个讲座竟然举办得非常成功,相关信息不仅被人民网、新华网、中国律师网及重庆律师网等网络媒体连篇转载,还被《解放军报》《人民海军报》等纸质媒体予以宣传报道,普遍反响很好。

以上事实说明,我在 2012 年 9 月至 2015 年 6 月读博期间,相当于一个人同时完成了至少三个人的工作量(完成博士研究生学业并如愿以偿地取得博士学位;保质保量地完成舰队法律服务中心主任的工作任务;研究撰写并高质量地出版发行个人专著,加上发表论文在内总字数接近一百万字)。回想读博三年时间,尽管来回奔波,四处忙碌,却有条不紊、劳逸结合、苦中作乐。虽然没能趁机游历西北,品尝美食,却因为不留遗憾地努力拼搏，而获得心理与精神上的极大满足，也成为我能够教育孩子，引导别人的谈话资本。

值得一提的是，只要销假归队从青岛回到西安，几乎每到下午五点开始的体育活动时间，老师和同学们都能在解放军西安政治学院的操场上，看到我要么在与人激烈对抗踢足球，要么在挥汗如雨地与他人大战羽毛球。由于坚持运动，我在学院第十七届田径运动会上，还一举夺得了3000米长跑的铜牌。要知道那时我已年满46周岁，而且是跟那些比我年轻十几乃至二十几岁的小伙子们同台竞技，取得如此成绩实属不易。对此，与我亦师亦友的袁广前教授曾经半开玩笑地逗我说："明勇博士，有人说你很忙，我怎么看你一天到晚都这么气定神闲啊？"对此善意笑问，我也玩笑作答："那是有人只看到贼吃肉，而看不见贼挨打！"

我之所以这样说，是因为我在三年读博期间，几乎每天晚上都要加班加点四个多小时，我通常是在凌晨一点准时起床，连续看书或者写作四个小时，之后再高质量地睡眠四十分钟左右，然后赶在早晨六点准时起床，跑步下楼参加学员队（同期入学的硕士、博士编成一个队）统一组织的跑步或队列训练。当然，中午我会集中精力上床休息大约一个小时。这样一来，我一天的学习和工作时间，在实际效果上就相当于别人的一天半。

由于做到了运动、休息与学习的统筹兼顾，我的学习与工作才能张弛有度，我才能一天到晚看起来精神抖擞，干什么都是斗志昂扬。

值得欣慰的是，直到2015年6月博士研究生毕业，我的眼睛都没有"进士"。2014年10月，我在革命圣地延安参加学院组织的"秦岭突击—2014"训练演习期间，在81式自动步枪100米靶实弹射击时（每人5

发子弹），我以裸眼瞄准射击，居然命中39环。每发子弹的平均成绩是7.8环，确凿无疑地弹无虚发！这个象征荣誉的靶标，至今仍妥善保存在我的书柜里，成为我在休息、运动与学习方面能够协调统一和张弛有度的永久纪念。

也许有人会说以上案例太过笼统，为了更加清晰和有针对性地说明运动与休息如何有效保障学习效率这个问题，我就"买一送二"现身说法以下两个经典案例。

首先来看休息。伟大导师列宁说过："谁不会休息，谁就不会工作。"对此深刻高见，我深以为然，并且将其引用解读为"谁不会休息，谁就不会学习"。

实事求是地讲，对此深刻高见我也曾经有过不同认识。具体而言，1991年1月，我以相对高分的成绩通过了大学英语四级考试。当时的满分为100，我竟然考了连任课老师都大呼"出人意料"的79分，在本年级排名第二，第一名是胡刚强同学，他考了82分。按照当时的军校规定，考到85分就可以荣立三等功。之后，我就将英语成绩和英语课本，都一股脑儿地全部丢到爪哇国里去了，好像考试过关之后的英语教材与复习资料，就再也不会与我产生任何关联了。

然而，当我作为预提潜艇副长，于1999年3月到海军潜艇学院战术指挥班就读后，正赶上军地两用人才热过之后的又一波儿英语学习热潮。学院鼓励我们以同等学力申请硕士学位，前提是必须通过英语专业考试（难度在大学英语四六级之间）。同学中的胡刚强、刘岩贵、于进宝等一些好学上进的同志，全都积极投身其中，当然我也不甘落后。为给大家创造一个既可以适当加班加点，又不至于违反学院作息制度（一到晚上九点半，学员队的全体宿舍都必须熄灯）的相对稳定学习环境，古道热肠且能设身处地为大家着想的赵勤政委，就特批将艇副长班的大队部作为熄灯之后的英语学习室，并破例允许这个房间可以不熄灯到晚上十一点。

毫无疑问，在大队部开放的头一天晚上，我也曾经鸭子过河——随大流地跟着刘岩贵、于进宝他们加班加点了一个多小时。虽然只比平时晚睡一个多小时，但我第二天上课时的精气神却明显感觉不济，具体是指理解领悟能力、随机应变能力和记忆力等学习能力均有不同程度下降，尤其是脑子再也不像加班加点学习英语之前那么灵光。这让我十分敏锐地意识到，要想提高学习成绩，加班加点既非应急之策，也非长久之计。于是，我便断然决定到点就要熄灯睡觉，再也不去点灯熬油地加班加点。

需要说明的是，此时的英语学习备考，只是一个可有可无的"小营生儿"，因为那一学期的真正学习任务和考试科目是《潜艇操纵》《潜艇战术》《流体力学》《指挥管理》等多门必修主课。只有先按照教学大纲完成这些必修课，才能利用课余时间加班加点学英语。

而决定参加这次对于能否拿到硕士学位至关重要的英语考试之前，我掐指一算，发现从我决定参加考试起，到正式开考，连同礼拜天节假日都计算在内，满打满算也只有区区 87 天，而且英语学习还不能挤占正课时间。

1991 年 1 月通过大学英语四级考试后，我就把英语成绩与英语课本都一股脑儿地丢到了爪哇国里，此后再未触碰，以至于我在时隔 8 年之后的 1999 年 3 月决心参加这个英语等级考试时，连 poison（作名词时意为"毒药"等，作动词时意为"毒害"等，作形容词时意为"有毒的"等）

与 prison（作名词时意为"监狱"等，作动词时意为"关押"等）都已分辨不清，需要一个一个地查阅词典，才能加以区分辨别。

据英语老师介绍，以同等学力申请硕士学位英语考试的难度虽然不如六级大，却要比四级高出一个数量级，词汇量少说也得 5000 个以上。但是从我连 poison 与 prison 都不能区分的情况看，我决定参加考试时的词汇量满打满算也就 1000 个左右，差距在 4000 以上，离目标要求相去甚远。

而留给我的复习备考时间，只有总共不到 87 天之中少得可怜的那点儿业余时间。对一般同学而言，即便这 87 天全部用于英语学习，恐怕都远不够用，何况还是只能利用其中的课余时间呢？以词汇量相差 4000 个为例，我需要在这短短的 87 天之内，一个又一个地查阅词典弄清楚每个词的意思，每天平均至少要掌握 50 个，还要将其铭记于心。此外，还有听力练习、辨错纠错与阅读理解等科目必须复习，否则就不可能顺利通过考试。显然，我是在面对一个几乎不可能完成的任务，明显就是在挑战不可能。

但是，开弓没有回头箭。既然决定要去参加这个英语考试，就要争取一次过关。于是，我在冷静理性地对照日历重新核实剩余时间确实只有 87 天后，就跟同宿舍的胡刚强同学商量决定从当天开始，等晚上九点半的熄灯号一响，就立马熄灯睡觉不再加班，并约定任何人都不能在房间内抽烟，以保持宿舍的干净整洁与宁静温馨，确保良好的休息环境。就这样，我与胡刚强都在保证足够睡眠的前提下，保证了学习效率，英语考试我俩也是双双顺利过关！

说完了睡眠，接下来再说一说运动。2015 年寒假期间，我从西安政治学院回到舰队驻地青岛后，竟一时心血来潮，决定报名参加当年春天举行的军队高级职称（英语）考试。在此之前，军队与地方的高级职称（英语）考试分别使用不同版本的辅导教材，并且各自出题。但是没想到在我决定报名参考之后，军队与地方高级职称（英语）考试的辅导教材与考试试卷，竟然实现了全国范围内的统一，这就意味着我必须购买地方版本的复习教材，从零开始复习备考。拿到崭新的地方版本考试辅导教材后，我又鬼使神差地对照日历仔细核算了一遍剩余时间，发现包括春节放假 7 天在内，留给我的复习备考时间，满打满算居然只有区区 45 天！

　　45 天看起来似乎不算太短，但我必须首先在此期间完成少说也需要几万字的博士毕业论文框架提纲，之后才能考虑高职英语的学习备考问题。而作为舰队法律服务中心主任，我在春节期间必不可少的走访慰问，也需要耗费一定的时间。此时此刻，我面对的是一本崭新的英语辅导教材，而且我的英语都是随考随忘，跟阿庆嫂在《沙家浜》中的唱词一样，"人一走茶就凉，过后不思量"。因此，要在区区 45 天之内完成全国高级职称考试的英语备考，难度可想而知！

　　如同之前的准备考研或者应诉准备疑难复杂案件，我在明确目标任务与时间节点之后，首当其冲要做的一件事，就是不管剩余时间还有多少，都要雷打不动地尽最大可能挤出时间去加强体育锻炼，以此确保学习效率能够时刻跟得上任务节奏。

　　备考之初，我在集中精力研读一定页数的英语辅导教材后，就会在晚上八点半左右，拉上本科毕业于清华大学法学院的青年才俊张维武，让他陪我以急行军的速度，从舰队法律服务中心用作办公室的德国式建筑小别墅，沿着中山公园东门、汇泉广场、第一海水浴场，一路快步走到鲁迅公园、小青岛公园，如此快走大约一个半小时之后，用脑过度到有一些紧张麻木的大脑神经，才会因此得到放松。

如此紧张备考半个月后，我发现每天晚上一个半小时的"急行军"，已经远远不能满足我的精神放松需要，就开始尝试围着办公小楼旁边的操场一个人慢跑。事实证明，不等跑够四十分钟，不管天气多么寒冷，只要不是迎头刮大风，都会很快满头大汗。那种酣畅淋漓之后的放松效果，远比张维武陪我快走一个半小时更好一些。就这样，在快走慢跑日复一日的有氧运动之后，我不但认真细致地、一页又一页地看完了那本厚达320多页的崭新英语辅导教材，而且一举通过了当年的军队高级职称（英语）资格考试。

值得一提的是，在我参加的这次高级职称英语资格考试成绩公布前，张维武已由北海舰队法律服务中心专职律师，调到解放军军事检察院担任检察官。在他当年冬天由北京赶回莱西陪父母过年期间，曾奉父母之命过来看我，我就不失调皮地让他猜一猜我这次军队高级职称（英语）资格考试的成绩。没想到张维武下决心使劲猜了三次，从70分、80分，一直猜到他认为很可能已是极限高度的85分。见我还是一个劲儿地直摇头，就面带羞涩地请我揭晓谜底。于是，我就趁机在这个刚从清华大学毕业没几年的高才生面前卖弄了一把，不无骄傲和自豪地对他说："你压根儿就没有想到吧？我这次整整考了90分！"

关于运动与休息对于提高学习成绩的巨大好处，我从初二开始不做作业的时候，就已经十分清楚地知道，高中以后对此体会更深。由于不做作业，甚至不上晚自习，我便有着相对更多的时间去自由支配。与那些一天到晚只知老实本分地读书和做作业的同学比，我完全可以称得上是地地道道的时间上的大财主。我不仅可以随心所欲地借阅自己喜欢的课外书，而且几乎一场不落地看完了《少林寺》《木棉袈裟》《高山下的花环》《黄土地》《大刀王五》《日出》和《夜半歌声》等新出品的电影。得空儿就去看场电影的良好习惯在我大学毕业之后也得以很好保持，不管工作和学习有多紧张忙碌，也几乎没有因此间断过。

　　事实上，这种忙里偷闲去看电影的习惯，居然一直保留到我做北海舰队法律服务中心主任以后。当我感觉到工作或学习实在太累了的时候，就会一个人悄无声息地走到汇泉广场的地下影城，四仰八叉地在那比较空旷的立体声环绕的电影院里，随心所欲地半躺半坐，让身体和心情都随着电影的节奏，跟时间流逝一样地自由奔放，之后紧张麻木的神经与思绪，便会信马由缰地随之自由放松。以上所述的一切，都在培养我那"独立之精神，自由之思想"，让我受益终生。

　　事实证明，必要而充分的休息和运动，不仅对于备考英语和提高成绩至关重要，对于其他方面的工作和学习也同样不可或缺。面对其他考试或者其他疑难复杂的工作任务时，同样需要充分的休息和运动，以确保学习效率和工作效率。比如，我在2003年10月之前复习准备司法考试时，刚刚担任潜艇副长。由于副长的工作任务本身就比副政委等多出很多，加之我是法律专业的门外汉，忙里偷闲地自学法律还不到两年时间，在这种情况下要想一举通过司法考试，明显就是时间紧、任务重。

　　为了保持充足的学习精力并能迅速恢复体力，我就不得不随之加大运动量。具体是只要不刮暴风雪或下瓢泼大雨，我每天早晨都会沿着海边的柏油马路，围绕着潜艇支队的码头营区一口气连跑两圈（以摩托车里程表计量的结果，是每圈 2.6~2.7 公里），晚上再一口气连跑 3 圈，每天合计要跑 5 圈，总里程在 13 公里以上。如果有机会，下午还去操场踢一小时球。我备考期间的运动量之大，由此可见一斑。

当然，2003 年我备考的这个司法考试，也是一次性通过，堪称一蹴而就。见我面对所有大型考试，几乎都是一考即过，很少拖泥带水，不少人都会因此夸我聪明。他们哪里知道我本资质平平，资质平平到就连我在王家老庄村办小学读书的时候，在同年级的十三四个孩子中，我也很少能够考进前五名。因此，这哪里是我比别人更加聪明，而是我比一般人更懂得休息和运动对于提高学习效率的重要性。所谓"磨刀不误砍柴工"，用在学习上就是忙里偷闲地加大运动和休息时间，以学习时间上的"舍"，来换取学习效率上的"得"。这是我在学习上历经无数次的挫折之后，感悟到的一种人生大智慧，受益匪浅。

直到现在，为了保持旺盛的精力和良好的工作状态，我都会想方设法地挤出一些时间去适当运动，因为我由衷地坚信：运动不仅使人更健康、更快乐，而且让人更自信、更聪明！

2023 年 1 月 5 日写于青岛

第三堂课
把你的想法大声说出来

博士观点

学会说话很重要，学会把你内心的真实想法不失时机地大声说出来更重要，重要到如同足球比赛中的临门一脚：踢得好，愿望达成，功成名就，满堂喝彩！踢不好，甚至未能抓住机会踢出这关键一脚，不仅自己后悔懊恼，也会招致他人讥笑，甚至还有可能因为失去这个永不再来的重要机会而长吁短叹地抱憾终生。因此，如果有需求而且有机会，就要不失时机地抓住机会，把你的想法大声说出来。

话题缘起

在被誉为"隐逸诗人之宗""田园诗派之鼻祖"，自号"五柳先生"的东晋杰出诗人、辞赋家、散文家陶渊明先生所著《移居两首》中，有一诗句特别能够打动人心："奇文共欣赏，疑义相与析。"它指的是遇到非常优秀的文章，大家共同阅读思考，品味和感悟其中的奇妙意境与深刻内涵；遇到不同的观点，大家共同讨论分析。毫无疑问，对陶渊明先生而言，这种状态就是有邻如此，何其快哉；于我而言，则是有子如此，夫复何求！

早在好几年前，我就已经开始对王士弘知识储备之丰富和涉猎范围之广泛而心满意足。他对时局或典故的某些不同角度的认识和看法，甚至连我这个不知天高地厚到自以为能跟陶渊明先生一样"好读书，不求甚解；每有会意，便欣然忘食"的人，有时候也忍不住要对其刮目相看，所以总爱瞅准机会与其交流思想、交换看法，互通信息之有无。当然，我也会隔三差五地向其推荐一两本自以为值得一读的课外书。

事实上，我也经常会在不同的场合，赞许王士弘不失为温润如玉的谦谦君子。这不仅仅是因为他从很小的时候起，就已经开始张口闭口地称呼为"您"，而不是司空见惯的"你"。当然，也不仅仅是因为他读书相对较多，知识面与思想境界要比一般的同龄孩子略显宽阔。事实上，王士弘的心胸也比一般的同龄孩子更加宽广，可谓"君子有容人之量"。比如，他在小学时候，有一天看到我开车路怒，就不失时机地对我好言相劝："咱不跟他们一般见识！"

话已至此，相信您一定慧眼识珠，早就看出我在赞许王士弘的同时，并没有称赞他虽已长出越来越成气候，且越来越像极了我爷爷王树谷先生那样的大高个儿和络腮胡子，但也同时像极了我爷爷的低调内敛和与世无争，并因此经常被误以为软弱可欺。换句话说，王士弘同学让我感到美中不足的，是其谦虚有余而阳刚不足，跟我理想中说话掷地有声、办起事儿来果敢刚毅的男子汉大丈夫形象还有很大差距。因为我不欣赏那些缺乏男子汉气概的人，我从内心深处认为我们应当给孩子树立为人处世的血性榜样，言传身教地把他培养成德智体全面发展的敢作敢当的男子汉，而非将其培养成一个唯唯诺诺，只知任人摆布，而不敢仗剑天涯义行天下的大男孩。

为弥补王士弘这一成长缺憾，我思来想去，权衡再三之后认定的终南捷径，就是培养锻炼他有话大声说出来。

现身说法

关于有话大声说出来，在我作为课外读物推荐给王士弘的《特别关注》杂志中，有两段引自日本著名作家、生活美学家松浦弥太郎先生所著《超越期待》一书中的文字，题目叫作《讲话要像国王》，我认为很有指导借鉴意义，故而特别转述如下：

> 有一句谚语，叫作"在人面前讲话，要像国王一样"，意思是如果能像国王那样从容大方地表达意见，对方就会认真倾听。这句谚语的后半句，是"倾听别人说话，要像家臣一样"，意思是要让对方知道他说的每一句话都被认真倾听。只要做到以上两点，无论表达还是倾听，你都将游刃有余。

对于以上观点，我深表赞同。关于为什么讲话一定要像国王，我的理解主要有以下四点。

一是讲话能够掷地有声。即便不能声震寰宇，也要坚定自信，给人以力量。

二是讲话应该做到一言九鼎。既然说出去的话，跟泼出去的水一样不好反悔，那就干脆等想好了之后再说，说出去就是无可争辩的权威。

三是讲话应当抓住机会。否则，再好的语言点都是"马后炮"。

四是要用真实的语言，表达自己的真实观点，在大是大非面前始终坚持原则，实事求是，在冷静理性的基础上有责任担当。

对于我今天费尽笔墨研究讨论的这个"把你的想法大声说出来"，可能会有不少权威人士不屑一顾，甚至会嗤之以鼻地说："这话题也太小儿科了吧，不就是大声说话吗，这个问题就跟人为什么要吃早饭一样简单，哪里值得如此大惊小怪？"

我必须实事求是地承认我确实非常愚笨，愚笨到当年在我们王家老庄村办小学读书的时候，在总共十三四名同学的班级里，我居然连保持本班前五的奋斗目标，都经常心有余而力不足。但是我又十分幸运，幸运到我从目前已经出过"三位中学生"和"五名博士群"的王家老庄村办小学毕业后，正赶上国家为早日实现"四个现代化"而鼓励兴资办学，让我得以跌跌撞撞地考进了西文联中十三级二班这个寿光县马店乡的初中重点班（由于师资短缺，重点班从初一开始学英语，非重点班则无此待遇）。三年之后，我又在全县统考中，以相对较高的成绩顺利考进了寿光县第一中学八四级五班这个理科快班（三年高中课程，用一年半时间学完，高二结束即可参加高考），一路走来都是名师名校，可谓"与高人为伍，你绝不平凡"。

及至由士兵考学就读海军潜艇学院潜艇技术指挥专业全日制本科班，并在担任海军北海舰队法律服务中心主任四年之后，通过发奋苦读得遂心愿地考取解放军西安政治学院的全日制法学博士研究生。应该讲，我比一般同学都要幸运很多，因为在从初中到博士毕业的整个求学期间，我都曾接触过一些难得一见的行家里手，有些甚至堪称世外高人。比如，坚持每周都给自己父母洗一次澡的鲁笑英教授，无论其人品还是学问，都曾让我佩服得五体投地。毋庸置疑，跟这样的高人相处，接受他们的悉心教诲和耳提面命，即便再愚钝，也会逐渐变得聪明起来。在此我想特别说明的是，我所经历的那些成功的喜悦和憋屈的眼泪，无不结结实实地告诉我这样一个道理，那就是学会大声说话很重要。

　　当然，我也不得不实事求是地承认我的资质禀赋远远比不上我的父亲王光智先生。我父亲出生于 1946 年农历正月十七，在他初中肄业回乡务农后，宁折不弯的脾气秉性、公道正派的为人处世，以及甘愿替父母分忧解难的责任担当，让他在四邻八乡中赢得交口称赞的同时，也让他稳稳当当地一辈子扎根农村。他虽曾担任过村里的生产队队长和村办砖厂厂长，却一辈子面朝黄土背朝天地没有离开过王家老庄。而那些与他同样出身、同等学力的年龄相仿者，只要下定决心离开农村，几乎都奔了个好前程，有的还曾飞黄腾达，但是我的父亲却始终心甘情愿地做他的老农民，就连"你奶奶就是不让我出去闯"这样的抱怨，一辈子也难得听见他唠叨几回。因此，我父亲虽然终生务农，却以自己的诚实善良与坚韧顽强，赢得了我们的尊敬。尤其是在 20 世纪六七十年代中国农村普遍缺衣少食的艰苦岁月，我父亲也总能竭尽全力地保证我们兄妹三人不用忍饥挨饿，即便是在包产到户后急需劳动力"搭把手"的艰难困苦之时，我父亲也靠自己咬牙坚持，而没有让我们辍学打工，使我们兄妹三人能够踏实安心读书。没有父亲的坚韧顽强与微言大义，就不会有我弟弟成为享誉全国的优秀法官，更不会有我这样一天到晚自以为是的全日制法学博士。但是，父亲虽然教会了我们诚实善良，教会了我们公道正派，教会了我们宁为玉碎不为瓦全，却没有下功夫教我们学会如何有水平上层次地大声说话。

因为不会说话，必然蹉跎岁月。而蹉跎岁月中那些数不清道不尽的成功喜悦和心酸落寞，又无不一次又一次地向我证明学习说话相对容易，但是学会说话真的很难。尤其是学会用自己的真实语言，不管面对什么样的权威或者挑战，都敢于凭借良心侃侃而谈（意思是指理直气壮、从容不迫地说话），难上加难！

话不多说，还是让我们以案说法，拿事实说话吧。

先讲第一个故事，题目是《不失时机地大声说出你的心里话》。我在解放军西安政治学院攻读法学博士学位时，英语教学分为阅读、听力、写作、翻译四个板块，各由一名教员负责其中一块。负责翻译板块教学任务者，是人送外号"袁疯子"，也称"袁一刀"的袁广前教授。

英语课程结束后，因为对人品学识的相互欣赏，我与袁广前教授之间的接触越来越多，交往越来越密切，也就越来越发现袁教授不仅幽默风趣、文质彬彬，而且博学多才、乐于助人。尤其因为他得天独厚的语言优势和责任担当，以及对国际局势的敏锐观察和独到见解，使他所举办的有关时事政治与国际局势的专题讲座，无不深受学生喜爱。随着接触和交流的不断深入，我对他的尊重与喜爱之情，也就与日俱增了。

我后来也逐渐了解到，袁教授之所以会得"疯子"雅号，是因为他敢于坚持原则，不为歪风邪气左右，对于那些无故不能按时上下课或者不能如数完成作业者，尤其是对于那些胆敢在课堂上接打手机电话者，袁教授从来不会姑息养奸，也绝对不会心慈手软，以至于因此挡住了有望通过"半工半读"而完成博士学业的某风云人物的求学之路，因此被人恨到牙根儿直痒痒。在当时的情况下，袁教授只要跟其他老师一样"睁一只眼闭一只眼"，该风云人物便能顺利博士毕业。可袁教授终究没有奉行"睁一只眼闭一只眼"的猫头鹰哲学，因为英语属于博士研究生的必修课，英语考试成绩不及格就意味着博士学位被一票否决，所以袁教授对于这位风云人物在英语学习与教学评价中的"不通人情世故"，必然让他永远止步在了博士研究生的求学路上，让他不可能拿到梦寐以求的博士学位，"袁疯子"与"袁一刀"的大名便由此而来。我想，这就是袁教授的做人底线，也是他的铮铮傲骨。不得不说，像这样有底线能担当的"疯子"，在现实生活中已经越来越少了。

其实，早在 2012 年 9 月入学报到之后不久，我就已经对袁广前教授的"疯子"大名如雷贯耳。并且，我还无比惊恐地听说，袁广前教授为博士研究生布置英语翻译作业的规矩，就是每学期的英译汉不少于 20000字，外加不少于 8000 个词汇量的汉译英。别忘了，这还只是袁广前教授负责的英语翻译板块中仅仅一个学期的课外作业量。阅读、写作与听力老师不可能一点作业都不留吧？不难想象，仅是听到这个毛骨悚然的作业量，就会让人两股战战，冷汗直流。

对于袁广前教授布置作业的恐惧和担忧，不能不引起我的高度重视。毕竟我还担任着舰队法律服务中心主任的职务，需要定期请假回去处理手头积攒的工作任务，而不能像其他同学那样心无旁骛地全程脱产读博。在这种情况下，如数足额地完成这么多的英语翻译作业任务，对我而言几乎就是在挑战不可能！

没想到我正琢磨如何逃避这项不可能完成的英语作业时，袁广前教授居然在英语学习正式开课之前的某个上午茶歇时间，带领王焕定教授、徐微老师和李莲老师等英语任课教师，来和我们这些新入学的博士研究生座谈交流英语学习问题。等老师们介绍完各自负责的部分和学习要点后，同学们就按照老师要求，逐一汇报介绍本人的工作经历和英语学习动因。与我同窗共读的那十三名博士同学，在汇报介绍完各自的情况之后纷纷表示："英语学习很重要，学好英语必不可少！"最后不忘郑重表态："一定配合各位老师积极主动地把作业完成好，把英语学习任务完成好！"

唯独我独树一帜，我十分坦诚而又十分无奈地最后发言道："不怕大家笑话，我不得不十分抱歉地告诉大家，我跟在座各位老师与同学们的学习、工作经历都不一样。很羡慕你们从小就是父母眼中的好孩子，老师眼中的好学生，领导眼中的好干部，可我不是。因为我从初二开始就不做任何作业，现在虽说脱产读博，但是还必须隔三差五请假回青岛完成舰队法律服务中心的工作任务，所以不可能按照各位老师的要求完成作业，我在这里提前请假并请老师们宽宏大量！"

这是我跟袁广前教授等四位英语老师的第一次见面，也是我第一次坦诚地向他们委婉提出不做作业的明确要求。本以为令人闻风丧胆的"袁疯子"会断然拒绝，没想到他竟十分善解人意，当场慨然应允。这件事情发生后，我常想，其实在每个人的身上都闪耀着人性的光辉，只不过要看你是否有机会能让这人性的光辉最大限度地为你照亮前程。毫无疑问，要想达到这个目的，就必须态度诚恳地与人进行良好的交流互动。

就此事而言，由于我已实事求是地把自己的困难说到前面，并且坦诚友好地表达了自己的主观意愿，所以袁教授他们在相视一笑之后，当场表态说："那就因人而异，实事求是吧！你的作业不管完成多少，尽力而为就行！"

结果，我就因为成功抓住了这个可谓千载难逢的大好机会，勇敢坚定地把自己内心的真实想法，真诚地当众大声说了出来，为今后少做或者不做作业埋下了伏笔。当然，我虽不做作业，但是学习劲头一点儿也没有减少，学习效率也不低，因此也能保质保量地顺利完成英语学习各项任务。

需要进一步解释说明的是，前面提到的那位风云人物之所以会被袁广前教授坚持原则地"一刀斩杀"在博士研究生的求学路上，根本原因就是他并没有从心底认识到，课堂纪律不是专为在校学生和任课教员制定的，像他这样的机关干部只要进了教室，也要严格遵守，这就是纪律的内在价值和生命力所在。在课堂纪律面前人人平等，每个人都有义务严格遵守。

当然，这位风云人物也应该将心比心地认识到，应当对任课老师给予应有的尊重，不能因为自己是机关干部就高人一等。另外，他也应该十分清醒地认识到，上课接打电话，即便真是为了学院工作，也应该提前安排。如果不是十万火急，下课之后再打也不是不可以。要知道，在袁广前教授这样的恪尽职守教员眼里，课堂就是战场，维护课堂纪律就是他义不容辞的责任。

不言而喻，如果我跟这个不懂规矩、漠视法纪的风云人物一样也犯类似的错误，必然也会被袁广前教授拒之门外。要知道就课程设置而言，只要有英语这样的一门主课不及格，便无法进入博士研究生的毕业论文答辩环节。即使其他成绩再好，论文写得再漂亮，不经答辩合格，也不可能拿到博士学位。实事求是地讲，这位风云人物之所以无缘博士学位，最根本的原因还是他不知道如何真诚地表达自己的内心想法。换句话说，不是因为袁广前教授的"故意刁难"和"不近人情"让他与唾手可得的全日制博士学位失之交臂，而是因为他恃宠而骄，不会说话。

我与这风云人物虽然经历相似但结局迥然不同，该事实确凿无疑地证明，在这个世界上没有什么应得应分，即便一件事情看似顺理成章，也要讲究说话艺术，且应站在听话者的角度掂量讲话的分寸，否则就不可能把话说好。说不好话往往也就办不好事，老人言中的"坏就坏在这张嘴上"说的就是这个道理。

接下来讲第二个故事，题目叫作《有责任能担当地大声说真话》。我在舰队机关工作期间，经常十分无奈且吃惊地发现，所有历史遗留涉法涉诉疑难复杂案件，无一例外地几乎都是因没能将纠纷消灭在萌芽状态所致，更没有将纠纷隐患排除在决策作出之前，根本原因就是在需要有人讲真话和负责任地大声唱反调的时候，却很少有人能够无私无畏地勇敢站出来。

我们越来越清醒地认识到，任何重大决策的酝酿作出，都需要经过风险评估与合法性审查这两个至关重要和不可或缺的环节。毫无疑问，在这样的环节，能以主人翁精神坚持法治原则，有责任、能担当地大声说实话，就显得尤为重要。当然，讲话人的法治素养与格局境界也很重要。所谓"上医医未病，中医医欲病，下医医已病"，在说明"上等医生重视预防疾病，中等医生医治将要发生之病，下等医生医治已经发生的病"这个人间正道的同时，也确凿无疑地告诉我们治病救人就是医生应该去干的活儿，就是需要专业的人去办专业的事。但是不得不非常遗憾地说，在需要法律人把关定向的重大决策环节，却往往都是外行人在办内行事，结果必然一地鸡毛。

奉命牵头组建海军北海舰队法律服务中心后，我对同事们提出的工作要求只有一个，那就是"只研究事，不琢磨人"。我之所以这样说，是因为我认为法律服务机构不是封建社会里的衙门，法律服务从业人员也不能有一丝一毫的衙门作风。撇开具体工作不谈，仅从专业性质上看，在舰队机关做律师毫无疑问是个技术活儿，更应该"做一行，爱一行，专一行，精一行"。事实上，这也正是我转业离队牵头创设山东水兵律师事务所后为什么会提出"品德自信、业务自信、学术自信"执业理念的初心。

关于法律人的一心为公和责任担当，发生在 2007 年春夏之交的这个故事，就很能说明问题。当时我还只是一名副团职军官，也不算舰队机关首席法律顾问，却敢于面对一众将军和直属编队首长，在坚持法治原则和实事求是的基础上猛讲法律大实话，对首长机关不合法规政策的决议草案，大声而勇敢地唱了反调。当然，这个故事也能管中窥豹地说明首长机关为什么会在法律服务工作中那么信任我、那么支持我。

具体而言，2007 年春夏之交的一天上午，舰队机关正就某房地产项目出租转让问题，组织由舰队分管首长和直属编队首长参加的大型工作会议。刚从外地调来分管纪检政法工作的钱副政委，在会议进行半个多小时以后，突然发现事关军队房地产出租转让问题决策作出的如此重要会议，居然没有军队律师参与服务保障，这就很难保证所作决议是否能够依法从规，于是赶紧要求会议组织者马上派人去找律师过来参加会议。

当时，我虽然刚刚打赢一个被舰队首长批示赞誉为"胜诉不易，教训深刻，王明勇同志功不可没"的案子，而在舰队机关浪得虚名，并被调入军事检察院担任检察官，却还不是舰队机关首席法律顾问，这次被人急三火四地从检察院会议室请过来，属于"临时抓公差"一般地救急，即便什么也不说，也不会有什么不妥。

当我应召火速赶到现场时，会议正在按部就班地有序召开，虽有个别不同意见，但是总体争议不大，争论也不激烈，如果不是被我这半路杀出的程咬金不识好歹地肆意搅局，拟定方案就会顺利通过，一切都将万事大吉。没想到等我快速浏览一遍会议材料，尤其是当我看完业务部门起草拟定的房地产转让合同协议后，顿时眉头紧皱，感觉如鲠在喉，有话要说。因此，当与会首长例行公事一般征求律师意见时，我就大声而勇敢地跟拟定方案唱起了反调，这就好比滚烫的热油中突然被人撒下一把盐，一下子炸了锅，引得众人纷纷侧目，一脸惊愕。

按照《中国人民解放军房地产管理条例》，军队房地产项目在建设之前，就应该报请总后勤部审批同意。建成之后对外出租转让，也需履行相应的报批程序。但从现有材料看，这两个审批流程都还没走，不具备对外出租转让条件。正因为深知其中的隐患风险，所以我的发言才会石破天惊："从法定程序上讲，我们正在讨论的项目属于先天不足。如果硬着头皮往下进行，必然就是后患无穷！"

由于事关紧急，加之决策事项特别重大，所以有关首长悉数参加，而我由于城府不深，加之向来不会说假话、虚话、空话、套话，更不会讨人喜欢地专说好听话，所以我的发言也就直击要害，没有粉饰太平。拉我过来临时抱佛脚地充当法律顾问的机关同事，恐怕打死也不会相信，我竟然是头只认死理而六亲不认的大犟驴，居然敢于不顾自己的前途命运顶撞两位在职将军，面红耳赤地跟他们激烈争论，让他们当众下不来台。见此情景，聪明睿智而又不放弃原则底线的钱副政委，就及时而策略地叫停了会议，并在会后耐心细致地逐个做通各位领导工作，最终改变了拟定转让方案，以此为首长机关避免了可能的经济损失和潜在政治风险。

这次会议后，我虽然没为自己的不管不顾而后悔，但也确实为自己的鲁莽冒失捏了一把汗。然而不得不说首长就是首长，真是"将军额头可跑马，宰相肚里能撑船"。虽然被我激烈冒犯，那两位曾经被我言语顶撞的将军，却都与我不打不相识，并在随后工作中对我关爱有加。有时候，在去往机关餐厅的风景如画小路上，他们如果偶尔回头看到是我远远地跟在后面，都会下意识地放慢脚步，等我靠前说上一两句家常话，这是多么宽广的胸襟和多么高尚的情怀啊，让我对其人品官德钦佩有加。当然，这也是我作为一名职业法律人，依靠冷静理性和责任担当为自己争得的荣誉。

让我终生难忘的是，这个公开唱反调的工作会议结束之后不到半年，我不但没被首长机关"穿小鞋"，反而由副团职中校晋升为正团职上校，成为海军北海舰队军事检察院的主诉检察官，并且顺理成章地成为舰队机关事实上的首席法律顾问，并在第二年被首长机关特批编外定编地牵头组建北海舰队法律服务中心，从而得以在更大的舞台上，为部队和军人军属提供更加优质高效的法律服务。

这个故事不仅证明说真话、讲良心、做老实人并不吃亏，而且证明在大是大非面前，永远保持冷静理性和责任担当，始终坚持"以事实为依据，以法律为准绳"的法治原则，大声而勇敢地讲真话至关重要。因为法律人的发言讲话，不仅需要顾及眼前，更需要帮助委托人守住法律底线，为防控将来可能出现的法律风险而把住这最后一关。我以为，要想帮人把住法律底线关，除了必须具备扎实深厚的知识储备，透过现象看本质的冷静理性，还需要无私的心底和担当的勇气，这是法律人的职业良心，也是法律人能够宁为玉碎，不为瓦全，自始至终都能站着为人处世的底气和骨气。

面对某些自觉不自觉地教育孩子去做一个精致的利己主义者的父母，总是有意无意地要求、希望或放任自己的孩子奉行"睁一只眼闭一只眼，别人的闲事我不管"的猫头鹰哲学等现实情况，我却觉得教育孩子在任何时候，都要争取做一个既冷静理性又敢作敢当的男子汉，相比而言更加重要。在这一点上，我的终身务农却能够始终如一地说真话、讲良心、做好人的父亲王光智先生，毫无疑问就是对我们兄弟姊妹言传身教的好榜样。因此，我常想，如果说敢于大声讲真话也有家族传承的话，那么我会发自内心地感激我的父亲。当然，我在大声说真话、讲良心、做好人方面的典型示范作用，也必然无愧于我的孩子。

2023 年 1 月 8 日写于青岛

第四堂课
上天眷顾笨小孩

博士观点

世上不乏聪明人，真正聪明者不少，自以为聪明者更多。然而古今中外能成大事者，却往往都是那些能够坚持一条道儿走到黑，经常会被自以为是的聪明人嗤之以鼻的所谓冥顽不化的愚笨人。比如曾国藩，他之所以能够彻底剿灭差一点儿就把大清王朝闹腾个底儿朝天的太平天国起义军，就连曾国藩本人也曾因屡次三番地被太平军打得落花流水，而再三再四地多次走到被逼自杀的边缘，然而他却成功地笑到了最后，成功的法宝之一就是"结硬寨，打呆仗"这样费时耗力的笨办法和坚持一条道儿走到黑的死脑筋。

法律职业，尤其是律师行业，同样不乏聪明人，但实践证明这个行业相对更多的也是自以为是的聪明人，却往往聪明反被聪明误。正是基于对法律行业的深刻洞察，尤其是基于对大多数执业律师会在法律学术上浅尝辄止的忧虑，我才在应邀去给某地执业三年以下的专职律师和实习律师辅导授课时，苦口婆心地大讲特讲《上天眷顾笨小孩》。

话题缘起

王士弘同学升入高二后，有一次在跟我聊起将来的求学打算与工作志向时，竟然十分冷静理性地对我说："既然叔叔是成绩斐然的全国优秀法官（2021 年度，我弟弟不仅有幸成为最高人民法院在全国范围内表彰的 100 个先进法庭的庭长之一，而且有幸成为山东省高级人民法院在全省范围内表彰和奖励的 100 名先进工作者之一，还是能够上台发言的两名代表之一），姐姐王岩是武汉大学国际私法专业的优秀博士研究生（已在2022 年年底毕业后受聘到华侨大学担任法学教师），而您又是可圈可点的知名大律师，那么我就站在巨人的肩膀上，薪火传承地去学习研读法律专业吧。"

其实，早在王士弘就读小学五年级的时候，我就已经发现他是一块从事法律职业的好材料，只不过我很清楚喜欢什么专业，尤其是将来从事什么职业，不仅要看孩子的兴趣爱好，还得机缘巧合，因此专业选择应由孩子自主自决，而不能由家长越俎代庖，家长不应仅凭自己的喜好或主观臆断，就对孩子的专业选择和求职意向横加干涉。比如说我，就有从工学学士、军事学硕士到法学博士的一波三折求学经历，在工作上更是从潜艇副长这样的纯军事指挥军官，180 度大跨越地转行到舰队军事检察院当了一名检察官，之后又从正团职主诉检察官岗位，奉命牵头组建海军北海舰队法律服务中心，并由此改行去做专职律师，一路走来全凭自己的兴趣爱好与机缘巧合，全是适者生存的物竞天择，不是拔苗助长的被动服从。

另外，我发现，那些所谓一定要让自己没有实现的人生理想，通过培养教育孩子得以实现的想法或者做法，基本上都不可取，事实上也很难得遂心愿。有鉴于此，尽管早就发现王士弘是块从事法律职业的好材料，但我对他除了有意无意地稍加引导，并未主动点破。

我之所以说早就发现王士弘是块从事法律职业的好材料，缘于他上小学五年级时与我进行的一次正式谈话。此前，王士弘因为少不更事，看到少数同学在私下议论数学老师总是想方设法地挤占时间多布置数学作业的坏话，就人云亦云地随声附和了几句，没想到事情败露后，这几个拉帮结伙一块玩儿，首先在说数学老师坏话的同学，居然颠倒黑白地异口同声指称始作俑者为王士弘，使其蒙受百口莫辩的不白之冤。恼羞成怒的数学老师，在责令王士弘当着全班男女同学的面，弯腰低头向其行90度鞠躬礼，以示悔过道歉的同时，还勒令家长回家要对王士弘进行严加管教，这才有了我与王士弘之间的这场不得不进行的正式谈话。

受领谈话任务之后的一天傍晚，我见王士弘略有空闲，就不失时机地把他厉声喊叫过来。当时，我正端坐在比肩而立的两张单人沙发的其中一张上，摆好了周武郑王的严厉批评教育架势。自知理亏的王士弘应声而来后，见我表情严肃地正襟危坐，就很自觉地规规矩矩站在我的对面，诚惶诚恐地等待即将到来的呵斥训诫。

见他这副可怜巴巴的模样，我便身不由己地心生恻隐。因为我们都从学生时代经过，十分清楚每一个好学上进的孩子必然都有羞耻之心，也十分清楚数学老师对他的当众羞辱责罚，已经让他感觉到了斯文扫地。在这种情况下，我若再予呵斥训诫，对他而言无异于雪上加霜，明显有违人道，所以就临时起意，决定将这次谈话的既定方针由他妈妈要求采取的予以严厉呵斥进行批评教育，改为坐而论道的平等对话，于是就和颜悦色地对他说道："你不必如此诚惶诚恐，可以坐过来与我说话。"

见我"赐座"让他与我平起平坐，尤其是听我说道"我不会因为老师对你评价不高，就认为你确实不好。说实在的，我宁愿相信责罚你的老师是因为偏听偏信，也不会相信你竟然如此不好"之后，王士弘顿时由刚刚坐下时的羞涩拘谨，恢复了往日自信，不等我把话全部说完，就立即抢过话茬儿，自信到很有一些自负地对我说道："我认为老师说的，51%都对！"

闻听此言，我在心中窃喜此子反应迅速并能应对自如的同时，也十分冷静理性地认识到，绝对不能让他在这么小的年纪就养成不知敬畏的恶习。因为我十分清楚地知道，在小学乃至中学教育阶段，一般的孩子都不可能建立起完整而正确的世界观、人生观和价值观，需要依靠老师的教育引导，因此，让学生对老师保持足够敬畏，使老师的权威得到维护，是每一个家长都应该自觉担起的社会责任。因为一旦老师在孩子的心目中失去权威，那就再也不会有人能够帮你管教孩子了，毕竟跪着的老师不可能教出站着的学生。因此，我虽对王士弘能够反应如此敏捷而内心窃喜，却用手在红木沙发扶手上猛然"啪"地一拍，声若洪钟地对他严厉训诫道："胡说！老师说的90%以上都对！"

不言而喻，这次谈话过后，我就已经对王士弘的专业选择和就业规划心中有谱了，感觉如有可能，无论如何都要争取让他研习法律。我之所以如此规划打算，主要考虑有三。

一是因为王士弘的知识面相对较宽，知识储备也比同龄孩子更加丰富，这是从事法律职业尤其是做好律师工作的十分优渥条件。因为律师是社会的医生，必然要跟方方面面和形形色色的人打交道，离开广博而扎实的知识储备是不可想象的，即便不会寸步难行，起码不会游刃有余。

二是因为王士弘才思敏捷，且有围棋业余四段的逻辑思维底子，不仅相对冷静理性，而且处变不惊。这是从事律师工作或其他法律职业的不可或缺的心理素质和应变能力。

三是因为王士弘秉性敦厚，能够与人为善。这是从事法律职业的得天独厚资质条件。我们知道，但凡酷吏几乎都是胸有大才而心无好生之德。比如，曾在历史上留下著名典故"请君入瓮"的武则天时代酷吏来俊臣，再比如曾以"张汤审鼠"名扬天下的汉武帝时代酷吏张汤，他们都不缺媚上欺下的"出众才华"，但是独缺与人为善的好生之德。

由是观之，王士弘能够主动自觉地表示愿意家族传承地去学习法律，既为我心所喜，也为我心所愿，我很高兴他能自我觉悟到这一点。与此同时，我也很为王士弘的专业选择而深感忧虑。因为我很清楚，选择法律专业就意味着选择了吃苦受累。在法律职业大词典中，穷其一生也没有一劳永逸，必须随着法律法规的日新月异而水涨船高地不断学习。这是典型的"学习犹如逆水行舟不进则退"，不仅需要"活到老，学到老"，而且永远都是"书到用时方恨少"。

当然，我也十分清楚地知道，要想成为一名有格局、能担当的法律人，不仅需要时刻诘责拷问自己的良知与灵魂，让自己对法律职业时刻保持敬畏之心，而且需要从一而终地安分守己干事业和苦心孤诣做学问。不管已经取得多么巨大的成就或者已经笼罩了多么耀眼的光环，只要尚未从法律职业全身而退，就必须踏踏实实地俯身去做谨小慎微的笨小孩。作为一名法律人，在任何时候，在任何情况下，都耍不得半点儿小聪明，也不允许有一星半点儿的投机取巧，否则就会像曹雪芹在其所著《聪明累》中苦苦告诫世人的，千万不要"机关算尽太聪明，反误了卿卿性命"。

现身说法

关于在读书学习上肯下笨功夫，如果说被后人誉为时代完人的曾国藩自称天下第二的话，恐怕没人敢说自己"天下第一"。在萧一山先生所著《曾国藩传》中，记载了一个曾国藩少年时候有关背不熟文章就不睡觉，从而活活憋坏小偷的故事。我认为这个故事对于我们研读法律条文很有借鉴意义，值得在此简要复述。

在复述这个故事之前，也很有必要先对曾国藩之父曾麟书的教学方法予以简单介绍，并结合自身经历予以适当评价。书中介绍，曾麟书的科考经历本身就相当励志。他是连续十七次参加科举考试才好不容易得中秀才，之后再未考取能比秀才更大的功名。眼见科举及第的路子走不通，曾麟书才在万般无奈之下回乡办起了私塾，结果还真的教出了像曾国藩这样可以独步天下的好学生。曾麟书老先生的教学方法其实非常简单，简单到"迂腐可笑"。那就是他要求学生们不读懂文章的上一句就不能读下一句，不读完这本书就不能看下一本书，不完成一天的学习任务就不能睡觉。

对于曾麟书先生传授的这个看似简单粗暴到迂腐可笑的读书习惯与学习方法，我在以 8 岁"高龄"刚刚开始读书识字的时候，也被启蒙老师要求如法炮制。在同龄孩子中，我因为相对较傻，而且打小儿听话，所以能够严格按照老师的要求去做，几乎没有任何偷奸耍滑，也就因祸得福地打下了比较坚实的学习基础。如果说我也算是在学习上小有成就的话，那么我所取得的成就，除了依靠这样的笨办法和"童子功"，没有其他诀窍。

等我硕士毕业，在忙到几乎脚不沾地的潜艇副长岗位上，开始想方设法地挤出点滴时间自学法律，并在一举通过国家司法考试之后，静心回顾既往学习过程与考试经历的时候，我才十分惊讶地发现，曾麟书先生这种"不读懂文章的上一句就不能读下一句，不读完这本书就不能看下一本书，不完成一天的学习任务就不能睡觉"的学习方法，看似简单粗暴到迂腐可笑，实则大道至简。它不仅能够让你保持长久记忆，而且能够让你熟能生巧，厚积薄发。

反观我曾自以为是的"遇到学习障碍或者一时半会儿找不到解决思路的疑难复杂问题，就会绕道而行，等时间允许了再回过头来集中攻关"的做法，简直就是雕虫小技。充其量它只是能够侥幸取得较好学习成绩的一个投机取巧办法，绝非稳扎稳打地读书学习的根本大法。

"曾经沧海难为水，除却巫山不是云。"我在亲身经历从小学到大学，从硕士到博士，从二级心理咨询师到国家司法考试等一系列的学习实践过程中，对学习方法与学习效果进行体味感悟和综合权衡之后得出的不二结论，就是感觉曾麟书先生这种看似简单粗暴到迂腐可笑的学习方法的性价比相对最高，值得大力推广。

言归正传。据说曾家是当地的富户，一个小偷将其盯上后，就趁某夜月黑风高翻墙而入，进去后躲在阴暗的角落里，想等曾家人全都睡熟之后再入室行窃。可是等到半夜，小偷发现其他屋子都熄灯了，有的房间还传出了睡熟之后的呼噜声，唯独曾国藩的屋里还亮着灯，并且传出一句接一句的读书声。小偷以为再等一会儿，这间屋子里的读书人就会熄灯睡觉，于是悄悄来到曾国藩的窗户底下静心等待。没想到直到东方发白，曾国藩也没有背完这篇已经朗诵一夜的《岳阳楼记》。

小偷虽然没有读过什么书，但是在听曾国藩这样翻来覆去地读了一夜之后，也能够无师自通地顺利背诵这篇曾国藩苦读一夜都未能成功背诵的《岳阳楼记》，于是就情不自禁地站在窗边对曾国藩嘲笑着说："我见过很多笨拙的人，却从来没有见过像你这么笨的。听你读了那么久，我都能背下来了！"说完之后，竟当着曾国藩的面，把《岳阳楼记》一句不落地给背了出来。

曾国藩背不熟一篇文章，完不成当天作业就不睡觉，从而活活憋坏小偷的故事是否确有其事，我们不得而知，但曾国藩在读书上确实肯下笨功夫，倒也由此可见一斑。读完《曾国藩传》后，再听听中国政法大学教授林乾先生在中央电视台《百家讲坛》所讲《曾国藩的智慧》，再看看毛泽东主席等一众历史名人对曾国藩的点评文字，我由衷地相信曾国藩之所以能够取得独步天下的巨大成就，与其读书、做事肯下笨功夫不无关联。

我认为在学习上肯下笨功夫，可以与曾国藩背不熟文章就不睡觉，从而活活憋坏小偷的故事相提并论者，是《达·芬奇画蛋》。这是我上小学时候语文课本上的一篇文章，大意是说童年达·芬奇在刚开始学画画的时候，启蒙老师让他一天到晚连续不停地观察和练习画鸡蛋，而且要求他必须连画七天。没想到达·芬奇画了不到一天，就感觉不耐烦了，要求老师赶紧教他一些比画鸡蛋更加高深的绘画技巧。可老师却告诉他一千个鸡蛋就有一千种形态，即便同一个鸡蛋，从侧面看与从正面看都不会相同，从上面看与从下面看也不可能一样。光线明暗有差别，其所看到的鸡蛋就会不一样，只有耐住性子，静下心来，在仔细观察与认真揣摩的基础上刻苦练习，才能画好看似简单无奇的鸡蛋。而只有真正画好了鸡蛋，才能打好绘画基本功，绘画技巧就会因此功到自然成。

不难想象，如果不是坚持不懈地这样肯下笨功夫，达·芬奇纵有再大天赋，也不会成为享誉世界的欧洲文艺复兴时期的天才科学家、发明家和大画家，不会被称为"文艺复兴时期最完美的代表"，起码不会有他能够让世人叹为观止的，足以展示其精妙绝伦艺术造诣的绘画精品《蒙娜丽莎》与《最后的晚餐》。由此可见，能够耐住性子，静下心来，不厌其烦地把简单的事情做到极致，就会成功。

无独有偶，1989 年我入读海军潜艇学院潜艇技术指挥专业后，在地文航海课正式开讲专业理论之前，学院教务部门竟然特意安排了长达 2 个学时的手削铅笔练习课。

对此手削铅笔练习的课程安排，我们全班同学都感到简直不可思议，并一致认为这种课时安排纯粹是在浪费时间，因为自动铅笔此时刚刚出现不久，用以削铅笔的转笔刀也还不是特别普遍，所以我们这些人都是从上小学一年级开始，就不得不自己动手削铅笔。从小学读到大学，哪个人不是手削铅笔长达十几年？没想到好不容易上了大学，学校不是抓紧时间传授专业理论知识，反而安排我们拿出十分宝贵的两节正课时间专门练习手削铅笔，这种课程安排让人无法理解，所以，我们就在应付公事似的手削铅笔不到半个小时之后，就异口同声地吵嚷着要求老师立即开始理论授课，以便留出更加充裕时间，让我们顺利通过这门难度很大的地文航海专业课的学习与考试。

任课教员被我们吵嚷不过，就万般无奈地提前开始专业理论的辅导授课。但在开讲之前，他讲了一句我们当时不以为然，却在以后的学习与工作实践中，越来越真切地体会和感悟到其中滋味的无奈大实话："你们才刚刚练习不到半个小时的手削铅笔，就一个又一个地感觉到了极度不耐烦。要知道英国皇家海军的航海专业课，可是要求在校学员必须认真修满8个学时的手削铅笔课！英国作为传统海洋强国，他们之所以如此严苛要求，一定有这样要求的道理。我想你们在不久的将来，一定能够切身体会到手削铅笔练习的重要意义。"

大学毕业后我虽然没有去做专职航海长，但是海图作业的基本功却不折不扣地贯穿了我在潜艇部队工作的始终。耐心细致与严谨规范的航海作风，在潜艇工作中更是须臾不离左右。尤其是随着年岁的增长和阅历的不断丰富，我越来越清醒地认识到，对一名航海专业军官而言，掌握手削铅笔这门拿手好艺，一方面能为自己准备得心应手的海图作业工具；相比而言更重要的另一方面，是通过一刀接一刀，一根儿又一根儿地耐住性子，小心翼翼地削铅笔，来磨炼一个人的稳重从容心性，使其养成不可或缺的耐心细致与严谨规范的航海作风。

对于养成耐心细致与严谨规范航海作风的重要性，不仅在我长达14年的潜艇部队工作生涯中感同身受，就连我在从事法律职业以后也是从中受益良多。我所成功代理的那些一般法律人都会望而却步，感觉早已无药可救的案子之所以能够在我这里"柳暗花明又一村"，靠的几乎都是这种耐心细致与严谨规范的航海作风。

实事求是地讲，对于经过长达 8 个学时手削铅笔训练之后的英国皇家海军军官的海图作业水平，我未曾亲见，但是对俄罗斯海军军官海图作业的干净漂亮，我却多有耳闻。中俄两国海军自 2005 年第一次联合军演开始，我就不断听闻舰队作战处的参谋们由衷赞叹俄罗斯海军军官的海图作业干净漂亮，仿佛他们不是在以铅笔线条客观描述舰艇运动轨迹，而是在以其手中铅笔向中国同行展示精妙绝伦的海图绘画艺术。

要知道舰队作战处的那些作训参谋，并非由舰艇航海长一步登天而来。换句话说，不管其在航海长岗位上表现得多么优秀，通常都要经过所在编队机关一定年限的培养锻炼，起码也是经过重大演习训练任务的锤炼之后，才可能有机会被优中选优到舰队机关。因此，能够参加中俄联合军演的舰队作战处参谋，往往都是代表了很高的业务能力和航海素质。据此我想，如果他们的海图作业水平，在俄罗斯海军军官面前都要相形见绌的话，那么我们一般军官的海图作业水平必然就是马尾拴豆腐——没法提！

我个人认为，伟大与平庸在外观上的差别表现，其实就是内功差异的真实体现。因为内功是需要不断积累的，所谓"台上一分钟，台下十年功"，说的就是这个道理。

在读书学习的刻苦努力上，我自知无法与曾国藩相提并论。在航海作风的培养和锻炼上，与能够持之以恒地连画七天甚至是连画六年鸡蛋的达·芬奇比，我更是难以望其项背。但是若论在读书学习上肯下笨功夫，我也有自己的小故事值得分享。比如前面讲过的哪怕是看休闲小说，我也从不一目十行，总是逐字逐句地认真阅读，以求搞清弄懂其中每一句话所要表达的准确含义。对于其中的不合常理与违背逻辑之处，我也总是力求打破砂锅问到底。因此，我在头脑灵光的聪明人眼里，活生生就是一个"永不开窍的榆木疙瘩"。这种连看小说都要一字一句的精读习惯，说好听的叫认真，说不好听的就是固执或愚蠢，但是我却能够自得其乐，并且从中极大受益。

2015 年 11 月，我在应邀去给解放军西安政治学院的三百多名在校硕士、博士研究生举办专题讲座时，面对一众本科毕业于包括清华、北大、中国政法大学等国内顶尖高校在内的青年才俊，我曾坦诚表白自己作为一名法律上的门外汉，自 2001 年年初从零基础开始自学法律，到现在成为浪得虚名的大律师，我在法学教育上投入的全部成本加起来也不到 800 元人民币。这是购买两套司法考试辅导用书和两次司法考试报名费的开支总额。由于我在准备司法考试的时候既没有参加任何辅导班，也没有聘请任何辅导老师，除了购买法律辅导书，就是支付司法考试报名费，其他再无成本投入。我学法律完全就靠一字一句地精读法律课本和一字不漏地研读辅导教材，可以说是无师自通，属于自学成才。因此，在私底下，在跟相熟的朋友们放浪形骸地吹牛聊天时，我曾经大言不惭地说："在法律业务上，谁敢说是我的指导老师？"

我自 2008 年 2 月离开正团职主诉检察官岗位，奉命牵头组建海军北海舰队法律服务中心并改行去做专职律师以来的 7 年多时间里，出版过总字数高达 81.5 万之多的多部法律学术专著，并且发表过 20 余万字的学术论文，还成功代理过标的额总和超过 3 亿余元的诉讼及非诉讼案件，都堪称我在法律职业生涯中，像关云长"过五关斩六将"那样成就英雄史诗一般成功代理的典型案例。每一个都是我凭借着扎实深厚的法学功底和严谨强劲的逻辑思辨而稳扎稳打取得的，既有剑走偏锋的意外侥幸，也有思路创新的妙手天成；既是我自创"有证据拿证据，无证据讲逻辑"刑辩思路的理论指引，也是我倡导"大律师必须做到业务自信与学术自信"的具体实践。仅从成功代理的以上经典案例来看，恐怕没人能够想到我是从一名法律上的门外汉，从零基础开始，通过一字一句地精读法律书籍和有代表性的经典案例，而一步一步地领悟到法学精髓并渐入佳境。毫无疑问，所有这些成就的取得都是我在法律专业上下足笨功夫之后的水到渠成，既是我自 2001 年年初自学法律开始，就不看春节联欢晚会的天道酬勤，也是我十年寒窗苦读之后的厚积薄发，更是上天眷顾笨小孩。

　　由于没有雇请辅导老师和参加司法考试辅导班，也没有上网查询或经由其他渠道得知通过司法考试的终南捷径，所以我在自学法律的时候，就不知道应该按照由浅入深、由易到难的路径循序渐进，而是盲人摸象一般地从那套由 15 本教材组成的司法考试辅导丛书中，首先阴差阳错地摸出了那本相对更加晦涩难懂的《中华人民共和国宪法》，并由此开启了我的法律专业自学成才之门。

　　现在想来，如果不是仰仗自己打小修炼的"哪怕是看小说，我也从不一目十行"的笨办法和童子功，我就不可能将这本很多人都感到索然无味的《中华人民共和国宪法》，从头到尾，一字一句，一字不落地精读六七遍，并在精读过程中逐渐品出了引人入胜的法律滋味。

值得一提的是，我在精心研读《中华人民共和国宪法》和其他法律书籍的时候，除了没有"不完成一天的学习任务，就绝对不能睡觉"，其他都是严格按照曾国藩那种"不读懂文章的上一句就不能读下一句，不读完这本书就不能看下一本书"的笨办法来做的。我当时的精读标准，不但要求读懂和弄清书中每一句话的准确含义，还要求必须将其一段一段地完整背诵。有时为了加深记忆，我会将所学文字一段一段地默写出来，可谓下足了笨功夫。之所以这样做，是因为我坚信"书读百遍其义自见"，所以不管三七二十一，先背过再说。事实证明，这种精读办法看似愚笨，却能够让人保持长久记忆，熟能生巧。毫无疑问，厚积薄发或灵活运用的前提条件，无一例外地全都建立在对所学知识的扎实记忆基础之上。

关于我对法律条文记忆得扎实深入，从下面这个小故事即可管中窥豹。我在不同场合都曾炫耀说，在我的法律专业朋友圈里，不乏毕业于北大、清华和中国政法大学等著名学府的法律专业高才生。我记得大约是在 2014 年秋天，在与他们研究讨论一个法律专业问题时，有位通过司法考试还不到三年，本科毕业于国内顶尖高校的法律专业高才生，跟我叫板儿说法律对此并无明确规定。我虽然记不清楚是在哪本书的哪一章节中有据可查，却十分清楚地记得，确凿无疑就是在哪本书中有此规定。于是，我就仗着自己舰队法律服务中心主任的身份和比他虚活二十多岁的大哥权威，倚老卖老地告诉他应该去哪本书中寻找答案。结果第二天一早，这个年轻有为的小伙子就谦虚诚恳地过来道歉。原来是他经过一夜努力，已经在我指引的那本书中找到了确切答案。自此之后，这个年轻人再也没有就记忆力问题跟我叫过板儿。

在法律专业学习上，这个曾经跟我叫板儿的高才生是科班出身，而且师出名门，而我全凭自学；在通过司法考试的时间上，他还不到三年，而我已有十年之久。所有这些都决定了他应该在书本知识上比我记忆更扎实，然而结果却恰恰相反。这个案例足以说明，起码是在法律专业学习上，这个本科毕业于国内顶尖高校法律专业的青年才俊，肯定是蜻蜓点水式的浅尝辄止，而我却是一步一个脚印地老牛赶山。我的智商虽然与他有差距，但是我在记忆力上与他并无多大差别，原因就在于我比他更肯下笨功夫。

在学习上要下笨功夫，在工作中同样如此，因为我的经验体会告诉我，无论干什么，都是上天眷顾笨小孩。比如，我在牵头承办那个让我在舰队机关一战成名，并被舰队领导夸奖为"胜诉不易，教训深刻，王明勇同志功不可没"的联建合同纠纷案时，我在舰队法律顾问处还只是一个名不见经传的"见习律师"，由于我的供给与隶属关系此时都在基层潜艇部队，我只是被允许"自带干粮"参观见学而已，在舰队法律顾问处当时那些科班出身的执业律师眼里，我的业务水平与法学素养与其不可相提并论，不仅在法律业务上不可能有什么发展空间，而且绝无可能调进舰队机关，所以只允许我"自带干粮"参观见学，而不为我办理律师实习证。好在当时的民事诉讼法并不禁止公民以个人身份代理案件，这才使我有机会能以现役军官的身份接受舰队机关委托，牵头代理这个当时被舰队法律顾问处拒之门外的军地联建合同纠纷案。

舰队法律顾问处之所以拒绝代理本案，是因为他们深知这个案子不仅十分敏感，而且非常复杂。对这样的案子，很多人都会绕道而行，避免引火烧身。

对于这样一个既有错综复杂的历史背景，又有一时半会儿掰扯不清的疑难复杂法律关系的军地联建合同纠纷案，以拒之门外的方式谋求明哲保身，无疑是个最好选择。舰队法律顾问处一些"世事洞明皆学问"的科班出身老律师，对于承办单位送上门来的代理案件诚恳邀约，推脱拒绝的办法，就是"你有你的张良计，我有我的过墙梯"。

眼见法律顾问处拒不接收案件，承办单位在无奈之下，就另辟蹊径"耍滑头"，具体是在向舰队首长汇报案件来龙去脉以及法院受理、送达过程和应诉准备等相关情况的汇报呈批件中，不显山不露水地夹带了一句："经考察了解，在驻青部队律师中，王明勇同志相对更为合适。该同志曾成功代理在全国范围内都有一定知名度的疑难复杂案件，具备应诉所需能力素质，我们建议由其代理本案。"

我之所以说承办单位是在利用呈批件"耍滑头"，是因为舰队首长看到呈批件后，就会顺理成章地圈阅批示（在页首"首长批示"栏内签上其姓名及当日日期。有的除了签名，还会作出简明扼要的文字批示）。虽然首长圈阅批示的只是这个文件，一般不会对其中的代理律师发表意见，但承办单位却可以将其当作尚方宝剑，拿着这个呈批件直接让我接手案件。在这种情况下，舰队法律顾问处即便不太情愿，但在既成事实面前，也只能接受。这种被动被迫的接案方式，恐怕在哪儿都是"难得一见"。

不可否认，与舰队法律顾问处那些见多识广的老律师相比，我就是个彻头彻尾的笨小孩，只知一心一意地想方设法把经手案件办到相对更好，而丝毫不考虑案件代理是否会对自己的前途命运或者名誉地位带来什么不利影响，这是我做律师的第一大笨。这一笨，是我的本性，也是我天然的纯真。事实证明，要想真正有所成就，就得保持自然天性和内心纯净。我发现，只知精益求精地钻研业务、推敲学问，而不会琢磨人，也不会明哲保身，就是我们平常说的"只知低头拉车，而不会抬头看路"，这是那些苦心孤诣做学问者的通病。

我在办理这个让首长机关头疼不已的联建合同纠纷案中的第二大笨，就是一切只为办好案子，丝毫不顾其中的人情世故。具体而言，就是在接案之初，舰队首长深知这个案子不仅疑难复杂，而且材料繁杂众多，如果把案卷材料在地板上一张一张地摞起来，差不多能有办公桌那么高，而留给我们的开庭准备时间，满打满算也不到三周，可谓时间紧、任务重。为求最佳办案效果，机关首长特意为我安排了三名科班出身的法律助手。这三名助手都是舰队机关优中选优的法律专业高才生，且都比我年轻许多，按理说应该能够助我一臂之力。

但是非常遗憾，可能由于他们已经功成名就地落编在机关处室，不像我还只是舰队法律顾问处的一个临时见习人员，不出意外，等这个案子办完之后，我就不得不回到编制所在的基层部队，从事我的潜艇专业老本行，所以他们不需要特别地卖力表现。也可能是由于他们已经形成按部就班的工作习惯使然，感觉没必要跟我一样点灯熬油地加班加点。抑或因为他们在进入这个专项工作组之初，即已洞察本案之中的人情世故。凡此种种，不管怎么说，这三名助手之中没有一个人陪我在案件准备阶段肯下笨功夫地加班加点。

　　反观于我，则是为了尽快研读案卷材料，找准胜诉突破方向，而笨鸟先飞地一天到晚吃住都在办公室，与那三名助手形成了鲜明对比。当案件准备工作进行到差不多一半的时候，领导就在征求我意见的基础上，将他们全都请出了应诉准备工作组，让他们彻底失去了"在战争中学习战争"的司法实践大好机会。不言而喻，他们也就因为自己不能像我那样在工作中肯下笨功夫，而没能跟我一起笑到最后。

　　之所以说是我们被告一方笑到了最后，是因为这个案子从市中院一审，打到省高院二审，原告地方某房地产开发有限公司为了求得最佳诉讼效果，竟然先后更换青岛、连云港、济南等地的四名专业代理律师，这才有了领导"胜诉不易，教训深刻，王明勇同志功不可没"的表扬。不言而喻，对我而言，这个疑难复杂联建合同纠纷案的成功代理，必然又是上天眷顾笨小孩。

　　值得一提的是，这个案子结束之后，首长机关认为我忠实可靠，于是一纸调令，出人意料之外地把有意转业离队的我，从基层潜艇部队调入舰队军事检察院，让我有机会在更大的舞台上为国家法治建设贡献力量。

　　这个案子结束之后我常想，做工不同于做事，两者之间有着本质区别。因为做工可以"做一天和尚撞一天钟，得过且过"，而做事就得发扬主人翁精神，想方设法地争取做到最好。

　　回顾历史，对于自己在工作、学习上肯下笨功夫，笨到经常会被身边的聪明人讥讽和嘲笑为"冥顽不化"，我从不后悔。我既不后悔巨大付出之后没有得到应有的回报，也不后悔对于外行人眼中看似相同的工作量，事实上并不比那些偷奸耍滑者更多收费的工作事项，却因为肯下精益求精的笨功夫，而不得不比别人耗费更多时间，从而错过了许多人生风景。因为我始终坚信人生没有白吃的苦，也没有白受的累，即便没有现世回报，也一定会积阴德，起码能够换得一个心安理得。所以我的人生信条就是对于任何事情或者任何工作，都要坚持做个"但行好事，莫问前程"的笨小孩。

2023 年 1 月 27 日写于青岛

第五堂课
小心驶得万年船

博士观点

"谨慎能捕千秋蝉，小心驶得万年船"出自《庄子》语句，是战国中期思想家庄子的观点。这个观点，与老子所著《道德经》中谆谆教诲我们的"治大国若烹小鲜"异曲同工，都是在讲为人处世中的小心谨慎和如履薄冰。我认为，无论治国理政的大政方针，还是百姓的耕读传家与共同富裕，在任何时候都应首先具备敢打必胜的理想信念，然后才是具体行动中的小心谨慎和如履薄冰。套用《毛主席语录》中的一句经典名言，就是"在战略上藐视敌人，在战术上重视敌人"，毕竟小心无大错，小心驶得万年船。

话题缘起

2022 年 12 月 8 日是我最为紧张忙碌，也是最为忧虑焦灼的一天，因为这一天我在按部就班地处理日常公务之外，还从早到晚地跟我侄女煲了一天的"电话粥"。具体而言，我侄女公司在外省某市投资开发建设的一个房地产项目，因为疫情等原因而不得不延期交房后，购房者在交房时纷纷提出高额赔偿请求，见开发商不予答应，就集体去上访，以迫使侄女公司答应其要求。针对这次突发事件，由我侄女代表公司跟当地主管部门磋商谈判。我这侄女是个责任心极强，能把公司事务当作自己事务来办的人，为了尽可能地减少公司损失，她就不厌其烦地给我打电话，向我咨询请教，与我研究探讨。

侄女跟我研究探讨的跟这次磋商谈判有关的法律问题有两个：一是不可抗力情况下的免责问题；二是对于合同主文与合同附则中的约定内容不一致时应该如何处理的问题。这两个问题本就非常复杂，即便面对法律专业人士，也不可能三两句话就把它说清楚，这就导致我这样的急脾气，在跟她商谈如此敏感复杂法律问题的细枝末节时，很难同频共振。

虽然深知"教的曲儿唱不得"，尤其事关法律问题的磋商谈判，不仅需要具备深厚的法学功底，还需要有强劲的逻辑思辨；不仅要有法律斗争，还得照顾人情世故，更应该"内行人，办专业事"。因此，侄女公司应该请法律顾问到场参加，像她这样现学现卖地跟我隔空对话，终归不是好办法。但是考虑这个侄女有恩于我，再加上我路见不平拔刀相助的江湖豪迈使然，所以当我得知侄女公司在外地遭遇法律纠纷时，就毫不犹豫地伸出援助之手。

深入其中之后，我才逐渐明白，从合同协议约定内容来看，如果秉承契约精神照章办事，上访群众所提条件就是侄女公司咎由自取，那些上访施压的购房者也不算无理取闹，因为房地产公司与购房者在房地产买卖合同中约定的逾期交房违约金，是购房款总额的每日 1.5/10000，而合同附则中不知什么原因，却写错了小数点，变成了购房款总额的每日

15/10000。殊不知仅仅这么一个小数点，就让侄女所在的房地产公司不得不多赔购房者逾期违约金高达一千多万元！过去，我们常说"一字值千金"，但在侄女公司这次逾期交付违约金纠纷之后，却是万般无奈地变成了"一个小数点，就值人民币一千多万元！"

据了解，侄女所在公司是有常年法律顾问的，应该对合同协议进行认真仔细地审查把关。事实上，即便没有聘请常年法律顾问，外省某市项目部的工作人员在跟购房者签订房地产买卖合同时，对于房屋门牌号码、购房款总数及其支付条件，以及违约责任和违约条款中的具体数字等至关重要信息，也应该仔细核对，不能有丝毫的麻痹大意。本案中这个价值高达一千多万元的小数点，毫无疑问就是马虎大意导致的。

无论从法律规定层面，还是从公平合理角度，像本案这种主合同与从合同的约定内容不一致情况，尤其是案涉违约金由于工作人员的一不小心，而陡然增加十倍的显失公平情况，是可以通过私下协商、第三人调解等非诉讼途径，也可以通过仲裁、诉讼的方式得到妥善解决的。但是本案中侄女公司是到外省某市投资开发房地产，属于远利难图，而购房者又要求严格履行合同，加之在当时紧急突发情况下，侄女公司没有时间去争取减损空间，所以不得不一次性赔偿购房者一千多万元，以此为工作人员的疏忽大意而买单。

这件事情发生后，我深感为人处世中的小心谨慎至关重要，所以就利用开车接送王士弘上学放学路上的点滴时间，与其展开了林林总总的话题讨论，从《诗经·小雅·小旻》中的"战战兢兢，如临深渊，如履薄冰"，到老子《道德经》第六十章中的"治大国，若烹小鲜"，再到《庄子语录》

中的"谨慎能捕千秋蝉，小心驶得万年船"，一直谈到毛主席借用明代思想家李贽自题联，而盛赞叶剑英元帅的"诸葛一生唯谨慎，吕端大事不糊涂"，可谓说不尽的小心、道不完的谨慎。

值得充分肯定的是，我与王士弘在思想碰撞之后"求大同而存小异"的明确结论，就是不管面对什么样的天灾人祸，首先都必须以人定胜天的豪迈大气与昂扬斗志去积极抗争，在战略上藐视敌人，即便竭尽全力之后的结果也并不尽如人意，也会让你因为已经竭尽全力，而不会留下一丝半点儿的人生遗憾；然后才是具体行动中的小心谨慎和如履薄冰，在战术上重视敌人，只有这样，才有可能战无不胜。

现身说法

关于面对天灾人祸时必须首先树立敢打必胜的理想信念和积极抗争问题，被收入《毛泽东选集》第一卷的《星星之火，可以燎原》这篇文章，可以给出足够合理的解释说明。在革命形势极其低迷时，毛泽东同志以其大无畏的革命乐观主义精神，运用唯物辩证法，科学地分析了国内政治形势和敌我力量对比，批判了夸大革命主观力量的盲动主义和看不到革命力量发展的悲观思潮，充分估计了建立和发展红色政权在中国革命中的意义和作用，提出了农村包围城市、武装夺取政权的思想，并在冷静理性地分析判断客观形势的基础上，提出了"星星之火，可以燎原"的著名论断。这个案例说明，树立敢打必胜的理想信念，对于取得革命成功至关重要。中国革命的历史实践同样证明，光有坚定正确的理想信念还远远不够，还必须辅以小心谨慎和如履薄冰的积极行动。事实上，关于在工作、生活中为什么必须小心谨慎和如履薄冰，恐怕很少有人会比我们这些曾经驾驭潜艇勇闯深海大洋的水手们体会感悟得更加深刻。

为方便说明问题，先讲一个听起来相对轻松，轻松到可以当作茶余饭后的逸闻趣事，讲给远离狂风暴雨和深海大洋的普罗大众去听的故事。这个故事对于熟悉潜艇的隐蔽接敌战术技术特性，尤其是熟知使命任务对潜艇行动的保密性要求特别高等相关情况的朋友而言，在听到这个故事之后所能想到的，恐怕一定不是开心愉悦或者幸灾乐祸。

这个相对轻松的故事，我没有亲身经历，这是我在就读海军潜艇学院通科部门长班（潜艇技术指挥专业本科班，毕业后根据岗位需求，要么担任潜艇航海长，要么担任潜艇鱼水雷部门长）期间，听老潜艇机电长出身的徐姓教员讲的。徐教员说，20 世纪 70 年代末，他在东海舰队所属某潜艇支队服役期间，其所任职机电长的某型老式潜艇，在历经半年多时间的周密细致出航准备，并经过上级机关各个业务部门的 N 多轮次的严格细致出航检查合格后，终于在夜幕的掩护下隐蔽出航，去执行为期一个月的远航战备训练任务。但是没想到隐蔽出航之后仅仅三天，这艘潜艇却不得不悄然返回军港，原因就是该艇厨师虽已备足各种食品调料，却唯独忘了带上炒菜的咸盐，可谓万事俱备，只缺咸盐！

要知道徐教员所在的这种老式柴、电混合动力常规潜艇，不仅舱室空间极其狭小，而且空调效果特别不好。柴油机充电结束转为主电机水下航行后，柴油机舱和主电机舱的温度都会特别高。别说徐教员所在的这种老式潜艇，就是将近 20 年后我所任职的新型柴、电常规动力潜艇，柴油机舱和主电机舱在水下航行状态的温度，动辄都会超过难以承受的 42 摄氏度。在高温的环境下，别说值班作业，就是穿着潜艇兵配发的特制亚麻布料短裤和背心坐在战位上原地不动，三两分钟过后也会汗流浃背，苦不堪言。不言而喻，在这种高温、高湿环境下，要想保持工作体力和保证艇员的身体健康，及时而充足的盐分补充必不可少。因此，在为期长达一个月的战备训练期间，没有炒菜咸盐的后果不堪设想，所以只能灰溜溜地悄然返航回港取盐。这个故事对于曾在老式潜艇服役者而言，不可能是轻松愉快的，更不可能是滑稽好笑的，而是无言的辛酸。

在海军潜艇学院的《潜艇指挥与操纵》这门专业课上，曾在中国海军潜艇发展史上留下无比惨痛教训的"418号潜艇沉没事故"，是永远都无法绕开的一个永恒话题。

这次事故发生在我国潜艇部队刚刚组建成军五年之后的1959年12月1日。当时，418号潜艇与416号潜艇一起，正在舟山某海域配合"衡阳号"等三艘护卫舰进行攻防演练。当418号潜艇完成当日演习训练任务浮起时，不小心与配合演练的"衡阳号"护卫舰发生碰撞，致使该艇破损沉没，除一名艇员成功逃生外，其他艇员均告壮烈牺牲，损失极其巨大，教训极为深刻，让人刻骨铭心。

艇长张明龙、副长王明新等意外牺牲的那些418艇艇员，就安息在舟山群岛海军城中的烈士陵园。在纪念碑的正面，刻着"海军一三八五部队遇难烈士纪念碑"这样一行醒目的红色大字。唯一幸存的那名艇员，在成功获救后调任潜艇学院当教员，为我们讲授《潜艇损管》这门课。至于这次潜艇沉没事故的起因，如果说小，就可以说是小到芝麻粒儿那般大，可就是这么一个看似小到不能再小的失误，却造成了如此巨大的潜艇海难事故，让人扼腕叹息！

具体而言，按照任务部署和潜舰协同规定，攻防综合演练结束后，参加训练的所有水面舰艇，在看到 416 号、418 号潜艇浮出水面之前，都严禁停车。之所以如此要求，就是为了让水下潜艇在上浮之前，能够听到水面舰艇的马达轰鸣声，以确定是否能够安全浮起。然而，与 418 号潜艇进行攻防演练的"衡阳号"护卫舰，却在训练任务结束按计划航行至预定海域，并按潜、舰协同规定向水下投射 3 枚手榴弹，以提醒 418 号潜艇可以上浮之后，毫无征兆地违规提前停车。

正在水下待命浮起的 418 号潜艇，在声呐兵只是听到三声预定爆炸信号，并未同时监听到可以确定"衡阳号"护卫舰具体方位距离的马达轰鸣声情况下，就向艇长报告说可以浮起。对此不符合潜、舰协同规定情况，418 号潜艇指挥员未能小心谨慎地指示声呐兵进一步搜索核实，就想当然地以为"衡阳号"护卫舰已经远离训练海区，遂贸然指挥潜艇浮起。就单个事件孤立来看，无论"衡阳号"护卫舰的违规提前停车，还是 418 号潜艇在没有监听到水面舰艇马达轰鸣声的情况下就贸然上浮，都是看似无关紧要的细枝末节。

不得不说，恰恰就是这些看似无关紧要的细枝末节的重复叠加，才最终导致了艇毁人亡的 418 号潜艇沉没事故发生，教训不仅是活生生的，而且是血淋淋的，让人触目惊心。西方谚语"魔鬼隐藏在细节之中"，说的应该就是这个道理。

以上两个潜艇故事，无论血的教训还是泪的辛酸，都是在讲述小心谨慎之绝对必要。我从事法律工作长达 20 余年的切身经历，几乎无一例外地告诉我，事故案件无论大小，几乎都与为人处世中的麻痹大意休戚相关，可谓"事故案件无小事，麻痹大意生祸端。"

需要说明的是，对于以上事故事件中当事人精忠报国的满腔热忱和敢打必胜的理想信念，我不做任何怀疑，但是对于他们在工作中是否严谨细致到能否善始善终，我则不做肯定评价。对于他们面对突发紧急情况时，是否进行了冷静理性的分析判断，尤其是对于他们在行为动作上是否足够小心谨慎，我保持合理怀疑。我之所以会在本文之中引用以上事故案例，就是想以"活生生的，血淋淋的"惨痛教训，提醒告诫王士弘这样的年轻人，无论在什么时候，也无论对待什么事情，都必须养成小心谨慎、如履薄冰的大好习惯，既不能满不在乎，也不能粗枝大叶，既不能疏忽大意，更不能麻痹大意。因为很多时候都是一着不慎满盘皆输，一不小心就会酿成千古遗恨，所以说"小心无大错，小心驶得万年船！"

在文章的结尾，我不得不提一下被誉为"军神"的刘伯承元帅。他的成功，可以说是"诸葛一生唯谨慎"的典型代表。我最欣赏他的一句经典名言，就是"战战兢兢，无事不成；心无所惧，一事不成。"这句话的核心要义，概括起来就是我们往往并不在意，却往往大意失荆州的那四个字：小心谨慎！

当然，在文章的结尾，我也不得不再一次重复那句虽然已经不厌其烦地说过一万遍，但却总感觉再说一万遍也不算多的话，那就是"小心无大错，小心驶得万年船"。

2022 年 12 月 20 日写于青岛

第六堂课
细节决定成败

博士观点

在《道德经》第六十三章中有句话叫作"天下大事，必作于细"，意思是说做大事要从细小处做起。这个观点，与荀子《劝学篇》中的"不积跬步，无以至千里"异曲同工。我认为两者都在表达一个相同的主题思想，那就是做事情如果不是一点一滴地逐渐积累，就永远无法到达理想的彼岸。不用说，这是指"成事"。

与此相反，《韩非子·喻老》中的"千丈之堤，以蝼蚁之穴溃；百尺之室，以突隙之炽焚"，则在谆谆告诫我们，不要小看自己所犯错误，点滴小错的不断积累，就会使你的人生毁于一旦。不言而喻，这是在指"败事"。

无论成事，还是败事，一言以蔽之，细节决定成败。

话题缘起

2022年11月上旬的一天清晨，我在送王士弘去学校的路上，发现他竟一手拿着一个大号保温杯，一手拿着一本书，并没有按照我此前的建议背个电脑包，这样他就可以把书和保温杯都放进背包里，至少能够腾出一只手来以防不测。

我之所以要求王士弘能够保证随时随地腾出一只手来，源于我在潜艇部队养成的习惯。我认为这样做，不仅方便他自己以符合疫情防控需要的姿势开关门（比如手上垫张餐巾纸，避免直接接触有可能感染病毒的门把手或电梯按钮），也方便他自己随时掏出口袋里的小瓶酒精，对于接触过外物的手或其他东西随时喷洒消毒，方便程度不言而喻，安全保障可想而知。但是很遗憾，王士弘一手拿水杯，一手捧书本的姿势，明显不可能做到这一点。另外，像王士弘这种手忙脚乱两手都被占用的姿势，看起来就不具备稳重从容的成熟模样，怎么看都不像"胸中自有百万兵"的大将军。其实，严格说起来，像王士弘这样一手拿水杯、一手拿书的任性自我状态，在学生堆儿里可谓司空见惯，倒也无可厚非，但在像我这样以吹毛求疵为业的职业律师眼里，就会感觉有碍观瞻，并且认为影响安全，属于必须尽快改正的毛病。

事实上，除新冠疫情防控安全需要外，在就细节决定成败问题与王士弘沟通交流时，我还提到了在冬天结冰路滑等特殊情况下一旦摔倒，像他这种两手都被占用姿势下的受伤程度必然相对更高。因为在这样的紧急情况下，如果想要有个突发而至的应急抓手，就会下意识地扔掉手上东西。当然，手上东西也可以不扔，但会摔得相对更重。而如果听我建议背个电脑包，以上问题都将迎刃而解。我认为，对于王士弘这样的学生娃而言，通过背个电脑包而解放出灵活机动的一只手，就是需要不断锤炼的生活细节问题。实践证明，只有从细节抓起，才能培养"如切如磋，如琢如磨"

的工匠精神。

基于以上认知感悟，我才语重心长地教导王士弘说："所谓细节，就是那些看似不起眼或者无关紧要，却能够让你与众不同或者在危急时刻能够让你安全无忧的东西。因此，为人处世必须具备细节意识，必须培养细节思维，必须养成细节习惯，必须学会通过细节上的精益求精，来打磨"如切如磋、如琢如磨"的工匠精神，以此绽放人生华彩。"

现身说法

关于品德修养方面的细节决定成败，我认为刘备在去世前写给儿子刘禅的遗诏中那句"勿以善小而不为，勿以恶小而为之"已经简明扼要到了入木三分的地步，后人再怎么妙笔生花，都不可能更出其右，所以我就不再狗尾续貂。

至于做事方面的细节决定成败，成功案例数不胜数，血的教训也不胜枚举。俗话说，"在商言商""三句话不离本行"，既然除法律专业外我并无其他专长，所以还是老老实实地从自己的既往经历中，矬子里面拔将军地择取两个有代表性的案例予以现身说法。

第一个案例故事，题目叫作《有证据拿证据，无证据讲逻辑》，说的是一个已经被众多法律专业人士异口同声地认为板上钉钉的刑事案件，被我们从一般人都会熟视无睹的细节处着手，通过吹毛求疵一般的积极有效辩护，让公诉人心服口服地以"证据出现变化"为由，主动申请撤回公诉，从而将这个看似已经无懈可击的刑事案件，依法化解于无形之中，在让当事人远离牢狱之灾和避免巨额经济损失的同时，也近乎完美地体现了什么是刑事辩护中的细节决定成败。要知道，如果把检察院提起公诉的案件比作过江之鲫，那么相比而言，由检察院主动撤诉的案子就是凤毛麟角。

这个案子说来也巧，是当事人对委托律师失去信任之后，通过朋友介绍慕名而来找我提供法律帮助的。具体而言，2009 年 11 月 22 日傍晚 6 时许，从事外贸职业需要经常出国的 Y 女士，在市内某区加油站为其爱车加油过程中，紧随其后等待加油的 L 女士（上海某演艺公司女艺人，聘有专门的法律顾问）嫌其动作缓慢，就对其出言不逊。双方遂由口角之争，升级为相互厮打。正在车内等待的 L 女士之妹，也随即下车助阵。没想到冲突三人被加油站工作人员拉开后，L 女士捡起打架过程中掉落在地的金丝眼镜，戴上之后不久，竟突然对着于 Y 士大喊大叫起来："我的脸被划破了！我刚做过开眼睑手术，这下毁容破相了，我要让你吃不了兜着走！"

打架结束后，先于警察赶到现场的 L 女士的叔叔也对 Y 女士动起手来。冲突双方被带至派出所后，Y 女士被留置询问至次日凌晨三点，L 女士则在其妹妹和叔叔的陪同下前往医院就诊，当日彼此再无接触。

然而一周之后，办案警察将 Y 女士传唤至派出所，告诉她说 L 女士的初检法医鉴定结论（2012 年刑事诉讼法修改之前的术语），是"左部眼睑损伤构成轻微伤，三个月后复检"。

据了解，像 L 女士这样的年轻女艺人，往往会把容颜看得比什么都重要，一旦面部损伤，往往会在第一时间内赶往就近相对较好的医院修复治疗。照理说，L 女士的损伤应该越治越好才对，然而三个月后的复检结论，却显示 L 女士越治越差："右部眼睑损伤，构成轻伤"。

轻伤，是罪与非罪的分水岭。具体而言，如果 L 女士构成轻伤，Y 女士就涉嫌构成故意伤害罪。为化解矛盾，公安机关在对 Y 女士刑事立案的同时，也积极开展调解工作。因为按照当时的法律规定和通行做法，轻伤案件中的犯罪嫌疑人（案件移送检察院审查起诉之后，改称被告人），如果能与被害人达成刑事和解，并能依约及时足额赔偿到位的话，法院就可以在对被告人判处三年以下有期徒刑或者拘役的同时，对其宣告缓刑（有条件地不执行所判刑罚，俗称"不用进去蹲班房"）。Y 女士对此行规十分清楚，所以但凡能有一点可能，她都会想方设法地求得 L 女士的刑事谅解。

然而，由于 L 女士得理不饶人，所以就连案发当地的区委政法委书记亲自出面调解，她都不做太大让步："不包括下一步到韩国整容所需全部花费，赔偿少于 15 万元（人民币，下同），一切免谈！"这就导致 Y 女士的刑事和解愿望，在公安侦查阶段并未如愿以偿。对此高额要价，Y 女士认为没有接受的可能。在气愤难平的同时，她还有理有据地分析判断说："L 女士受的是明伤，而我受的是暗伤，L 女士的叔叔对我动手，导致我的头皮瘀血红肿，其他部位也有多处软组织损伤。这种精神与肉体上的伤害，在协商赔偿的时候岂能视而不见？如果我满足她的全部赔偿要求，不就意味着我这顿打算是白挨了吗？

况且她那所谓的眼睑损伤，还不一定就是我给造成的。她跟警察说是我用拿在手里的车钥匙将其划伤，但从法医鉴定报告照片中的纤细短小伤口结疤痕迹看，她的说法明显驴唇不对马嘴。退一步讲，即便这伤确系由我造成，也不一定就是轻伤。我妈就是一个外科医生，我也咨询请教过不少医学专家，他们都说 L 女士的受伤部位模棱两可。如果按照面部损伤标准来做法医鉴定，她就不构成轻伤。这个地方，存有很大争取空间。再说打架并非由我挑起，L女士的过错相对更大。基于以上情况，即便为了求得缓刑判决而不得不委曲求全，我也只能承担合情合理的赔偿，不可能她要多少钱，我就得一分不少地全部赔她！"

此外，Y女士还向我解释道："在来找您之前，我已先后聘请过两位岛城知名刑辩律师，可是没想到他们不是在法律专业上帮我想方设法寻找无罪抗辩的突破口，而是不遗余力地劝我为了求得缓刑判决而委曲求全，劝我不要斤斤计较，要我认清退一步海阔天空的现实情况，否则就将过了这个村便不会再有这个店。"另外，Y女士也忿忿不平地抱怨说，这两位律师给她的感觉，就是只要她能与L女士达成刑事和解，律师代理工作就算万事大吉。所有这些，都让她感到心里不平衡，所以她决定再次更换代理律师。

接案之后我们十分吃惊地发现，其实认为L女士应该尽可能"委曲求全"者，居然还不只是Y女士此前聘请的代理律师。我之所以这样说，是因为接案之后，Y女士为求稳妥起见，就把她曾经咨询请教过的那些资深法官和检察官，逐一引荐安排过来帮助我们分析案件。在沟通交流过程中，我才发现他们对于本案的事实认定和给出的意见建议，居然都跟Y女士此前聘请的律师大同小异。作为Y女士信得过的人，这些专家对我们的最大希望，就是帮助Y士以相对更低的价码，争取跟L女士达成刑事谅解，而不是让我们帮助Y女士去作无罪辩护。

由于L女士坚持"不包括下一步到韩国整容所需全部花费，赔偿少于15万元，一切免谈"，而Y女士则表态声明说"无论如何，赔偿总额都不可能超过5万元",致使众望所归的刑事和解在检察院审查起诉阶段也没有心想事成。我们接受委托时,本案已由某区人民检察院公诉至该区人民法院,L女士也就随之向受案法院提出了总额高达51万余元的刑事附带民事赔偿请求。

听完案情介绍,我们十分清楚地认识到,L女士之所以敢要如此高价并且拒不让步,就是抓住了Y女士急于跟她达成刑事谅解协议这根软肋,企图"以刑事压民事"地逼Y女士就范,从而以经济补偿上的最大满足,来尽可能地弥补自己的受伤颜面。

Y女士之所以坚持赔偿不应超过5万元,是因为按照所在地区当时的人身伤害赔偿标准,即便她负全责,赔偿金额也不会超过4万元,她所提出的"赔偿总额不超过5万元",已经相对宽裕地留出了高达1万元的精神损害抚慰金考虑余地(按照最高人民法院的司法解释,加害者是个人的,其所承担的精神损害抚慰金赔偿数额一般不会超过5000元。像本案这种互有过错的轻伤害情况,法院判决的抚慰金赔偿数额一般不会超过3000元)。

毫无疑问,在L女士提出总额高达51万余元赔偿请求的情况下,Y女士想以不超过5万元的心理价位与其达成刑事和解,必然就是理论上可以无限接近,而实际上不可能达到的数学极限。没想到在我们静下心来,按照"但行好事,莫问前程"的笨小孩工作习惯,逐字逐句地研读案卷材料过程中,居然越来越清楚地发现,本案并非像Y女士此前聘请律师认为的那样"轻伤事实无懈可击",而是大有无罪辩护的抗争空间。具体而言,是因为代表国家提起公诉的办案检察官,对于我们据理力争的以下合理怀疑或者自相矛盾，不能自圆其说，也不能作出正面合理的解释。

首先，我们认为本案中的初检与复检法医鉴定结论中记载的事实前后矛盾，该法医鉴定结论依法不应作为定案证据予以采信。比如，关于L女士的受伤部位，初检结论中明确记载为"左部眼睑损伤构成轻微伤，三个月后复检"，而复检结论中清楚记载的却是"右部眼睑损伤，构成轻伤"。左右之分，天壤之别。因为初检是复检的基础，复检必须在初检的基础上依法进行，否则就是无源之水、无本之木。但就本案证据来看，复检结论的检验部位是L女士的"右部眼睑"损伤，而在本案的所有卷宗材料里面，右部眼睑损伤在初检之时未见任何记载，这就导致本案复检缺乏事实基础。

大家知道，法医鉴定结论作为对被告人定罪量刑的主要和直接证据，不仅应当科学权威，而且必须规范严谨。像本案这样记载的事实前后矛盾，且未能在提起公诉之前予以实事求是地补正说明的法医鉴定结论，必然不应该被当作定罪量刑的有效证据予以采信。鉴定结论不被采信，就意味着本案没有犯罪证据，公诉机关指控的故意伤害犯罪就依法不能成立。

其次，L女士据以申请法医鉴定的那两份医院诊疗病历，是由相距5公里以上车程的两家不同医院分别出具的，不仅落款日期均为2009年11月22日（案发当天），且都明确记载"伤口流血，行清创缝合手术"。事实上，如果单独审阅其中的任何一份病历，都不会让人产生任何怀疑，但将两份病历记载的事实结合起来对比验证，就会发现其所记载的事实根本经不起推敲。我们推敲论证的结果，就是其中至少一份病历是在弄虚作假。按照法律规定，如果指控犯罪的证据造假，就不能以此造假证据对被告人定罪量刑。

先说公诉人无法解释的病历造假问题。从病历记载的事实看，L 女士是在案发当天区区不到 6 个小时的时间之内（从当晚 6 点以后开始打架，计算至当晚 12 点），先后在相距 5 公里以上车程的两家不同医院，分别进行了一次"伤口流血，行清创缝合手术"。由此病历记载事实推断，L 女士的眼睑附近，在案发当日这 6 个小时不到的时间之内，曾经有过两条需要"行清创缝合手术"的流血伤口。从生活常识与法律逻辑分析判断，这两条伤口具体又可分为以下两种不同情况：一是这两条伤口均为 Y 女士划伤造成，二是其中的一条伤口跟 Y 女士毫无关联。

先看第一种情况，假设这两条伤口均系打架过程中被 Y 女士实际造成，那么从病历记载的事实看，L 女士在案发当日一定经历了如下诊疗过程，那就是 L 女士从派出所出来后，先到一家医院对其中的一条流血伤口"行清创缝合手术"，然后带着另外一条流血伤口，到 5 公里之外的另外一家医院"行清创缝合手术"。在正常情况下，这种情况绝无可能发生。因为在同时并存两条流血伤口的情况下，无论先到哪家医院就诊治疗，都不可能只缝合其中的一条流血伤口，然后再大老远地跑到 5 公里之外的另外一家医院，清创缝合另外一条流血伤口，除非当事人被打昏了头。

事实上，案发当日 L 女士从来没有告诉警察说她当时曾被 Y 女士打昏了头，加之 L 女士又是在她叔叔和妹妹的陪同之下前往医院寻医就诊。换句话说，L 女士病历中记载的就诊治疗经历，在正常情况下根本不会发生，这就证明其所提供的病历必然存在造假可能。

当我们强烈质疑这一既不符合生活常识，也不符合法律逻辑的就医治疗经历时，L 女士及其代理律师都不约而同地顾左右而言他，矢口否认曾在事发当日去过两家不同的医院求医就诊。不言而喻，L 女士对于其所提交的法医鉴定材料中显示的不一致之处，恰恰证明在她据以申请法医鉴定的这两份病历中，至少有一份并不真实。

接下来再看第二种情况，即 L 女士眼睑部位那两条伤口中的其中一条，跟 Y 女士并无关联。还是拿病历记载的事实说话。按照病历记载的事实推断，L 女士离开派出所后，马上就到医院清创缝合被 Y 女士造成的那条流血伤口，但是出院之后不知何故竟然再次受伤，并且留下了另外一条流血伤口，于是就去另外一家医院"行清创缝合手术"。由于打架过后 Y 女士被警察留置询问至次日凌晨三点，当日双方再无肢体接触，所以这第二条伤口，必然就跟 Y 女士毫无关联。

由于本案中的初检、复检法医鉴定结论都明确记载："检查所见一道疤痕……构成轻伤"。由鉴定结论倒推事件发生过程，可以得出 L 女士在案发当日意外形成的两条伤口中，只有一条导致其在愈后留下轻伤二级的疤痕这个确凿无疑结论。现在的问题是，导致 L 女士构成轻伤的这道疤痕，究竟是由哪一条伤口造成的呢？公诉机关如果只是怀疑，而不能举证证明造成 L 女士轻伤的这道疤痕确凿无疑就是由 Y 女士划伤造成，那么人民法院就应当根据刑法规定的疑罪从无原则，依法宣告 Y 女士无罪。对于我们提出的这个问题，公诉人既无法给出合乎逻辑与法理的解释说明，也无法切实有效地举证证明。

再次，L 女士指控 Y 女士用拿在手里的车钥匙将其眼睑划伤，但从 L 女士提供的两份病历和法医鉴定结论记载的疤痕情况看，该主张明显不能成立。由于本案的厮打过程不在加油站的摄像头监控范围之内，所以本案损伤是如何造成的，以及系由何人造成的，就只有 L 女士的单方面陈述指控，没有其他证据予以佐证。

对于 L 女士的车钥匙划伤指控，Y 女士认为"绝不可能！" Y 女士否认车钥匙划伤指控的理由也很简单：一是车钥匙能够伤人的尖锐部分，通常都是缩在棱角相对圆滑的保护壳内，一般不会暴露在外，况且 Y 女士也不是以打架斗殴为常业的街头混混儿，加之当时情况是 L 女士两姐妹在和 Y 女士对打，她在只有招架之功的手忙脚乱中，抽空将车钥匙弹出伤人的概率不大。

二是车钥匙即便再尖锐，也不是精巧纤细的手术刀。从法医鉴定结论及 L 女士病历记载的伤口长度、宽度及所留疤痕的形状等具体情况看，认定该眼睑损伤系由 L 女士所戴金丝眼镜的框架破损部位意外划伤，肯定要比认定是被 Y 女士的车钥匙划伤更加符合伤口形状和疤痕情况。

三是相对更为重要的一点是，即便案发当时的出勤警察，也没有将 Y 女士的车钥匙认定为 作案凶器，所以既未当场扣押 Y 女士的车钥匙，也没有勘查检验 Y 女士的车钥匙上是否留有 L 女士的血迹，更没有进行伤口侦查比对试验。这就导致检察院提起公诉时没有随卷移送作案凶器。没有作案凶器，就不好贸然定案。

除了以上明显不合逻辑之处外，我们经过更加仔细认真地推敲论证之后，发现本案明显不合常理的疑点还有很多，因篇幅所限，在这里不予列举。需要说明的是，由于刑事案件对于证明标准的要求极严，不仅需要"证据确实充分"，而且必须"能够排除合理怀疑"，哪怕只有一个合理怀疑不能依法排除，也不能对被告人定罪量刑，这就是直接体现法治进步的"疑罪从无"原则。当然，这个疑罪从无刑事司法原则，就是我们敢于为 Y 女士做无罪辩护的尚方宝剑。

值得一提的是，随着对案件事实与证据分析研究和推敲论证的不断深入，法律的天平也在逐渐向着 Y 女士应当被依法宣告无罪的方向倾斜。面对我们有理有据的逻辑推理和难以招架的法律追问，L 女士及其代理律师在法院主持调解时，不得不一次又一次地大幅度降低索赔数额。最终，Y 女士成功实现"赔偿额不能超过 5 万元"的既定目标，仅以实际支付 4.8 万元补偿款的较低价码，就取得了 L 女士的刑事谅解，L 女士主动要求受案法院不再追究 Y 女士的刑事责任，可谓皆大欢喜。

成功破解 L 女士"以刑事压民事"的诉讼难题后，我们又代理 Y 女士跟公诉人展开了激烈交锋。最后，公诉人在我们几乎无懈可击的逻辑推理和法律追问下，代表检察院主动向人民法院申请撤诉，从而使得 Y 女士的刑事犯罪指控也被依法消解于无形之中。自此之后，Y 女士又可以毫无障碍地出入有关国家，继续从事国际贸易业务了。

需要强调指出的是，这个案子的无罪抗辩成功，不仅让我们山东水兵律师事务所形成了"有证据拿证据，无证据讲逻辑"的全新而独特的刑事辩护新思路，同时也以铁的事实，向那些已经从事法律工作或者即将踏入法学门槛的同道中人，很好地诠释和证明了什么是法律业务上的细节决定成败。

不难看出，我们与 Y 女士此前聘请的律师及其咨询请教的那些法律专家的最大不同，就在于我们具备细节思维，能够在逐字逐句地精读案卷材料的基础上，从一般人都会熟视无睹或者不屑一顾的细枝末节入手深挖细抠，透过现象看本质，在条分缕析的基础上直击要害。

第二个案例的题目可以非常霸气地叫作《向我索赔 1.6 个亿？依法只应给你 36 万元》。这个故事说的是我方当事人在收取对方定金 5000 万元后违约，被对方咄咄逼人地索赔综合损失高达 1.6 亿元，我们通过深挖细抠合同文本中的个别字眼儿，并展开无穷的想象空间和缜密的逻辑思辨，迫使对方一而再地主动大幅度降低索赔请求，最终仅以区区 150 万元的超级低价补偿数额跟对方达成和解，可谓一字定乾坤，而且一字价格超过一个亿！归根结底，还是细节决定成败。

具体而言，2008 年，某房地产公司通过招投标程序，成为某军用土地使用权出让项目的预竞得人。经过公证的中标确认书送达之后，双方协商签订了土地使用权出让合同，其中特别约定将投标保证金 5000 万元改为定金。

根据《中国人民解放军房地产管理条例》规定，部队房地产的权属统归中央军委，由原总后勤部代行职权（总后勤部是《中央军委关于深化国防和军队改革的意见》于 2016 年 1 月 1 日印发施行之前的编制体制，简称"总后"）。按照这个规定，军用房地产的具体使用管理单位，就军用房地产出租、转让所签合同协议，必须按照相应权限逐级报请总后审批同意，由总后站在全军的角度，并根据战备需要统筹规划，决定是否审批同意相关合同协议，本案合同就是因为总后不批准这个出让项目，而由部队通知房地产公司解除双方所签土地使用权出让合同，要求其限期派人前来商谈合同解除事宜，并办理该 5000 万元定金退还手续。

由于案涉地段位于黄金海岸，位置绝佳，开发前景极为广阔，所以房

地产公司不同意解除合同，要求合同继续履行。在向部队发送的长达 6 页
A4 纸律师函中，房地产公司不仅详细论证了双方所签土地使用权出让合
同的合法有效性和定金罚则的不可突破性，而且旁征博引，要求部队按照
定金罚则双倍返还定金 5000 万元，此外要求部队赔偿综合损失 6000 余
万元，索赔总额高达 1.6 亿元。

　　部队业务部门接到索赔律师函后，提出了让首长机关对房地产公司回
函承诺的建议："可按 10.57% 利息标准，为该 5000 万元计算融资成本。"
照此标准计算，部队每日需付利息将近 1.5 万元，年息高达 528.5 万元。

　　在我们接受委托代理这个非诉讼纠纷案件之前，该 5000 万元定金打
入部队账户的时间已经超过两年，按照前述承诺标准，部队应付利息总额
已经超过 1160 多万元。

　　然而，房地产公司并不买账，不仅严词拒绝办理合同解除善后事宜，
而且拒绝领取这 5000 万元。不言而喻，如不首先加以解除案涉土地使用
权出让合同，有关这块土地的后续工作就将无法安排，而且如此僵持时间
越长，部队损失就将越大。房地产公司深谙此中之道，所以对于部队回函
承诺的"可按 10.57% 标准计算融资成本利息"不屑一顾。此后，不管部
队如何催促劝说，房地产公司都不取走这 5000 万元定金。

　　从诉讼策略与非诉技巧的角度看，这个"可按融资成本 10.57% 标准
计算利息"回函承诺，不仅表明部队自认违约，而且明显是在授人以柄，
可谓开局相当不利。在向我们布置任务时，首长机关认为当务之急，就是
尽快让房地产公司取走这定金 5000 万元，避免每日将近 1.5 万元的利息
损失。

据了解，房地产公司之所以能够"任凭风浪起，稳坐钓鱼船"，就是因为法律顾问持续不断地给他们撑腰打气，说本案无论将投标保证金改为定金这个合同约定，还是款项支付与发票开具的基本事实，都证明这5000万元的定金性质确凿无疑。在部队一方违约要求解除合同的情况下，房地产公司不仅有权要求其按照定金罚则双倍返还5000万元，并且有权要求其赔偿综合损失6000万元。以上请求不仅事实清楚，而且于法有据，没有理由得不到法律支持。

另据了解，不仅房地产公司的法律顾问团队认为本案中的定金罚则不可逾越，就连部队业务部门咨询请教的那些法律专家，也都秉持相同观点。正是基于这样的理解和认识，他们才建议首长机关回函承诺"可按融资成本 10.57% 标准为 5000 万元计算利息"，目的就是要在事实根据和法律规定都很清晰的情况下，尽可能地减少部队损失，这才决定采取"哀兵政策"，跟房地产公司软磨硬泡。但他们没有想到，对以追求利益最大化为目标的房地产公司而言，这个"哀兵政策"并不好使，所以才使得这个案子虽然一拖两年，却没有实质进展。

无奈之下，部队业务部门就在报请首长同意之后，来舰队法律服务中心寻求帮助。我们深知首长机关的担心所在，也很清楚心急吃不了热豆腐，所以就在充分听取情况介绍的基础上，冷静理性地分析判断说，既然业务部门已经想方设法地跟房地产公司交涉长达两年而未见实质进展，那么在这种情况下，我们如果还按常规出牌，一定难有胜算，必须思路创新，另辟蹊径。

进一步研究论证之后，我们发现本案中如不首先解决定金罚则，其他问题都将无从谈起。但从本案实际情况看，将投标保证金5000万元转化为定金，是应部队请求而作的特别约定，加之部队所开发票又特别注明了"定金"二字，这就使案涉5000万元的定金性质不容置疑。

既然如此，那么本案另外一个恐怕也是唯一的突破口，就是该定金的法律作用是什么？具体而言，首先应该清晰界定该定金的法律用途，比如是用来保证双方之间能够签订合同的成约定金，还是用于保证房地产公司的合同目的能够实现的履约定金，抑或其他？"思路决定出路，态度决定高度"。在界定本案定金作用这个目标任务指引下，我们很快静下心来，逐字逐句地认真研读相关一切文件资料，以便搜寻蛛丝马迹，争取有所突破。

世上无难事，只怕有心人。在我们根据山东水兵律师事务所身体力行的"要在宏观全局上把握问题，在微观细节处精雕细刻"工作标准，逐字逐句精心研读文件资料过程中，不经意间把吹毛求疵的目光，聚焦在了中标通知书中白纸黑字的"预竞得人"上。没想到一旦聚焦于此，心灯突然点亮，思路豁然开朗！

如果不是我们经年累月地养成了细节思维，在办案过程中不放过任何蛛丝马迹，必然也和部队咨询请教的那些法律专家一样，对于这个不显山不露水的"预竞得人"熟视无睹。

不言而喻，如果连业务部门的具体经办人员都不认为这句话能有什么特别之处，其他人员就更加不会对其有所怀疑了，事实证明这也无可厚非。但是非常之事，往往依靠非常思维。

没想到，我们在这看似稀松平常的"预竞得人"称谓上所下的功夫和所做的文章竟然大放异彩。我们在此基础上通过条分缕析的法理抗辩，居然让自感胜券在握的房地产公司及其代理律师像针尖碰到气球，一击而破。

首先，从法律性质上看，"预竞得人"跟"竞得人"不是一个相同概念。其中的"预"字，既是一种法律上的可能，也代表着法律上的风险。如果总后批准同意案涉土地使用权出让项目，房地产公司与部队所签出让合同就会生效，房地产公司就会由"预竞得人"，改变身份成功晋级为"竞得人"，之后才有权根据合同约定取得相应土地使用权。

其次，关于代表其身份地位的这个"预竞得人"称谓，房地产公司自始至终都不持任何异议。之所以这样说，是因为我们研究对比发现，不论招投标文件，还是中标通知书，抑或土地使用权出让合同，关于中标人身份地位的法律称谓都是"预竞得人"。即便是在那份洋洋洒洒长达6页A4纸的高额索赔律师函中，房地产公司也是自称"预竞得人"。

再次，由本案中"预竞得人"的法律性质，不难看出房地产公司中标取得的，其实只是一种身份地位，也就是合同乙方资格，而非直接取得寸土寸金的案涉土地使用权。结合前述报请总后审批同意流程规定，不难看出案涉定金的法律作用，就是保证房地产公司的合同乙方资格不被非法侵犯。这才是本案的"案眼"，也是最佳辩点。

换句话说，部队收取该5000万元定金之后，如将房地产公司的乙方资格置于不顾，而将其他人作为合同乙方上报审批便是违约，就须按照定金罚则双倍返还1亿元并应承担赔偿损失等其他责任。否则，部队只需如数返还本金，而不必承担房地产公司主张的惩罚性违约责任。本案中，在保证房地产公司的"预竞得人"身份方面，部队并无违约，所以也就不该按照定金罚则双倍返还1亿元,这就是房地产公司依法应予承担的法律风险。

基于以上分析判断,并根据军队招投标管理规定等法规政策,我们针对房地产公司这份高达1.6亿元综合损失索赔律师函,帮助部队起草了一份不满一页A4纸的回函,核心内容只有一句话,即"我部履行合同不存在违约,根据军队招投标管理规定等法规政策,只应退还贵司本金5000万元,并需支付利息36万元。"

该回函发出后,我们要求部队业务部门断绝与房地产公司的一切私下联系,并规定所有业务联系均以公函方式往来,以便统一口径和保守秘密。没想到该函发出之后不到10天,房地产公司看到部队一改过去的哀兵政策处事风格,回函措辞如此强硬决绝,感觉风向已变,就赶忙派人过来办理了5000万元定金的如数退还手续。这个曾经困扰部队已久的定金回收问题,就这样一下子迎刃而解了。

值得一提的是,在领取本金的同时,房地产公司又专程向部队送达第二封律师函,主要内容是"要求你部按照定金罚则双倍返还已付定金5000万元"。其对定金罚则的坚持虽然没有松口,却将总额高达1.6亿元的赔偿请求,断崖式地一次性降价6000万元,不免让人感到欣喜和激动。我觉得面对这种"不战而屈人之兵"的胜利战果,在行文中借用一次"伟大",应该不算太过好大喜功。自此以后,我们开始帮助部队逐步扭转危局,一步一步地从胜利走向胜利。

颇具戏剧性的是,在我们对其"保持无线电静默"一个月后,房地产公司见我们对其新的索赔请求"双倍返还一亿元"置之不理,就向部队专程送达第三封律师函,再一次主动降价,要求部队按照定金罚则,赔偿其违约金 4336 万元。与其此前主张的一倍罚金 5000 万元相比，虽然只是降价 664 万元，从表面上看似乎成效不大，但在法律性质上，却是房地产公司对其一贯坚持的定金罚则的主动松绑，相当于坚冰消融。对此微妙的和实质性变化，我们看在眼里，喜在心里，但对外依旧保持不动声色。

又如此之后一个月，房地产公司见部队居然还是无动于衷，就忍不住再一次主动示好，派出常务副总，带队过来沟通交涉，表示集团高层已经达成共识，决定要以壮士断腕的决心，彻底解决本案合同解除之后的违约金支付纠纷，要求部队一次性赔偿其综合损失 2600 多万元。房地产公司主张的违约金从上次来函中的 4336 万元，一下子直降到这"充满绝对诚意"的 2600 多万元，降幅高达 1736 万元，让人喜不自禁。

在这次当面鼓对面锣的斗智斗勇和据理力争过程中，房地产公司的常务副总及其法律顾问团队，面对我们严谨缜密和措辞犀利的分析说理，不得不一次又一次地主动降低赔偿请求，直至要求最低补偿 1160 多万元，并且声称："这 1160 多万元索赔数额，是我方可以接受的最后底线，也是根据贵部按照 10.57% 融资成本标准计算利息回函计算的结果。必须强调的是，贵部如果连这都不予支付的话，本案就将彻底没得再谈！"

谈判到此地步，我们感觉如果要求对方再往下降，常务副总在这种情况下肯定也不能作主，于是择机果断叫停了当日谈判。其实，即便就此结案，我们也感到心满意足，毕竟仅是这次谈判，就让房地产公司一次性降价 1500 万元。

事实上，通过这次当面磋商谈判，也让我们初步摸清了房地产公司的心理底线，他们认为以 5000 万元为基数，按照部队回函承诺的 10.57%

融资成本标准，以及该款在部队账户已经长达两年之久的事实，要求部队支付1160多万元，已是可以接受的最后底线。但恐怕他们做梦也不会想到，对于他们的 10.57% 融资成本标准，我们也会通过法理斗争而釜底抽薪。

一般而言，如果在这 1160 多万元补偿数额的基础上调解结案，作为代理律师也可算是圆满交差，因为最初，"按融资成本 10.57% 标准计算利息"就是部队渴望实现的最高理想。况且，该数额与房地产公司最初提出的高达 1.6 亿元天价索赔比，已经相当于减少损失接近 1.5 亿元。但是作为奉行"积极进取的精神和精益求精的作风"执业理念的军人出身律师，却是奋斗路上无极限，所以我们并未见好就收，而是想方设法地争取把赔偿数额减到最低，这就使得我们不由自主地把目光聚焦在了"可按融资成本 10.57% 标准计算利息"这个部队回函的法律效力上。

如果说谈判过程中能够突破定金罚则，已是非诉讼法律斗争的天花板，那么通过非诉讼磋商谈判，而否定自己白纸黑字回函承诺的法律约束力，无疑就是凤凰涅槃。

对于房地产公司认为无法突破的这个"可按融资成本 10.57% 标准计算利息"回函承诺，我们依靠扎实厚重的法学功底，凭借严谨强劲的逻辑思辨，竭尽所能地发挥自己的业务专长，以合同成立所必需的"要约"与"承诺"缺一不可为由来据理力争。

具体而言，为了达到否定回函承诺法律约束力的谈判目的，我们就不无卖弄地对房地产公司领导及其法律顾问讲起了法律常识。

众所周知，合同成立离不开"要约"和"承诺"，两者相辅相成，缺一不可。就本案而言，我部向贵司发函表示"可按融资成本 10.57% 标准计算利息",从法律性质上讲,这还只是一个解决贵我双方之间纠纷的合同"要约",并非贵司片面理解的具有实践意义的书面承诺。如果贵司同意我部提出的这个问题解决方案,就该及时回函表示同意,也就是对于我部发出的这个合同"要约",要及时给予正式"承诺"。但是非常遗憾,截至目前,我部都没有看见贵司对于"可按融资成本10.57%标准计算利息"这个合同"要约"的书面"承诺"。在这种情况下,我部发出的这个合同要约,必然因为缺少贵司的书面承诺,而导致合同未能依法成立。贵司依据一个尚未成立的合同主张权利,明显就是缺乏法律常识,不可能得到法律支持。

闻听此言,房地产公司的领导及其法律顾问急忙辩解说:"我们现在要求贵部按照10.57%标准,为我司5000万元汇款支付两年多时间的利息1160余万元,就是对于贵公司要约的正式承诺。"对此辩解,我们微微一笑,义正词严道:"从这你来我往的磋商谈判过程看,我方已经以依法只应给付利息36万元这个新的要约,代替此前发出的旧要约。这就是说,正是由于贵部不按套路出牌,对于我部要约不予回函承诺,这才导致可按10.57%融资成本标准计算利息的合同没有成立,责任完全在于贵公司,我部对此不担任何责任。"

这次法理斗争磋商谈判过后,彼此僵持了半年多时间,其间虽然略有沟通,但总体原则还是跟房地产公司"保持无线电静默"。应该讲,这是我有史以来通过谈判解决非诉讼法律纠纷的最为成功的案例,让我真正体味到了什么叫作"病去如抽丝,兵败如山倒"。

如果不是亲身经历,我也绝对不会想到这个看似无懈可击的索赔综合损失高达 1.6 亿元的土地使用权出让合同纠纷案，居然会在我们思路创新之后，凭借扎实深厚的法学功底和强劲严谨的逻辑思辨，不可想象地帮助部队成功突破了定金罚则与回函承诺的双重法律束缚，最终仅以区区 150 万元的不可思议超级低价，跟房地产公司化干戈为玉帛，妥善圆满顺利结案。

而且案件的具体进展，几乎就跟我们的开局预判一模一样，突破定金罚则后，一切都将势如破竹，成功的脚步无法阻挡。不难想象，离开深厚扎实的法学功底、熟练娴熟的斗争技巧、灵活机动的战略战术和对法律条文的精准解读，本案也就不可能出人意料地实现如此惊天大逆转。当然，本案的成功解决，与我们山东水兵律师事务所身体力行的"在宏观全局上把握问题，在微观细节处精雕细刻"案件代理思路不无关联，也与我们逐字逐句地精心研读案卷材料过程中发现的这个"预"字休戚相关。至此，我们可以非常自豪地说："我虽然没有见过一字值千金，但我见过一个字价值超过一个亿！"

高兴地哭过笑过之后，打扫战场总结经验，发现首当其冲的，居然还是"细节决定成败"这样一句一般人都会说，却并非一般人都能认真踏实去做的大实话。

2023 年 2 月 8 日写于青岛

第七堂课
笑到最后的底蕴，是文化

博士观点

关于什么是文化，著名作家梁晓声给出了一个堪称经典的答案。梁先生认为，文化就是植根于内心的修养、无须提醒的自觉、以约束为前提的自由和为别人着想的善良。对此精辟论断，我由衷叹服并且深以为然。

至于说笑到最后的底蕴为什么是文化，我认为旧社会的上海青帮大佬杜月笙，也给出了一个近乎完美的答案。杜先生认为，人生在世，有"三碗面"最不好吃，那就是为人处世中的体面、场面和情面。根据任中原先生编著的《杜月笙全传》等文献资料，并结合我本人的生活阅历及人生经历，我越来越深刻地认识到，一个人要想如愿以偿地吃好体面、场面与情面这三碗最不好吃的"面"，就得有文化。

实践证明，从事任何行业、任何专业的人，如练武之人或者梨园子弟，要想拔得头筹成为状元，都必须文武兼修。因为我发现不管干什么，比过来比过去，比到最后的最终胜出者，都是文化修为相对更高者更胜一筹。因此，要想成功地笑到最后，就得比别人更加有文化。

话题缘起

2023 年 1 月上旬的一天下午，王士弘在我办公室里不经意间看到了一幅画，题为《耕田种地》，画的是五头活灵活现的小毛驴。这是号称"山东小驴贩子"的画家靖一忠先生的手笔，其上题跋："勤耕田无多有少，苦读书不贵也贤。"

跟其他许多看到这幅画的朋友一样，王士弘对于我在办公室里挂一群毛驴也是大惑不解，禁不住好奇地问："我见别人多挂马，寓意龙马精神，比如徐悲鸿先生那幅气势磅礴的《八骏图》，看起来就赏心悦目，感觉到倍儿有精神，您为什么挂驴而不挂马？"

对此真诚笑问，我以玩笑作答："我都这么一大把年纪了，已经不求再有多大长进，也就不再需要什么龙马精神，所以就顺势而为地不骑马，不骑牛，骑个毛驴赶中游呗。"

玩笑过后，我告诉王士弘，其实挂什么画并不重要，重要的是这幅画能否契合主人的兴趣爱好，能否反映主人的文化理念，能否适配所处的环境氛围。就我所挂这幅毛驴画而言，我最看重的不是画中的驴或者马，而是其中蕴含的"耕读传家"传统文化。

另外，这幅毛驴画也非常人唾手可得，因为靖一忠先生自称其系著名画家、收藏家黄胄的学生。我们知道黄胄先生素以画驴而闻名于世，业界人称"黄胄的驴，齐白石的虾，徐悲鸿的马"，由此可见黄先生画驴影响之大。对我这样的凡夫俗子而言，既然难求黄胄老师的墨宝，那就退而求其次地挂上他学生的一幅画，这样也能附庸风雅。

这群可爱的小毛驴就斜靠在我办公桌对面的墙边，抬眼就能看到。可能是格外喜欢的缘故，我有事没事地总要忍不住瞄上一眼，既欣赏这群小毛驴的憨态可掬，也咂摸体味其中的耕读传家精神。

没想到跟王士弘聊完这幅题为"耕田种地"的毛驴画后，我的话匣子竟如滔滔江水之奔涌而来，不由自主地从逸闻趣事和典型案例入手，跟王士弘由浅入深地聊起了为人处世为什么必须有文化，目的就是要以此激发他读书学习的积极性，告诫他修身养性的重要性，提醒他积德行善的必要性和严格自律的不可或缺，好让他最终自我觉悟：要想笑到最后，就得比别人更有文化！

现身说法

虽然不是在写文章作三段论，但是既然在认真地聊文化，那就必须先搞清楚什么是文化。关于什么是文化，其实在我开篇引用的梁晓声先生"植根于内心的修养、无须提醒的自觉、以约束为前提的自由和为别人着想的善良"这四句鞭辟入里的话，已经能够初见端倪，即文化不是学历，不是阅历，不是经历，而是素质、内涵和修养。

关于西方人眼中什么是文化，我在百度上查到一个白人妇女与黑人出租车司机之间的对话故事。说的是一个很有修养的白人妇女在乘坐出租车时，儿子问妈妈，司机为什么是黑皮肤，妇女回答说："上帝为了让世界丰富多彩，所以就创造了多种皮肤的人。"到站后，白人妇女要给车费，可是黑人司机坚持不收，黑人司机在解释原因时说："我小时候也问过我妈妈同样的问题，她当时的回答是黑人低人一等。如果我妈妈能够像您这样回答，那我就不会有今天了（他想表达的意思，应该是很可能会有比开出租车更好的职业发展）。"在这个故事中，我们看不到学历，也不知道白人妇女的经历或者阅历，却能够感受到一股浓浓的温暖气息，这就是文化传播的正能量。

以上两例反映的是东西方不同人种，对于文化内涵的共同认知，那就是文化与学历、阅历或者经历并不重合，而是与素质、内涵和修养休戚相关。不言而喻，一个人读书再多，学历再高，地位再显赫，经历再曲折，阅历再丰富，即便富可敌国，如果没有道德修养和悲天悯人的善心加持，一定会遭人嫌弃，不会被人视为有文化。

说完西方人的文化故事，接下来再讲一个中国古代的人文故事。历史上大名鼎鼎的纪大学士纪晓岚，晚年在奉旨编撰《四库全书》和《四库全书总目》这两项政府工程接近尾声时，利用工作余暇，悄无声息地写出了"雍容淡雅，天趣盎然"的文言短篇志怪小说《阅微草堂笔记》。其中有个故事名叫《此狐不俗》，大意是说：外祖雪峰张公家，牡丹盛开。家奴李桂夜见二女凭栏而立。其一曰："月色殊佳。"其一曰："世间绝少此花，唯佟氏园有此数株耳。"桂知是狐，掷片瓦击之，忽不见。俄而砖石乱飞，窗棂皆损。雪峰公自往视之，拱手曰："赏花韵事，步月（意思是指月下散步）雅人，奈何与小人较量，致煞风景？"语论寂然。雪峰公见状，叹曰："此狐不俗。"

在雪峰公眼里，此狐之所以不俗，文末说得很清楚，那就是不与小人较量。只有这样，你才能面对人生的各种风景，雍容淡雅，会心一笑，只是人大多做不到。当然，这是文章编著者演绎的纪大学士文章的意思。

　　除了不与小人较量，此狐具备一定文化底蕴，所以才能听得懂雪峰公的妙语连珠，又具有文化人的心胸雅量，所以在听雪峰公委婉相劝之后，才不与小人较量。不言而喻，这是文化在凡人与鬼狐之间产生了共鸣，否则就不会"语论寂然"，再无"砖石乱飞，窗棂皆损"的糗事发生。可见，一个人有了文化就可以鬼神不惧。我认为这是相比而言更为深沉的意思。

　　聊完故事，聊战事。话说李鸿章在曾国藩门下做事的时候，曾国藩因为指挥湘军与太平军作战接连败北，尤其是在祁门大战再次大败之后，曾国藩认为这是自己领导不力所致，就想写份奏折主动请罪。虽然几经斟酌，严格措辞，但都感觉文稿内容只是差强人意，于是便请大才子李鸿章帮助润色。没想到李鸿章看过曾国藩拟就的文稿后，仅将其中的"屡战屡败"颠倒了一下文字顺序，变成"屡败屡战"，就一下子化腐朽为神奇。别看李鸿章只是简单调整了一下文字顺序，但其调整之后的意思一下子有了质的飞跃，不仅使原稿中一败涂地的颓废景象荡然无存，而且让湘军将士不避斧钺、不畏艰险、勇往直前的猛士形象活灵活现地跃然纸上，不显山不露水地将事故变成了事迹，可谓高手！

　　据说这份奏折上报之后，曾国藩不但没被朝廷处分，反倒因其不屈不挠的战斗精神，而受到了圣上嘉奖。毫无疑问，这个故事也从一个侧面反映出文化的巨大力量。1944年10月30日，在争取抗日战争最后胜利的关键时期，毛泽东主席在陕甘宁边区文教工作者会议上作讲演时，曾经一针见血地指出："没有文化的军队是愚蠢的军队，而愚蠢的军队是不可能战胜敌人的。"毛主席这番高瞻远瞩的讲话，生动精辟地阐明了军队文化教育的重要作用和战略意义。可见，文化的深远影响和巨大作用，已经越来越成为部队战斗力中至关重要的软实力。

聊完战事，聊官司。关于只是简单调整一下文字顺序，就让整篇文章顿时焕发出无限生机活力，甚至让其立即充满杀气的例子不胜枚举。在诉讼领域，能够一句话要人性命的"夺镯揭被"故事，就是其中的典型代表。据《民间传说》记载，晚清时，安徽寿县有一恶棍横行乡里，无恶不作。有一天，他擅自闯入一个平民家里，见一年轻病妇卧床不起，便无所顾忌地翻箱倒柜，甚至连病妇盖在身上的被子，也被其斗胆揭开，之后又将病妇手腕上戴的玉镯捋下来据为己有。有道是天网恢恢，疏而不漏。当时正逢村人收早工，遂将恶棍逮住，扭送衙门。知县把恶棍当堂收押后，要求病妇的丈夫尽快找人补写一张状纸呈上，以便定罪量刑。

病妇的丈夫找来几名塾师，帮忙写了一张状纸，罪名是"揭被夺镯"。但是读罢塾师帮忙拟就的这份状纸，病妇的丈夫感觉心里很不踏实，担心要是告不倒这个一贯横行乡里的恶棍，自己可就捅了马蜂窝。不难想象，那家伙一旦被放出衙门，很快就会让自己家破人亡。于是，他就去找镇上颇有才名的刘之智帮忙润色，以便一招制敌。刘之智详细询问了事情经过，又看了看塾师拟就的状纸，再对照律例法条仔细斟酌推敲一番之后，便提笔将塾师所写诉状几乎原封不动地重抄了一遍。唯一的变动，就是将诉状中的"揭被夺镯"，改成了"夺镯揭被"。

病妇的丈夫看了之后，不知其中奥妙。可是等了一会儿，见刘之智不再言语，他也只得起身告辞去衙门呈递状纸。知县见状之后立即升堂问案，并据此对恶棍处以重刑。目睹庭审经过与裁判结果之后，病妇的丈夫这才终于慢慢体味咂摸出了刘之智将"揭被夺镯"改为"夺镯揭被"的其中奥妙。

原来，"揭被夺镯"与"夺镯揭被"在表面上看似相差无几，但其法律含义却有天壤之别。在这两句话中，虽然都包含"揭被"与"夺镯"两个动作，但"揭被夺镯"所表达的只是一层意思，因为"揭被"在这里仅为犯罪手段，而"夺镯"才是犯罪真正目的，所以"揭被夺镯"只是对应一个劫财的罪行。在当时，劫财罪不至死。

而"夺镯揭被"则是确凿无疑地包含了两层意思，一为"夺镯"，二为"揭被"，且系由轻到重的逻辑递进关系。在这里，"夺镯"与"揭被"既是犯罪手段，也是犯罪目的，所以分别对应着两个不同性质的犯罪行为，一为夺镯劫财，二是揭被劫色。

不言而喻，在"饿死事小，失节事大"的封建伦理道德观念约束下，"揭被"要比"夺镯"更加罪不可赦。所谓"一句话要人性命"，由此可见一斑。当然，如果没有足够的文化底蕴和熟知人情世故作支撑，帮助病妇巧改诉状的大才子刘之智，恐怕也不会成为文字功夫如此了得的一个狠角色。

聊完民间，聊朝廷。据清代不仕文人龚炜所著《巢林笔谈》记载，曾与海瑞海青天、包拯包青天相提并论为中国历史上三大著名青天之一的明代著名清官况钟，是县衙书吏（俗称"刀笔吏"）出身，不仅文化底蕴深厚扎实，而且文字功夫十分精练老道。

话说明朝宣德年间，朝廷里的一面大鼓坏了，礼部打算派人到淮安去重造一鼓。由于发函中需将选鼓要求写得清楚明白，既要简洁又要明了，不禁难坏了那些通过科举考试晋身朝堂的一众达官贵人。礼部一连请了好几个素有才名的官员帮忙起草制鼓文书，但都感觉不甚理想。无奈之下，有人推荐况钟。没想到况钟接活儿之后稍加思索，便提笔写下了八个大字：

"紧绷密钉，晴雨同声。"修函完毕，赢得满堂喝彩。如此简明务实的文风，让在座官员无不由衷叹服。

在况钟帮忙起草的制鼓函文中，前面四字"紧绷密钉"，明确说出了选鼓的方法步骤，皮要绷得紧，钉要钉得密；后面四字"晴雨同声"，则十分形象地提出了选鼓的质量要求，晴天雨天敲出的鼓声要求一个样。不难想象，这样简洁明了的制鼓文书，造鼓人一看或者一听就懂，就能迅速掌握要领，只要按照这个要求制作，就能达到预期目的。那些素有才名的同僚们绞尽脑汁都难以下笔成文的制鼓文书，没想到况钟仅用区区八个字，就言简意赅地说明了一切问题，让人禁不住击节赞叹。

据了解，况钟之所以能有如此之高的文字造诣，对朝鼓制作要求的描述如此精练传神，与其成长经历和生活阅历密不可分。与那些通过科举考试入朝为官者不同，况钟并非通过考取举人或者进士等功名之后再由民到官，而是先从靖安县衙的普通书吏做起，经过长达九年时间的基层岗位历练，然后才经由上司推荐和吏部考选，一步一步地由吏到官。不难想象，如果没有这种十足接地气的基层岗位工作历练，恐怕况钟也不会有如此之高的文字造诣和如此之深的人情练达。这个故事也从一个侧面说明，文化与学历并不重合。

在中国历史上，说到文化与学历并不重合，就不能不提一下六祖禅师惠能。从成长经历和对后人的启发影响看，堪称自我开悟的一个杰出代表的六祖禅师惠能，无疑就是一尊真佛，是真正的高僧大德。据说惠能少时家贫，曾以卖柴为生，24岁时听闻《金刚经》自我开悟后，就去拜谒五祖弘忍，并以"菩提本无树，明镜亦非台。本来无一物，何处惹尘埃。"

这个偈语，得到五祖认可，被密传禅宗衣钵信物，成为禅宗第六代祖。

六祖禅师惠能虽然不识什么字，但其佛学思想可谓光辉灿烂，被人与孔子、老子并称为"东方三大圣人"。毫无疑问，六祖禅师惠能，就是虽然没有学历却十分有能力，虽然没有文凭却非常有水平的典型代表。

如果说六祖惠能生活的年代离我们太过久远，而且他也并非常人可比，那么我就分享一个位于我老家寿光，堪称寂寂无闻的羊肉汤店的文化故事吧。如果不是留心观察，我也不会发现这家普普通通的羊肉汤店能有什么与众不同之处。菜品司空见惯，店老板也很朴实，但是我着迷一般地对其格外喜欢。因为喜欢，所以经常光顾，去的次数多了，我才发现其实我真正喜欢的并非其羊肉新鲜或者汤味独特，而是店主人特意印在餐巾纸盒上的一句话，以及这句话所体现出来的童叟无欺与货真价实的餐饮文化。这句话虽然不显山不露水，却能够让人放心，给人温暖，让人喜欢，说的是：没有祖传和秘方，只有良心和用心。

俗话说，"言语心之声"。店主人能有如此感悟，并敢于将其郑重其事地印在餐巾纸盒上，就会让人相信这家店的羊肉汤一定不错。

换句话说，爱屋及乌。正因为有了文化，所以这家店的羊肉汤才有了与众不同的、让人欲罢不能的特别味道。

聊完什么是文化，我就有感而发地告诉王士弘，文化不是印在书本上的，也不是停留在口头上的，更不是飘浮在半空中的，而是扎根在心田上，镌刻在骨子里的。它融汇在血脉中，体现在行动上。为了更好地说明问题，我跟王士弘聊了发生在我自己身上的三件平凡小事，在此与众分享。

第一件事，是我作为"新兵蛋子"实习副长，力排众议，坚持让已经浮至半潜，等待排水上浮的潜艇（以柴油机运转产生的废气，排出水柜之中的剩余海水，让潜艇产生正浮力后完全浮至水面）重新下潜，从而一举打开"久攻不下"的升降口（从密闭舱室出艇上舰桥的唯一通道），从而保证我艇能够按时且顺利返航的故事。

具体而言，2001年夏天，在我副长岗位尚未独立操纵合格，还是一名实习副长的时候，我艇完成三天三夜的水下昼夜航行训练任务后，已经根据艇长下达的"浮起"指令浮至半潜。可是没想到无论如何想方设法卖力敲击，都打不开这唯一的进出潜艇通道升降口了。

熟悉潜艇战术技术特性的人都知道，半潜状态是一种相对最危险的状态，此时只允许副长带领一名舵信兵（水面舰艇是操舵兵与信号兵各司其职，由于潜艇兵是特种兵，编制人数虽然不多，但技术种类繁杂，工作岗位繁多，必须一专多能，所以既负责操舵又司职发信号）上舰桥（潜艇水面航行时的指挥岗位）指挥排水。排水完毕后，潜艇才算完全浮至水面，方能以水面状态航行返港。升降口打不开，就意味着艇员不可能出舱上甲板完成带缆靠码头，指挥员也就不可能上舰桥指挥潜艇安全顺利返回军港。这事儿一旦发生，就会贻笑大方。

按照部署规定，潜艇浮至半潜后，升降口只能由固定战位的舵信兵根据艇长指令适时打开。如果升降口不能由艇内人员自主打开，就必须发报求援让人帮忙从潜艇外面帮助打开，这就意味着该艇已经失事。因此，升降口打不开可不是一件小事儿，但凡能够自己想办法独力打开，就绝对不会向外求援。

见舵信兵、舵信班长都打不开这个升降口，人高马大的水手长马连甲就很不服气地亲自出马，不过最终也是无奈退下。在这种情况下，艇长就挨个点名，让本艇那些素以力气见长著称，分布在全艇不同舱室各个战位的艇员，一个又一个地轮流来到指挥舱，用专用大铅锤使劲儿地敲击升降口把手。可是无论谁来操作，也无论他怎样用尽洪荒之力死命去敲，那个"邪了门儿"的升降口把手都是一如既往地纹丝不动！

其实，早在舵信班长打不开升降口的时候，我就已经隐约发现了其中端倪，建议艇长及时指挥再次下潜，可是竟然没人理会。毕竟在那些见多识广的"老潜艇"眼里，我还只是一名尚属新兵的实习副长，人微言轻，所以我的重新下潜建议，只被当作耳旁风而没人理会。

见被艇长挨个儿点名过来敲击升降口把手的那一个又一个的大力士，都是乘兴而来败兴而归。那些自以为见多识广、随艇出海的支队首长和机关业务长，都在办法用尽却无济于事之后双手一摊，一脸无奈，垂头丧气，我就语调清晰且底气十足地再一次果断建议："还是死马当作活马医吧，请你们听我建议指挥潜艇下潜至 30 米！"

潜艇上浮、下潜都是战斗部署，轻易不能变更。艇长见升降口确实打不开，就在万般无奈之下决定试试我的建议，却相对保守地下令："速潜，深度 20 米！"

不出所料，没想到仅仅下潜至 20 米，就立马开始见证奇迹：经过刚才一番折腾后已经精疲力尽的那名舵信兵，只拿铅锤轻轻一敲，那个"邪了门儿"的升降口把手，就立马应声而动了！

得知升降口把手终于如愿以偿地松动后，艇长指挥我艇再次浮至半潜，并下令打开升降口。之后，我就带领舵信兵通过升降口爬上舰桥指挥排水，排水完毕后转为水上二级部署航渡返港。故事说到这里，王士弘禁不住好奇地问："这跟文化有啥关系？"于是，我就语重心长地告诉他说，虽然大家都是历经"学不完的潜构，刮不完的铁锈"之后，才成为百炼成钢的"老潜艇"，但在业务学习上总有一些人粗枝大叶，很少有人能够像我这样深挖细扣《潜艇构造》与《潜艇操纵》等教学材料中的每一句话，甚至是每一个字的准确含义。更重要的是，很多人虽然死记硬背了书本知识，却没有像我这样将其活学活用为能够把这"邪了门儿"的升降口打开的问题解决技能。换句话说，即便学了再多的书本知识，如果不能学以致用，也不算有文化。

这个升降口之所以"邪了门儿"，任谁使用多大的力气都打不开，原因其实很简单：潜艇历经长达三天三夜的水下昼夜航行训练后，舱室内的空气压力，已经随着水下航行时间的不断延长，而变得越来越大。由于潜艇下潜之前关闭升降口时的舱室空气压力与海面的空气压力相对持平，没有压差，所以在这种情况下升降口是怎么关上的，就可以怎么打开。但在水下连续航行三天三夜后，舱室压力已经升高很多，这就导致升降口与艇体之间的橡胶密合边缘，已经随着压差越来越大，而与艇体之间结合得越来越紧密，紧密到必须让潜艇重新下潜，以借助海水压力来消除这个压力差，否则任你使用多大的力气都将无济于事。

我之所以知道这些，并非我能先知先觉，而是因为我在看《潜艇构造》与《潜艇操纵》这两本书的时候，不但比别人看得更加认真仔细，而且举一反三地多动了一下脑子，这才能够活学活用。这个故事说明，只有能够把枯燥生硬的书本知识变成简单实用的问题解决能力，才算有文化。

第二件事，发生在 2009 年 12 月底。当时我作为辩护律师，在被告人妻子和姐姐的陪同下，从山东青岛赶往设在江南某省的军事看守所，会见已在这里羁押很长时间的一名刑事被告人。有过南方冬天生活体验的朋友都知道，12 月的江南最不好过。外面寒风刺骨，屋里潮湿阴冷，自由自在的正常人尚有度日如年的如此不适感受，失去人身自由的刑事被告人自然更是"千里孤单，无处话凄凉"了。

我们知道，被采取刑事强制措施后，犯罪嫌疑人（检察院审查起诉开始改称被告人）在失去人身自由的同时，也失去了与家人见面或者通话的任何机会。羁押时间越久，他们的恐慌、孤独感觉必将愈甚，家人也就对其愈加担心。我要会见的这名被告人，情况也不例外。

由于看守所领导知道我是一名老军人，所以就十分客气地破例让值班看守给我和一同前往的那名老律师各泡了一杯茶。也许是舟车劳顿和天气阴冷潮湿的原因，那名老律师迫不及待地端起茶杯就喝，而我刚想端起茶杯暖暖手，却抬眼看到了戴着手铐站在铁窗之内的被告人。于是立马改变主意，把手中的那杯热茶，恭恭敬敬地双手端给了铁窗里面的被告人。不知什么原因，这件事儿居然让不远千里陪同前来会见的被告人姐姐和妻子看到了，而她们居然会把这么一件微不足道的平凡小事，看得非常之大，让我十分意外。

福往者福来，爱出者爱返。这天午餐时，跟我一同前来会见的那名老律师，见被告人的妻子和姐姐轮流不停地给我夹菜，就"羡慕不成成嫉妒"地对我调侃打趣儿。我想直到今天，他恐怕都不会明白被告人的妻子和姐姐，为什么会在那天会见之后，变得对我尊敬和礼让更胜一筹。殊不知，正是我把看守所特地为我准备的那杯热茶，恭敬礼让给了更加需要关心和爱护的被告人，让他在这阴冷潮湿的南方冬天里，感受到了人性关怀的一抹光辉，才为自己赢得了这份超乎寻常的尊重。借着这个故事，我因势利导王士弘：真正的文化并不都是阳春白雪那样"高大上"。在寒冷的冬日里，以真诚和善良，以忘我和无私，不分高低贵贱地给人端上一杯热茶，就是赢得他人尊重的传统文化。

第三件事，是山东水兵律师事务所为什么要把"与人为善的品德"作为排在首位的企业文化。这件事跟我们在 2018 年腊月二十三北方小年那天，受托从青岛出发赶往甘肃省某市去办理一个行政诉讼案件有关。具体而言，委托人之夫因为有些行政违法原因，而被当地公安机关予以行政拘留。但是没想到在拘留的第三天早晨，他就因为心脏病发作未能得到及时救治，而万分遗憾地撒手人寰。由于状告的是西北地区公安机关，所以尽管甘肃省内的代理律师换了一个又一个，却都不尽如人意。当事人在感觉越来越委屈的同时，想方设法地慕名来找我们代理案件。于是，我们就冒着零下二十几度的严寒前往甘肃。

经过两天一夜的长途跋涉赶到当地后，我们切身体会到的办案复杂形势，和当地令人恐惧的超低气温一样，不是一般的冷酷严峻。尤其值得一提的是，在这次办案过程中，我们竟然遇到了一个仗势欺人的代理律师。此人举手投足之间的咄咄逼人和盛气凌人，让我们从他身上看不到做人的起码善良。由于我们的专业敬业和认真负责，更由于被拘留人罪不至死和家属孩子的孤苦无依，结果竟然大获成功，结局可谓皆大欢喜。为此，委托人特授锦旗一面："敢打必胜不问对手是谁，业务精湛服务千家万户！"

在复盘反推这个案子的代理过程时，我们由衷感叹以下两点：一是律师执业，跟习武练拳一样，必须首先修德，做到与人为善；二是我们有菩萨心肠，但我们更有霹雳手段。

2023 年 3 月 3 日写于青岛

第八堂课
成长的过程，就是遭遇挫折的过程

博士观点

聪明睿智的父母，看到蹒跚学步的孩子跌倒，尽管也很心疼却不会马上去扶，而是故做冷眼旁观，顶多给予引导和鼓励，目的是让孩子学会摆脱依赖，能够独立自主地站起来。能够不依赖父母，在哪里跌倒就从哪里站起来的孩子，毫无疑问地已经赢在了人生的起跑线上。

所谓"吃一堑，长一智"，既是对成长过程中遭遇挫折的心理安慰，又是对愈挫愈勇和再接再厉的美好期许。如果"吃一堑"后不予反思，又犯同样错误，就应了我老家寿光的一句土话，叫作"记吃不记打"。我母亲就曾不止一次地这样骂过我，我知道她老人家这是在给我保留脸面，否则就会直接骂我蠢猪。实事求是地讲，没有母亲的督促和责骂，就一定不会有我今天的些许成就。尽管年少时我曾对母亲恨之入骨，但是随着年岁的增加，我越来越体会到母亲的严厉督促不可或缺，所以现在对她很孝顺。

人常说，"不经风雨怎么见彩虹，历经磨难才叫人生"。从这句大白话中，不难看出不经历挫折就无以成长。只有愈挫愈勇、再接再厉，才能书写璀璨的人生。唯有体味至此，方能真正读懂左宗棠的那副对联："能受天磨真铁汉，不遭人嫉是庸才。"

　　按照佛祖如来的说法，唐僧取经必须历经九九八十一难，少一难都不算功德圆满。人生漫漫，时光清浅，挫折磨难同样不可避免。"知耻而后勇"的本意，就是说挫折磨难并不可怕，可怕的是一蹶不振。套用鲁迅先生的一句名言来表达我对挫折磨难的粗浅理解，就是"挫折啊挫折！不在挫折中奋发，就在挫折中灭亡"。

话题缘起

　　有句民间谚语，可谓一句话道尽人生之路的挫折不断，说的是"不如意事常八九，可与人言无二三"。王士弘转学寿光二中，就是一件不便细说的挫折磨难之事。对于这件事情，王士弘与我存有共同一致的处理态度，那就是把一切不如意都当作历练自己意志品质和能力素质的磨刀石。正确面对，一笑而过。

　　我第一次与王士弘谈挫折，是他就读小学五年级那年，在由围棋业余四段，通过循环比赛晋升五段过程中遭遇败绩之后。此前一贯顺风顺水的王士弘，没想到首场比赛的棋雠（下棋的对手），就是一位比他年长一个甲子的 72 岁老大爷。围棋比赛落定的是子，考验的是气。谁越是气定神闲，谁就越能笑到最后。面对比自己年长一个甲子的从容不迫老者，从未经历过什么挫折和磨难的小小年纪王士弘，未免心虚胆怯，结局是铩羽而归。

　　面对垂头丧气的王士弘，我拍了拍他尚显稚嫩的肩膀，一句话也不说地陪他默默走了很长一段路，之后才语重心长地告诉他："你要知道，成长的过程就是遭遇挫折的过程。挫折和磨难并不可怕，可怕的是在遭遇挫折之后失掉进取的勇气和上进的决心。"

为了逗王士弘开心，我就给他讲了我被蜜蜂蜇伤而意外治好落枕的故事。这个喜剧色彩十分浓厚的悲情故事，至今想来都感觉十分有趣，并且按捺不住地要与众分享。

俗话说，"牙疼不是病，疼起来要了命"。落枕的酸麻疼痛滋味，堪比牙疼。2005年7月的一天中午，骄阳似火，闷热难当。由于被落枕的酸麻疼痛折磨到静不下心，睡不着觉，我就利用午休时间溜达着走出舰队机关大院。一路上虽然风景如画，我却烦躁不安，心乱如麻。

值得一提的是，自军校毕业踏入职场，我就确立了沾沾自喜的两句口头禅：一是从来不做自己干不了的事儿，二是从不浪费自己的宝贵时间。既然被落枕折磨得睡不着，也没心思坐下来看书写东西，我就干脆利用午休时间，回家去拿本该放在办公室里的那些东西，于是就趁机坐上了回家方向的公交车。

下车后，要想尽快回到我所承租的公寓，就必须绕过一片当时尚未开发建设的小山坡。在这个小山坡上，我有一块已经种满了茄子、辣椒、韭菜和南瓜等时令蔬菜的小菜园。今天要讲的这个故事，就发生在这块充满温馨回忆的小菜园里。

在我所著《法治照耀幸福生活》这本书中，有一篇《活着，明天会更美好》的文章。其中就以"我最大的收获，是在青岛见缝插针种了二厘地"为题，颇费笔墨地描述了我在青岛种地时的心路历程。具体是由最初的羞于见人和虚荣自尊（主要是怕被人讥讽嘲笑为不改农民习气），经过很长一段时间的反躬自省后，我才逐渐克服心理障碍，认识到人本没有高低贵贱之分，之所以被划分三六九等，全是心魔作祟。因此，不管从事什么工作，只要不违背良心、不违反公序良俗，凭力气挣钱养家永远都不会丢人。此后，我才渐入佳境地体味和感悟到了什么是真正的丰收喜悦。我在青岛种植和打理这块小菜地的过程，就是一次不折不扣的心理挫磨过程。

其实，更加有趣好笑的事情发生在我反躬自省之后。具体而言，在我落枕之前好几天，有个江苏南通籍的养蜂者不请自来，并且自作主张地把他那些赖以为生的蜂箱，在靠近我菜地栅栏的地方一字儿排开。这让我十分反感，内心极想把他赶走，却没有任何切实可行的办法。我既没有把他赶走的法律资格，也没有能够把他赶走的暴力手段。因为这块地的使用权人并不是我，我只是在好心邻居殷阿姨的帮助下临时开荒而已，所以只能自寻烦恼地生闷气，而没有丝毫办法。

据了解，蜜蜂跟人一样，情绪起伏波动受环境温度影响很大。越是炎热干燥，它们就越是焦躁不安。落枕那天，我回家经过这片小菜地时，正当中午，也是蜜蜂们在蜂箱里正热得难受的时候，所以就狂躁不安地从蜂箱中爬出来，在这菜地四周嘤嘤嗡嗡地狂飞乱舞。落枕已经把我折磨到痛苦不安，看到这些漫天飞舞的蜜蜂，想起这可恶可恨的养蜂人，我就更加气不打一处来。

一边生着养蜂人的气，一边小心翼翼地躲避着蜂群，还一边后悔着日头最高的时候不该经过这里。所谓"心随境转，苦不堪言；境随心转，方得自在"。说的应该就是我当天经过这片菜地时候的真实境况。尽管我已十分小心谨慎地躲避蜂群，但不幸还是突然降临：我的后脖颈，竟然被一只狂躁不安的小蜜蜂给结结实实地狠狠蜇了一下！

正想怒气冲冲地跑去找这可恶的养蜂人算账，打算以此为借口，让他立马带着那些可恶至极的蜂箱赶快走开，没想到却在不经意间突然发现，把我折磨到心急火燎与六神无主的落枕，居然因为小蜜蜂这狠狠地一蜇，而神不知鬼不觉地自动痊愈了。

如此奇遇，让我转怒为喜。

现身说法

对我那天的遭遇而言，单纯的蜜蜂蜇伤是不可饶恕的悲剧。而能够帮我治愈落枕的蜜蜂蜇伤，则又是确凿无疑的喜剧。我们成长过程中遭遇的挫折和磨难往往也是这样，因此对意外遭遇的那些人或事，在未能识得庐山真面目之前，最好不要主观臆断地妄下结论究竟是劫还是缘。以我虚活五十几岁的经历来看，即便遇到的确实是劫，那也是命中注定的缘分。要认识到这是上天对你的祝福，应该学会正确面对并且一笑而过。这样做，肯定要比只会一个劲儿地诉苦和抱怨要好很多。

不得不说，受传统观念和教育习惯影响，我们对孩子的教育，往往更多的是赞美和鼓励，甚至是溺爱和纵容，而独独欠缺挫折教育和苦难磨炼。这就导致我们的孩子如同温室里的花朵，在水肥充足和温度适宜的时候，开得一个更比一个争奇斗艳；而一旦遭遇挫折磨难，就像鲜花突然遭遇阳光暴晒或者狂风暴雨，很快就会花容失色，一个更比一个低头耷拉角，成为残花败柳，惨不忍睹。由是观之，我坚定不移地相信，如果希望自己的孩子长成遮风挡雨的参天大树，那就一定不能缺失磨难历练和挫折教育。

法国著名雕塑家罗丹说，生活中并不缺少美，只是缺少发现美的眼睛。我虽然没有发现美的眼睛，但是我有发现美的缘分。在据说曾经广受好评的散文《痴情的猫》中，我曾浓墨重彩地着力渲染了一只被落日晚霞痴迷到全然忘我，忘我到不知外物存在和不知危险来临的小花猫。那是我与这只痴情猫命中注定的缘分，造物主让我们以不同的生命形态来到这个世界，命运之神又让我们在相同的时间，以相同的姿态，共同痴迷于这彩霞漫天的曼妙绚烂，这是我们的生命之缘。

对于上天赐予的这个意外相遇的缘分，我心怀感恩。仅是感知到缘分的存在，就已经让我心满意足。毫无疑问，心满意足的前提是常怀感恩之心。据我观察，一个不知道感恩的人，不可能拥有真正的幸福，也不知道什么叫开心快乐。

事实上，除了这只痴情猫，我还看到过喜鹊搭窝。确切地说，我还看到过喜鹊搭窝的艰辛不易和百折不挠。这是我生命中的又一段悲喜之缘，也很愿意与众分享。

记得那是 2005 年腊月的一天清晨，当我沿着青岛中山公园搭在半山腰的木栈道爬山锻炼时，不经意间猛一抬头，居然看到了一只口衔枯枝，正在密密麻麻的槐树林间穿梭飞行的花喜鹊。我不知道它从哪里开始起飞，也不知道它已成功绕过了多少棵树的飞行障碍，但是从我看到它在口衔枯枝穿梭飞行的时候开始计算，它起码已经灵活巧妙地绕过了三四十棵树的飞行障碍。当我正欣赏赞叹它那口衔枯枝绕障飞行的速度与激情时，没想到在它的这趟飞行中灾难突然降临。

　　具体而言，就在花喜鹊即将接近它快要筑好的巢穴附近，顶多还有三棵树的距离时，它口中衔着的那根一尺来长的枯树枝，居然一不小心碰到了该死的槐树干。喜鹊费尽千辛万苦好不容易才弄回来的这根搭建爱巢的枯树枝，就在这万分遗憾中应声坠地！这一趟飞行的辛苦劳累顿时化为乌有。此情此景，不由让我感到一阵心酸。

　　我在感慨喜鹊筑巢不易的同时，也在为它的功败垂成而伤心难过。没想到这只可爱的喜鹊竟不以为然，看到枯枝落地，它只是"喳喳，喳喳"地鸣叫了几声，然后又跟没事儿人一样地原路折返了。我想，它一定是去寻找新的枯枝，以继续它的筑巢伟业，哪怕是再一次地遭遇同样的挫折失败，它也一定会百折不挠地从头再来。

　　毫无疑问，这只小小的花喜鹊给我上了一堂足以让我铭记终生的挫折磨难教育课。感恩生命中的这个缘分，感恩这只可爱的花喜鹊！

　　但凡熟悉我的朋友，都知道我很守时，守时到几乎刻板教条。我认为守时是守信的体现，不守时就不可能守信，所以我对守时的要求极为严苛。当然，可能是由于尚欠老成持重的缘故，我每每会在沾沾自喜自己的守时守信同时，按捺不住地隔三差五向人吹嘘炫技："我每天的时间安排，就像是在钟面上行走，即便是到一个陌生的地方，哪怕路途再过遥远，相差也不会超过五分钟！"

　　这个五分钟的时间差，并非我信口胡诌，而是有真实具体的来历。话说2007年夏天的一个中午饭后，我打电话给我经常引以为豪的弟弟王明荣，告诉他今晚要带司机回老家吃晚饭，他问我几点能够到家，我随口作答:"今晚八点半!"

从我工作所在的位于青岛市八大关附近的舰队机关大院,到我父母生活居住的位于山东省寿光市王家老庄村的农家小院,少说也有210公里以上的公路里程。那时候,像辽阳路高架这样的能够让我更快到达青银或青新高速入口的快速路,尚为市政规划中的美好蓝图。这就导致车从舰队大院出发,到达位于城阳区夏庄镇的济青高速(现在的青银高速)入口,需要走相当远的城区道路。其间的交通晚高峰拥堵缓慢不可避免。加之当时我还不会开车,全然没有老司机的道路预感。更重要的是,当时没有现如今以大数据为支撑的导航定位系统,因此我张口就来的"今晚八点半"到家时间,全凭计算机后台运算一般的大脑应激反应。在常人眼中,这是"随口瞎蒙",但是在我看来,这就是第六感觉。

俗话说,"六月天,娃娃脸,说变就变"。没想到中午打电话给我弟弟跟他约饭时的万里晴空,在我下班准备出发之时已成乌云压顶,随后就是瓢泼大雨。好不容易跟蜗牛爬行一般挪动到高架桥辅路,却被告知因为突降暴雨等原因,前往城阳的高架桥被临时封闭。见此情景,我就及时果断地打电话告诉弟弟:"推迟一小时开饭,我九点半到家!"

经过四百多里路的疾风骤雨和长途跋涉,等司机终于把车开到我老家门口的时候,我下意识地一看表,发现表针恰好指向当晚9点25分,比我随口瞎蒙的"九点半到家",不多不少刚好相差五分钟!事实上,五分钟时差对我而言,并非"瞎猫碰到死耗子"一般的小概率事件,而是司空见惯。就精确度而言,我张口就来的这个五分钟时差,跟现在以大数据为支撑的手机导航系统相差不大,不可谓不神。

有人曾经十分好奇地问我为什么能够做到这样神预测，我每每会以玩笑作答："人是未来佛，佛是过来人。"我之所以能有如此神奇的时间预知，既是遭遇挫折磨难之后的知耻而后勇，也是勤学苦练之后的百炼成钢。

另外，从上面的对话内容，聪明细心的朋友应该早已看出，在我关于时间的对话中，既没有"大概"，也没有"左右"，有的只是确定无疑。这就是严谨规范的航海习惯，也是直截了当的指挥作风。因为在舰艇活动中下达的指令或者回复的口令，必须明确具体，不允许出现"或许""可能"或"差不多"等模糊不清的字眼儿。

尽管在海军潜艇学院通科部门长班上学读书期间，我已十分清楚地知道，在潜艇部队说话办事，必须遵守"准确和具体"这个基本规矩，但是当我大学毕业后走上潜艇鱼水雷部门长工作岗位时，还是忍不住习惯性地又犯"大概""也许"等类似错误。由于潜艇指挥军官的业务训练不仅科目繁多而且要求严苛，像我这样在训练中一旦出错，立刻就会招致教练艇长等人劈头盖脸一顿训斥的情况，司空见惯。在一天时间的出海训练中，被训斥个十遍八遍的，恐怕都还不算挨训，动辄就被那些已经百炼成钢的"老潜艇"们一顿臭骂，对于全训合格之前的潜艇指挥军官而言，可谓家常便饭。可以讲，是数不尽的训斥责骂，伴随着我们从部门长、副长、艇长一路成长壮大。

事实证明，挨骂多了，被训久了，自然而然地就让我们养成了说话清楚明白、表达具体准确、语言简洁凝练的良好习惯。那些经不起训斥的人，往往不会继续待在潜艇军事指挥军官岗位上谋求更好的发展，而是改学别样。我有不少同学就从潜艇鱼水雷部门长或潜艇航海长岗位改学政工，成为潜艇副政委、政委。他们转业之后也都有着相当不错的职业发展道路。当然，也有个别同志，甚至不等部门长岗位全训合格，就想方设法地调到机关工作，或者调整到潜艇教练室等陆勤单位，甚至及早转业到地方。

与之相反，我有一个令人扼腕叹息的同门师兄，因为成长过程太过顺风顺水，一路走来都是鲜花和掌声，从来没有像我这样动辄就被母亲训斥责骂为"记吃不记打"的痛苦不堪经历。不言而喻，我这同门师兄被人从小宠爱娇惯的结果，就如温室中培养的鲜花，经不起风吹雨打。我这师兄恃宠而骄的直接后果，就是受不了任何的挫折和磨难。令人意想不到的是，我这师兄竟在被人训斥责骂后意欲挟嫌报复，最后把自己的美好前程彻底毁于一旦，令人惋惜。

应该讲，我之所以能在时间上有着有异于常人的准确预知，既是自我提升与刻苦训练的结果，也是百折不挠和百炼成钢的必然。具体而言，潜艇的战术、技术隐蔽性，决定其使命任务中有一项重要职能，那就是与水面舰艇在海上通过定点会合，而接力运送侦察兵。

不难想象，在茫茫大海上，水面舰艇的位置与行踪可以适当暴露，但水下潜艇的位置与行踪必须绝对保密，不能暴露任何蛛丝马迹，即便处理生活垃圾，也有一个全艇统一行动的"倒脏物部署"。因此，潜艇执行运送侦察兵任务时，通过水下推算，航行到达预定会合地点的时间必须绝对准确，既需要提前准确掌握任务海区的海水流向、流速，又需要根据下潜时的位置点坐标和预定会合地点位置坐标，精准推算潜艇所需的航向、航速，以便神不知、鬼不觉地隐蔽机动到会合地点。与此相类似的任务，还有为了封锁敌占港口或者预定航道，而在水下隐蔽布设水雷等。所有这些任务，都要求潜艇指挥军官必须熟练掌握精准老到的水下航行推算技能。毫无疑问，要想如愿以偿，就得刻苦训练。

掌握熟练而准确的水下航行推算技能虽然难度很大，但与难度相对更大的水下鱼雷攻击科目相比，这还只是小巫见大巫。我刚当潜艇副长那会儿，对水面舰艇进行鱼雷攻击训练，是一项虽然费时耗力，却能够帮你打下扎实基本功的训练科目。这个科目的基础训练，要在码头教练室的潜艇训练模拟器上，从相对简单的"两方位、两距离攻击法"着手进行。具体而言，就是模拟潜艇处于半潜状态，先由雷达兵相隔一定时间，连续报送目标舰艇的两个方位、距离，并在第二个方位、距离报出的同时指挥潜艇迅速下潜，作为辅助艇长指挥鱼雷攻击的潜艇副长，我的任务就是在艇长指挥速潜的同时（准确地讲，是在听到艇长复述雷达战位报送的目标舰艇第二个方位、距离的同时），就要随口报出"概略敌向×××，概略敌速×××"，以便协助艇长在指挥速潜的同时，相对准确地朝着最优方向接敌机动。

这个概略敌向与概略敌速，是根据目标舰艇的两个方位、距离，通过既有公式以快速心算取得的。潜艇下潜后，我再根据声呐兵报告的目标舰艇方位、距离，以心算方式对最初的概略敌向和概略敌速进行不断修正，使其不断接近真实数值，以便在相对最优的攻击位置点，以四雷或两雷齐射形成一个死亡扇面，保证至少能有一枚鱼雷直接命中敌舰。这一训练科目也是说起来容易做起来难，其中尤以潜艇副长的准确心算最为关键。可见，我之所以能有现在这样让人羡慕不已的时间神预算能力，并非天生，也非瞎蒙，而是全凭日积月累的刻苦训练。

如前所述，在我大学刚毕业那几年，一名合格潜艇艇员，尤其是鱼水雷部门长、航海长和实习副长等基层岗位指挥军官的成长史，几乎就是一部挨训挨骂的血泪史。试问有哪一个人不是被骂过无数次，被训过无数遍？挨训挨骂之后，能够打掉牙齿和血吞的必然就会百炼成钢。我的切身经历告诉我，潜艇指挥军官的成长史，就像李宗盛经典作品《真心英雄》中的那句歌词："不经历风雨怎么见彩虹，没有人能随随便便成功。"

关于人才成长离不开挫折和磨难，多年来一直在以无量功德传播国学文化的黄伟师妹，有一次在和我微信聊天时，也曾诗意满满地感慨万千道："成功是从挫折和磨难中开出的艳丽花朵。"对此金玉良言，我深以为然。

关于挫折和磨难，我想告诉王士弘的是，在你百炼成钢之后，别人看到的往往只是你的意气风发和光鲜亮丽，而不会知道你曾经遭遇过多少挫折，受到过多少磨难。正因为有着如此非比寻常的成长经历，我才特别喜欢电影《红牡丹》中那首经典咏流传的《牡丹之歌》："有人说你娇媚，娇媚的生命哪有这样丰满？有人说你富贵，哪知道你曾历尽贫寒？"

我很清楚，以上经历阅历只能说明我已具备可以沾沾自喜的时间神预知和相对较强的守时能力，还不足以说明我为什么能够养成守时如钟的好习惯。这个话题需要从我有生以来参加的一次规格最高的招待宴会说起。

记得那是 2006 年深秋的一天下午，作为舰队机关首席法律顾问，我陪同舰队司令员苏中将、舰队政治部副主任张少将等舰队首长，前往山东省委拜会时任省委副书记兼山东省委政法委书记的地方领导，并有幸参加了山东省委组织的这次招待晚宴。不言而喻，宴会的规格越高，讲究越多。尤其是晚宴结束之后的送行与告别，可不像一般的朋友聚会那么来去自由和任性随便。

让我丢人现眼的是（当然，也是能够让我铭记一生的一次丢人现眼），宴会结束临近告别之际，我因为一个法律技术问题，急需跟时任省委政法委常务副书记进一步沟通，就与他站在宴会厅的一角窃窃私语。我虽然已经看见司令员一行开始上车，省委副书记等人也在列队送行，却因为还有几句至关重要的话没有说透，就耽误了十几秒钟。当时，我还天真地以为车队会等我一会儿呢。没想到司令员的告别辞一说完，车队立马启程出发，没有丝毫的耽搁停留，顿时让我一下子陷入了异常尴尬。我穿着军装目瞪口呆地站在那里，恨不能找条地缝儿一下子钻进去。

就这样傻傻地愣怔了一会儿之后，我的手机铃声突然响起，是舰队司令部办公室主任打过来的，他要求我赶紧快步走出省委大院，说车队就在出大院不远的路边等我。我还以为舰队司令的专车会直接去往下榻宾馆，然后再派引导护卫车回来接我呢，没想到他们竟然都在省委大院之外的不远处等我。这是我平生第一次让一位舰队司令员等我上车，一个小小的中校竟让一名现役中将在路边等我，那种尴尬窘迫让我羞臊不已，比狠狠地打我一记耳光都要难受许多。

俗话说，"吃一堑长一智"。这是第一次当然也是最后一次让一名现役中将和一名现役少将同时停车等我，这个丑算是真的丢大了。像我这样一个农村出身的下级军官，能够与舰队司令员和省委副书记等高层领导共进晚餐，说破天去都是莫大的荣幸，而能让一名现役中将和一名现役少将同时在车里等我，则是无与伦比的奇耻大辱。知耻而后勇，自此以后，我懂得了什么叫规矩。

古人云，"未经清贫难成人，不经打击老天真"。我的成长经历也从一个侧面证明，孩子的本事是历练出来的，不是父母娇惯出来的。对子女教育而言，一言以蔽之，就是没有挫折和磨难，就没有茁壮成长。

2023 年 3 月 23 日写于北京及来往于北京的高铁上

第九堂课
交友莫交狭二哥

博士观点

老话说，"一个篱笆三个桩，一个好汉三个帮"。老话还说，"在家靠父母，出门靠朋友"。就我理解，人是社会性动物，一个人要想在社会上混得风生水起，即便再有本事也是独木难支，需要依靠朋友帮忙才能成就大事，所以交友必不可少。

但是老话又说，"近朱者赤，近墨者黑"。所谓"与凤凰同飞必是俊鸟，与虎狼同行必是猛兽""与高人同行能登上巅峰，与智者同行必不同凡响""鸟随鸾凤飞腾远，人伴良贤品自高"。对此我深以为然。人往高处走，就必须广交贤良。

与之相反，也有两句老话，一句叫作"害群之马"，另一句叫作"一粒老鼠屎，坏了一锅粥"。那些被视为害群之马或者被称为"老鼠屎"的朋友，有个专门的称谓，叫"损友"。与损友交往，即便不能给你造成物质损失，也会毁损你的声誉，起码会让人感觉你也好不到哪里去。毕竟"物以类聚，人以群分"既是常识，也是常态，跟损友交往，无异于自堕人格，因此离损友越早越好，越远越好。

交友不怕多，但有一个原则和底线：益友百人少，损友一人多。

话题缘起

在转学寿光二中之前，王士弘的妈妈曾经不止一次地请我抽空跟他好好地谈一谈。她希望通过我的谈话，能让王士弘尽快远离被其视为可以作交心朋友的 ×××。因为王士弘的妈妈越来越清醒地认识到，这个孩子虽然见多识广却浑身充斥负能量，甚至曾因在网上发表不当言论并隔三差五地"翻墙"上外网，而在刚上高二之后不久，便被派出所传唤过去接受训诫。她担心王士弘跟这样的人长相厮混，会影响其健康人格的形成和正确"三观"的培养。

接受任务后，我没有直接要求王士弘立即远离被他妈妈指名道姓的这个孩子，而是给他讲了几个因为交友不慎而抱憾终生的故事。我给他讲的第一个故事，叫《交友莫交狭二哥》。这个故事，是我当兵来到海军第三训练团后，在接受为期 45 天的新兵入伍培训期间，听政治教员在课堂上讲的。虽然其真实性无考，属于民间传说，但其教育意义不可小觑，毕竟这样的损友在现实之中也不是没有。

故事大意是说，有个街头混混儿，名唤"狭二"，因其当了一帮街头混混儿的头儿，所以又被称为"狭二哥"。一天下午，狭二带着手下弟兄在街头浪荡时，不经意间看到村头李寡妇家硕果累累的杏树在阳光的照耀下一片金黄，感觉此杏已经成熟，便与众弟兄相约今晚一起来偷。

小人都是能人，狭二哥也不例外。身强力壮的狭二哥第一个爬上李寡妇家的墙头后，翻进了院子，不承想却恰巧跳进了李寡妇家挖在杏树旁边的大粪坑里。狭二生性沉稳，即便一头扎进臭气熏天的大粪坑也能一声不吭。在院墙外等着听信儿之后再往里面跳的弟兄们，见狭二进院之后便没了动静，担心情况不妙，就着急询问道："二哥，里面的情况怎么样？"

听见墙外弟兄询问，狭二应声回答，说："味道好极了，你们赶紧顺着我刚才进院的地方翻墙进来吧！"结果可想而知，这帮街头混混儿，按照狭二的指点，顺着他刚才所走之路一个接一个地跳了进来，无一例外地全都掉进了大粪坑里。这是典型的损人不利己，又是发生在理应信任依靠的带头大哥身上，所以更加让人嗤之以鼻，因此就有了这样一个告诫他人交友须谨慎的说法，叫"交友莫交狭二哥"。

现身说法

俗话说，"近朱者赤，近墨者黑"。在一个人的成长进步过程中，如果交往好的朋友，就会"鸟随鸾凤飞腾远，人伴良贤品自高"；而一旦遇人不淑，经常跟那些品格不高，甚至满身负能量的人厮混在一起，就很难形成和保持健康向上的世界观、人生观和价值观，也很难成就一番伟业。所以，熟悉了解并深刻把握择友交往的基本标准非常重要，既要学会识人、用人，防止出现"猪队友"，也要想方设法地远离害群之马和"垃圾人"，避免"一颗老鼠屎坏了一锅汤"。

说到交友标准问题，我曾跟王士弘讲过一个我亲身经历的名叫"害群之马"的故事，说的是某人看不得别人好，更看不得别人成为亲兄热弟，只要看到别人取得突出成绩而受到赞美和表扬，或者看到别人因密切交往而成为无话不谈的要好兄弟，他都会"恨人有，笑人无"地想方设法搞事情，结果弄得四邻不安、鸡犬不宁。类似的事情搞多了被我们识破阴谋诡计后，这个人也就失去了群众基础，被人当作害群之马孤立一边。在现实生活中，这种人虽然不多，但毕竟有，所以必须引起我们的警惕，避免悔之晚矣。

关于择友交往，我也曾给王士弘讲过某人由于不孝敬亲生父母，也与自己的同胞兄弟姐妹不和睦，而被我们毫不犹豫地劝退出合作团队的故事。讲完这个故事后，我就现身说法地告诫王士弘：一个人如果连自己的亲生父母都不知道孝敬，连自己的同胞兄弟姐妹都要打到头破血流，指望跟这样的人成为合作伙伴或者要好朋友，就是在痴人说梦。

关于什么人值得交往这个问题，我跟王士弘讲了我刚大学毕业分到某潜艇担任鱼水雷部门长不久，就非常幸运地碰到了一个能够为人师表的樊政委的故事。俗话说，"人不可貌相，海水不可斗量"。仅从外表上看，樊政委真的其貌不扬，甚至远比一般人"更不咋地"，比如说他的身体不如我强壮，他的牙齿不如我洁白，他的个头儿也不如我高，就连学历层次也要比我低上一大截儿，但是不得不说，我现在经常拿出来炫耀并保持至今的一些良好习惯，全是拜樊政委所赐而逐渐培养起来的，这样的人毫无疑问就是值得我们一辈子学习和终生交往的人。

刚认识不久，樊政委就对我介绍说他这一辈子的最大骄傲，就是不靠父母帮衬，全凭自力更生娶了一个贤惠漂亮的青岛媳妇儿。仅此一点，便可看出其貌不扬的樊政委，自有其为人处世的与众不同的门道儿。樊政委对我言传身教的以下平凡小事，更是让我受益终生，值得与众分享，可谓人生大智慧。

一是引导教育我们这些刚入职场的年轻人，应该学会经常擦皮鞋，必须时刻保持衣着整洁、皮鞋油光锃亮。对此，樊政委自有一套属于他的理论说辞："我人虽长得不咋地，但皮鞋擦得油光锃亮，让人一看就知道我是一个干净利索的讲究人。"其实，为人处世中的注意讲究，又何止一个擦皮鞋？"女为悦己者容"的换位思考，我认为应该就是你若装扮得体，在我面前保持良好的形象，就是对我的最起码的尊重。

二是隔三差五地向我们"炫富"，就连有时候召开支委会，他都要趁人尚未到齐之际，翻出自己口袋里那些有零有整的花花绿绿的一沓钞票，一边数，一边向我们炫耀："你们看，我这口袋里的零花钱儿，随时随地都不会少于二百元！不信数数你们口袋里的零花钱儿，看看加起来有没有超过一百元？"要知道三十多年前的二百元，可是他大半个月的工资收入，相当于现在几千块钱。能够随身携带这么多的零花钱，即便想低调，恐怕实力也不允许，所以他才敢于如此高调地"炫富"。刚开始，我还以为他这是在当众显摆，后来才逐渐明白，樊政委这是在启发教育我们这些刚入职场的年轻人：经济基础决定上层建筑。男人可以让老婆管家，但必须保证自己口袋里的零花钱相对充足，否则在对外交往场合中就很难保证能让自己的腰杆永远挺直，也很难保证自己不落人后的话语权！事实证明，但凡请客吃饭抠抠搜搜，或者轻易不敢表态请客吃饭，或者不等饭局结束就借故开溜，或者在结账买单时候，挖空心思以手机没电等各种各样的借口逃避者，鲜见能有很大成就。比如《水浒传》中描写的打虎将李忠，空有一副好身板，却没有大肚肠，让拳打镇关西的鲁提辖鄙夷和耻笑。

其实，对于樊政委谆谆教诲的这个"男人必须有适当的零花钱儿"理论，我不仅感同身受而且深以为然，我甚至曾经一度将其发扬光大为"攒钱不如攒朋友"！记得刚刚离家出走那会儿碰到大舅家三哥游相勇，他也曾经十分豁达地对我说："花出去的钱，都是该花的。"事实上，在经历这么多年的生活磨砺之后，我也深刻体会和感悟到了李白在《将进酒》中所谓"天生我材必有用，千金散尽还复来"这句话其实大有分量。永远不要为该花的钱或者已经花出去的钱而心生后悔，是一种人生哲学和聪明智慧，在为人处世中值得好好把握玩味。

三是敢于说真话，传播正能量，活得真实自在。现在想来，樊政委虽系政工干部，却快人快语，直言不讳，没有什么传统文人的弯弯绕，尤其是对于歪风邪气的批评压制，让人感到此人身材虽小，却浩然正气，不怒而威，一身正能量。

四是在工作上精益求精，在生活中知足常乐。记得上学读书时候，我们经常会为"到底是知足常乐，还是不知足常乐"这个哲学命题争论不休，即便争论到"人脑子打成狗脑子"，也没有令人信服的确切答案。没想到大学毕业后不久遇到樊政委，这个在哲学史上堪称争论无解的话题，居然迎刃而解。因为樊政委以身作则的"在工作上精益求精，在生活中知足常乐"，就是这个哲学命题的最好注解。所谓"民间有圣贤，高手在民间"，说的其实就是樊政委这样的凡夫俗子，虽处江湖之远，却不坠青云之志，虽无之乎者也，但有真才实学。

有关识人、用人的择友标准讲到这里，王士弘就问我到底应该怎样去做，才能避免交友不慎悔之晚矣，我说打铁还需自身硬。首要的一点，就是必须树立正确的荣辱观和得失观，只要自己"三观"正，具备"心底无私天地宽"的高尚情操和"居庙堂之高则忧其民，处江湖之远则忧其君"的远大志向，就会百毒不侵，不会轻易被人钻空子。

值得一提的是，2008 年春天，我在奉命牵头组建海军北海舰队法律服务中心之后不久，曾有感于人力资源匮乏而导致的种种尴尬困难局面，而有针对性地提出了一个叫作"攒钱不如攒朋友"的为人处世观点，在实践中居然得到了大家的一致好评和深刻认同，为此我还沾沾自喜了十多年。

从仗义疏财和广交朋友的角度看，这个观点毫无疑问是对的。事实上，直到十五年后的今天，在跟贾占旭博士研究讨论本书创作中十七堂对话课的具体内容时，我都不曾怀疑"攒钱不如攒朋友"观点的正确性与前瞻性，因而十分肯定地将其作为本书拟定十七篇文章的其中一篇。

但从自身安全或者从交友质量的角度看，"攒钱不如攒朋友"就不如"交友莫交狭二哥"更能体现为人父母者的主观意愿。我们鼓励孩子对外多交往并无不当，但是更应该适当提醒他们时刻注意对外交往过程中必须把握的原则和底线，那就是"益友百人少，损友一人多"。因此，我们才研究决定将有关交友的这个文章题目，改为《交友莫交狭二哥》。

实事求是地讲，在博士研究生毕业之前，我为人处世全然一个愣头青，走到哪里都爱管闲事，爱打抱不平。其中颇为戏剧性的一幕发生在青岛，具体是我曾在公交车上因为让座问题，而打过一个脖子上挂条金链，一身黑衣短打扮，一看就是不好惹的青岛小哥一记清脆响亮的耳光（这个故事与本文关系不大，留在其他书中详说）。最近这几年，随着年岁不断增大，尤其是随着经历和阅历的不断丰富与对人性思考的不断深入，我的心智才变得相对成熟起来，并且逐渐体会到一个为人处世的基本道理，那就是不能过多介入他人纠纷！

关于不要过多介入他人纠纷，或者说与人争执时应当浅尝辄止的问题，长期从事犯罪心理和青少年心理问题研究工作的中国人民公安大学教授李玫瑾女士曾经建议道："对于看不顺眼的事情，与人争吵不要超过三句，多说无益，甚至还会招致杀身之祸！"2018 年，我与海军航空大学的法学老师陈伟博士联袂办理的一个故意杀人辩护案，就恰如其分地证明了李玫瑾教授这个应该尽可能远离"不可理喻之人"的观点。

简言之，被告人于某（女），在从外地市县来到位于 Y 市区的某个水产加工厂打工后，常年住在职工宿舍。而被害人王某（女），则因婆家就在烟台市区，因此她在宿舍属于有床铺但不常住。于某和王某虽在同一车间，但由于分属不同的工作班次，所以平时并无多大交集。于某因为衣物被褥比较多，就额外多占了一个储物柜。

这天早晨 7 点刚过，被害人王某见被告人于某下夜班回来，认为好不容易碰上一面，于是趁机要求她把额外多占的那个储物柜马上倒出来，并说这是宿舍管理员的指示要求。就因为这个储物柜的倒与不倒，是马上就倒还是过几天再倒的问题，两人发生了言语争执。要知道，那时被告人于某刚刚身心俱疲地下夜班回到宿舍，迫不及待地上床休息是她的第一要务和最大需求，没有什么能比让她倒头睡觉更加重要，所以从时间节点上看，这个架吵得相当不是时候。这是本案应当吸取的第一个血的教训。

按照被告人于某的说法，王某找她"立刻""马上"就腾退储物柜的时候，她由于缺觉而心烦意乱。吵架当时，她只想马上躺倒休息，不想再说一句话，可王某不但不予以体谅，反而喋喋不休地一直烦她，让她感觉更加心烦意乱，更加狂躁不安，所以就以去找宿舍管理员讨说法为由，借机离开宿舍。没想到刚刚走到宿舍门口，就听王某在背后大声骂她"简直就是一个无可救药的神经病"！听闻此言，她就转过身来予以回骂，并在争吵过程中，神不知鬼不觉地从准备腾退的那个储物柜中拿出了一把水果刀。虽然于某说她拿刀只是为了壮胆而吓唬王某，绝对没有拿刀捅人的意思，更没有拿刀杀人的想法。可是，无情的悲剧就在这愈演愈烈的争吵与夺刀过程中不期而至！

　　审理查明，夺去被害人王某年轻而宝贵生命的仅仅只有一刀。然而好巧不巧的是，这唯一的一刀又恰恰刺中了王某的心脏！按照被告人于某的说法，王某是躺在床上与她争吵的，见她拿刀过来，就要起身夺刀。当时，她虽然拿刀走向王某的床边，却没有向王某捅刺的意思。没想到正半躺半坐在床上的王某，见她持刀走过来，就突然半坐着起身夺刀，这就形成了本案不可避免的悲剧姿势：被告人于某的两只手用力抓住刀柄，防止王某把刀夺去，而被害人王某则用两手紧紧抓住于某拿刀的手腕，企图夺刀，这就导致两人因为相互纠缠而成为一个联动整体。在这你争我夺僵持不下的过程中，没想到正以半躺半坐姿势与其夺刀的王某，竟然一不小心或因为筋疲力尽而突然倒在床上。随着王某身体的突然跌落在床，于某不由自主地向着已经躺倒在床的王某一下子全部压了过去。换句话说，正是王某这个不恰当的夺刀姿势，才让本欲向外推搡的水果刀随着于某身体重心的前移，而刀口向内地刺到了王某自己。

　　如果说可以从被害人处吸取一点教训的话，那就是王某没有把握住结束争执的火候。换句话说，在发现被告人于某不可理喻之后，她若自我安慰地说上一句"好鞋不踩臭狗屎"，然后及时结束争吵或者干脆选择离开，本案的悲剧也就一定能够避免。

作为二级心理咨询师,我能够理解被告人于某在案发当时的复杂心理:既得利益(额外占据的那个储物柜)明明不想放弃,但其所面临的客观现实却是必须放弃。纠纷过程中明明自己并不占理,但是为了所谓的脸面,却偏要强词夺理。从小到大,我都发现有一种畸形的心理在闹妖作怪,让人感觉很无奈,也很可怕,用我老家寿光的土话讲,就是"捡不着别人的漏,就认为是自己丢了宝贝"!翻译成大白话就是"明知不是自己的东西,却认为是别人抢了自己的"。

因为上夜班又累又困,被告人于某当时的心态就是马上躺下休息,被害人王某显然没有意识到这一点,或者虽然已经意识到了,却为了尽快达到自己的个人目的,而在事实上并未顾及跟这样的人争吵打闹将会面临多么巨大的危险。在这种情况下,王某越想快一点儿地拿到属于她的那个储物柜,她就越是不可避免地激化矛盾,不仅达不到预期目的,反而有可能造成二次损伤或者更大伤害,这是典型的欲速则不达。

另外,由于长期缺觉而导致的心烦意乱,必定会随着争吵的持续升级而不断加剧。凡此种种不利因素的相互刺激和共同作用,致使被告人于某的负面情绪不断叠加,最终导致本案悲剧不可避免。2000 年 8 月,俄罗斯海军所属"库尔斯克"号核潜艇,在巴伦支海演习期间爆炸沉没并导致艇上 118 名官兵全部遇难后,我们分析认为"任何悲剧,都是各种最坏因素的最佳组合"。不难看出,于某导致王某意外死亡案,毫无疑问地就是这种"最坏因素,最佳组合"的有力例证。

另据了解,除了缺觉原因导致的心烦意乱和狂躁不安,被告人于某说她初二那年，曾因精神焦虑等方面的原因而申请休学一年，因此她对"神经病"这个字眼儿特别敏感，留有深刻的心理阴影。正因如此，她才对"神经病"这个字眼儿有着常人无法想象的过激反应。从复盘的结果看，在被告人于某已被各种不利因素叠加导致的情绪失控愈演愈烈的时候，被害人王某这随口一句"简直就是一个无可救药的神经病"，虽然很可能是说者无心，但对被告人于某而言，却恰巧戳到了她的致命痛点，这才导致她拿刀伤人。很显然，王某这是骂人找错了发泄对象。

说起这个案子中值得吸取的教训，就不能不提一下这个案子的裁判结果：被告人于某被烟台市中级人民法院以故意杀人罪，判处无期徒刑。对于犯罪时已经三十好几的被告人于某而言，这就意味着她一生之中的绝大部分美好时光，都将不得不在监禁场所的高墙铁窗内痛苦度过。要知道犯罪时她还没有结婚，甚至没有谈过一次恋爱，原本可以非常美好的一生就这样无可奈何地交代过去了。

至于被害人王某，意外丧命时结婚不到半年，属于新婚宴尔，但其刚刚开启的幸福之旅，就这样不得不永远定格在了她与于某争夺水果刀的那电光石火一瞬间。更可悲的是，被害人王某的父母不仅需要饮下白发人送黑发人这杯人生最大的苦酒，而且没能从被告人或者被告人的家里，得到过哪怕是一分钱的赔偿！

而从法庭抗辩的事实与理由，以及我们跟主办法官沟通交流的情况看，如果被告人于某能够积极赔偿被害人家属的经济损失，哪怕只是赔偿其中的丧葬费3万～5万元，裁判结果都不会是让人不寒而栗的无期徒刑。因为如果被告人积极赔偿损失，并能取得被害人的谅解，最起码让主办法官看到被告人认罪悔罪的诚意，是人民法院可以酌定从轻处罚的基本条件。让我们万万没有想到的是，尽管法官好心好意地解释说明，我们也想方设法地尽力提醒，但被告人亲属依然表示无力赔偿，甚至连一万元丧葬费都拿不出来。被告人于某打工挣的钱，基本上都交给了家里，她没有什么个人积蓄，况且她被逮捕关押，没有行动自由，因此，由家属代为赔偿顺理成章。从案件发生，到开庭审判，在这长达一年多的时间之内，见被告人家属没有赔偿损失的任何表示，被害人家属就请求法院从重判决于某以命抵命。在这种情况下，无期徒刑毫无疑问地就是当时情况下所能争取的最好结果。这个案子本不该发生，发生就是悲剧。当然，这个案子也不该如此冰冷和遗憾地结束，让人看不到应有的人间关爱，令人遗憾，让人惋惜。

我之所以会对裁判结果有比无期徒刑更低的心理预期，源于跟我合作办案的陈伟博士。陈博士英语水平很高，连上海合作组织青岛峰会中的英语翻译岗位，都有他的一席之地。在本案开庭前，美国加利福尼亚州大学伯克利分校神经科学与心理学教授马修·沃克的成名作《我们为什么要睡觉》，虽已在很多国家获得畅销，并曾一度成为《纽约时报》《星期日泰晤士报》畅销书排行榜的第一名，但在中国国内当时尚无中文译本。陈伟博士在跟我一起接受委托代理本案后，就凭借职业敏感和认真负责的态度，主动购得一本英文版《我们为什么要睡觉》，并在翻译相关章节后将其作为证据提交给法院。这一相对特殊的证据，在让烟台中院的主办法官眼前一亮的同时，也让他们感到本案确实值得推敲。

除此之外，我们还根据立法精神与法治原则，结合本案事实与证据，对新修订刑事诉讼法中关于"非法证据排除"部分中与睡眠不足有关的内容，进行了积极有效的解读，并在庭审过程中和代表国家提起公诉的检察官据理力争，让 Y 市中院的主审法官对我们山东水兵律师事务所的敬业精神和专业技能，再一次给予充分肯定。所有这些，都是我们对于裁判结果有很好心理预期的杀手锏和压舱石。

问心无愧地讲，作为代理律师，我们已经竭尽全力，并将案件尽最大可能地做到了极致。到目前为止，恐怕 Y 市中院的主办法官只知我们在办案过程中踏实认真、积极进取，而不知道这个弱女子杀人案的两名辩护律师居然都是古道热肠的法学博士。

2023 年 5 月 1 日写于国际劳动节

第十堂课
厚道是最大的智慧

博士观点

在喜剧电影《手机》中，费墨先生说："做人要厚道！"毫无疑问，这是针对有些人的不厚道而意有所指。现实中，不厚道者不乏其人，所以才有了"做人要厚道"的无奈感慨。

不言而喻，感慨多了，也便有了"人心不古"和"世风日下"这两个成语。"世风日下"与"人心不古"合在一起，用以慨叹社会上有些人气质变坏，有失淳朴善良而流于谲诈虚伪，心地不再像古人那样纯朴。简单地说，这两个词就是用于慨叹有些人的品德今不如昔，所以有人干脆将其写作"士风日下，人心不古"。毫无疑问，这个由"世"到"士"的字眼儿演变，更加说明这个成语就是意有所指。可见，读书人之德行不仅是社会德行的缩影，更是社会德行的晴雨表和度量衡。因此，加强读书人的品德修养不但至关重要，而且刻不容缓。

针对做人须厚道，中国国学大师、中国式管理之父曾仕强先生曾经说："做人忠厚传家，一点都不错。你只要忠厚，就会歪打正着。明明你是错的，老天都会让你变对。人要做事，千辛万苦；天要做事，轻松愉快。一个人是否成功的最终决定因素，是你的德行问题，这是《易经》里面最为核心的东西。"对于曾仕强先生这一"德行好，做事就能歪打正着"的观点，我既感同身受，也深以为然。事实上，我本人堪称传奇的人生经历，也能从一个侧面恰如其分地证明曾仕强先生所谓"德行好，做事就能歪打正着"这个观点有着相当深厚的社会内涵，而非虚妄。

举例来说，我在高二结束那年被逼无奈离家出走后，没有经过一般而言都是必不可少的家访环节，就非常幸运地从一个惶惶不可终日的"社会流浪儿"，一跃成为屈指可数的令人艳美的潜艇特种兵。之后，我又从一名普通战士，一步一个脚印地成长工学学士、军事学硕士和全日制法学博士，并由潜艇全训副艇长到正团职主诉检察官，到海军北海舰队法律服务中心主任，并由籍籍无名的普通律师，到解放军四总部联合表彰的"2006-2011年度全军法制宣传教育先进个人"，以及中宣部、司法部联合表彰的"2006-2011年度全国法制宣传教育先进个人"，一路走来虽说坎坷不断，但总体上还算一帆风顺，究其实质，盖因厚道使然。

曾经与我同呼吸、共命运地在同一条潜艇上服过役的战友，有的已经身居高位，而且上升势头良好；有的再怎么努力，比如说我也是成就一般。当然，也有个别人已经锒铛入狱，让人唏嘘嗟叹。那些自主择业后经商创业的战友，有的喜笑颜开、日进斗金，有的却是愁眉苦脸、债务缠身。闲来无事的时候，思考对比这些人的不同境遇和性格特点，我发现人之所以境遇不同，尤其是在四十岁以后即便都在积极努力，但其身份地位也会大幅度地拉开档次，根本原因就在于为人处世是否厚道本分。

现实中，看到成功人士比如福耀玻璃的掌门人曹德旺先生，我们往往美慕其能接二连三地撞大运，却很少能够看到难以望其项背的德行淳厚和日复一日年复一年的积德行善。以我虚活五十多岁的年纪，尤其是以我传奇一般的经历阅历，我在这里非常负责任地告诉大家，为人处世须厚道，厚道才是最大智慧。

话题缘起

王士弘的厚道源于家传。在我很小的时候,我父亲就曾向我讲述祖上是如何的积德行善。他说电影和电视剧情节中那个被逼无奈之下,宁可把土匪领到自家粮仓马厩,也绝不使其祸害乡邻的大善人原型,其实就是我爷爷老弟兄四个之中的老大。我这大爷爷慈眉善目,仙风道骨,那些刚嫁到本村的新媳妇们一见到他,就会不由自主地感叹:"这人慈眉善目得像极了年画中的老寿星!"我小时候,不仅无数次地吃过大爷爷给我的香甜到骨子深处的家酿蜂蜜,也曾吃过他采自葡萄架下自然生长的蘑菇,亲自熬制的鲜香无比的蘑菇鸡蛋疙瘩汤。大爷爷那种甘愿与人分享的厚道善良,让我终生难忘。

我父亲还说,即便是在当年发动群众斗地主的忆苦思甜大会上,人们争先恐后上台"控诉的",也是念念不忘我家祖上的好,而没人说过他们半句不是。父亲念念不忘的这些事情,我因未曾亲眼所见,所以不敢贪天之功,也不能以讹传讹,这就叫"没有调查,就没有发言权"。

至于我爷爷王树谷先生的本分厚道,我不仅亲眼所见,而且都是真情实感,所以能够在此约略概括两句:一是他老人家虽曾读过私塾,却全然没有读书人那种不事稼穑的清谈做派;二是他老人家只知埋头实干,从不与人争执是非长短。我父亲王光智先生虽然秉性倔强,宁折不弯,却以其原则性强和忠厚善良为人称道。在我记忆深处,我父亲有两句耐人寻味的口头禅:一是"咱为人处世不能不顾及旁人的感受吧?"二是"我宁愿自己吃亏,也绝不叫别人上当!"俗话说,"言语心之声",我父亲妥妥的就是一个本分厚道人。

　　我引以为豪的弟弟王明荣也是这样，他无论当老师还是做法官，其本分厚道与勤勉敬业都是可圈可点，他为人处世的一点一滴都值得钦敬，为人称颂，人称"人缘奇好，从来没有对立面"。2021年年初的《今日头条》上曾有一则新闻，题目是"一干警被评为广饶好人"，该"好人干警"说的就是我弟弟王明荣。之后，他又因业绩突出屡获殊荣，他成功的一切，皆可归功于本分厚道。

　　与同龄人相比，王士弘的姐姐王岩可谓春风得意：高考成绩发布之后不久，她就被青岛电视台邀请前往畅谈理想未来；大三那年，她在竞争十分激烈的中国人民大学光荣入党，并被保送就读武汉大学国际法专业硕士研究生；在以北京市优秀大学毕业生的身份入读武汉大学的第一年，她就被破格允许硕博连读，以至于在不少同龄孩子还在为硕士怎样毕业，或者如何才能考博成功而努力奋斗的时候，她就已经博士毕业到华侨大学担任法学老师了。我很清楚，王岩之所以能有如此成就，一方面是其个人勤奋努力的结果，另一方面是其本分厚道使然。对于吃穿用度，王岩从来都是不挑不拣，衣服贵贱都穿。我记得在她6岁那年有一天到我办公室去玩，我拿出一瓶紫色的薰衣草洗发液给她看。她不知道这是专门为她买的，虽然越看越喜欢，但看到最后，还是知冷知热地对我说："还是爸爸您留着自己用吧！"面对这样的本分厚道孩子，不予奖赏都会感觉良心不安。

　　在我眼里，王士弘的厚道在于不贪。平常一日给他零花钱，总是嫌多不嫌少。给他三百，他说二百就够了，并且只取二百，绝不要那自感多余的一百。初中开始后再回老家，他便已经十分懂事。对于爷爷奶奶给予的红包，不管一千还是两千，他都只取其中的一张（一百元），之后不管谁劝，也不管如何劝，他都坚辞不受。见此情景，我在感到心满意足的同时，也不免由衷慨叹："真的不是一家人，不进一个门！"

王士弘的不贪，让我不由自主地想起了自己七八岁时遭遇的一个终生难忘的夏天。当时，我正独自一人到靠近生产队瓜果蔬菜园附近的玉米地里打猪草，突然十分意外惊喜地看到了一个手掌般大小的甜瓜！像我这般年岁的人，应该都会刻骨铭心地记得，将近五十年前的那个时候物资十分匮乏，任何的瓜果梨桃，都是难得一见的稀罕物。对于一个年仅七八岁的孩子而言，在拔草过程中意外发现一个甜瓜的惊喜诱惑，绝不亚于现在的孩子面对一部心仪许久的智能手机。在伸手去摘这个意外惊喜发现的小甜瓜之前，我在顺着瓜蔓追根溯源时，很不情愿地看到这个小甜瓜的原始出处，竟然是生产队的瓜果蔬菜园。

具体而言，是我发现这个香甜诱人的小瓜，居然是生产队瓜果蔬菜园中的一根瓜蔓钻出篱笆墙后，蔓延至玉米地里开花结果使然。因此，这瓜不是玉米地里像杂草一样自生自灭的无主物，而是属于生产队的集体财产。集体的东西不能由私人乱动，是那个时候的社会风尚，也是家喻户晓的道德准则。毫无疑问，我能有此觉悟，都是社会教化与家风熏陶的结果。

说实在的，在当时无人监督看管的玉米地里，即便我跟薅草一般顺手摘下这个巴掌大的小甜瓜，无论当场吃掉，还是将其藏在提篮里的杂草之中，都不会被人发现，但是想到这样做无异于偷吃做贼，就开始感到良心不安。于是，我就在摘与不摘之间犹豫彷徨起来，激烈思想斗争到最后，还是家传的厚道本性让我最终作出了正确选择，那就是自觉自愿地忍住垂涎欲滴的口水，恋恋不舍地一步三回头地离开了这个充满诱惑的小甜瓜。

更加让我记忆犹新的是，当我把这个故事讲给爷爷听后，他二话不说，就拉着我去了生产队的瓜果蔬菜园，掏出钱来买最好的瓜让我敞开肚子使劲儿地吃。在我印象中，那一天我不但吃了好几种甜瓜，而且吃了酸甜可口的比成年人拳头还大的西红柿。我知道这是爷爷对我本分厚道的肯定和奖赏。这次甜瓜的"舍得"经历，也让我切身体会到了"做人本分厚道并不吃亏"这个为人处世的基本道理。

近年来，随着越来越多和越来越深入透彻地学习中国传统文化，我才越来越清楚地知道：自私贪婪是我们的人心，与之相反，公而忘私则是道心。道心是人的本质，人心则是道心被私欲遮挡甚至屏蔽所致。我们成长进步的过程，就是通过不断地自我革命而觉悟提升，让道心主宰生命，彻底战胜人心而完全解放自己。以我发现这个小甜瓜的七八岁年纪，自然不会知道这么多，但是慧根的先天遗传和本分厚道的言传身教，却可以让少年儿童自觉不自觉地这么做。我之所以不吝笔墨详细描写这个有关甜瓜的舍得故事，就是想借此告诉那些望子成龙和望女成凤的天下父母：祠堂文化的保护与重建很有必要，大道正统的家庭教育更加重要。中华优秀传统文化的根脉，一定会在马克思主义魂脉的不断激活之下，让历史自信和文化自信绽放出更加灿烂的光芒，照耀与佑护社会主义建设者和共产主义接班人茁壮成长。

现身说法

关于厚道是最大的智慧，我认为典型案例莫过于北宋名臣吕端。明代思想家李贽有一副自题联，叫作"诸葛一生唯谨慎，吕端大事不糊涂"。其中的"大事不糊涂"，在道尽吕端本分厚道的同时，也告诉我们厚道是最大的智慧这个为人处世的基本道理，非常值得咂摸玩味。

据史料记载，吕端是北宋初年的宰相，历经宋太祖、宋太宗和宋真宗三朝，是地地道道的三朝元老，为政识大体，以清简为务，被宋太宗尊称为"小事糊涂，大事不糊涂"。据了解，这个"大事不糊涂"源于一天早朝。当时，文武百官都已早到朝堂，唯独吕端没来。皇帝就跟大臣们一边闲聊一边等待，没想到一直等了三刻钟，吕端还是没有到。皇帝就有点儿生气了，不高兴地问："吕端是百官之首，大家都在这里等他开会议事，他怎么直到现在都还没有来？"

由于文武百官都跟吕端关系要好，所以就在察觉皇帝生气之后，都在想方设法地为吕端到场之后的说辞做铺垫，以便帮他蒙混过关，于是就在下面小声议论说："这段时间奏折颇多，这几天一看就看到后半夜，甚是劳累不堪！"这话实际上是说给皇帝听的，因此等吕端气喘吁吁地跑进朝堂后，离他最近的那个大臣就赶忙小声提醒吕端，说："宰相啊，皇帝可真生气了，我们也都为您做好铺垫了，您就说昨天晚上看奏折看到后半夜，所以今天早朝才没能按时起得来。您可千万别把话说错了啊！"

吕端闻言，点头称谢。可当皇帝怒问吕端为何上朝来迟时，他却实事求是地回答说："昨夜饮酒大醉，今朝酣睡未曾早起，故而来迟。"皇帝闻言大怒，转而心想自己也有饮酒酣睡难以起身的时候，遂训诫几句之后便不再追究。下朝后，大臣们纷纷上前询问吕端为何不按早已给他铺垫好的套路往下说，没想到吕端回答道："莫看皇帝生气，他即便再生气，我顶多算是上朝来迟，但是我若撒谎便是欺君之罪。我来迟这件事看似很大实则很小，但撒谎这件事看似很小实则很大。我何至于为了掩饰一个小毛病，而去犯一个不可饶恕的大错误呢？"由此可见，所谓吕端大事不糊涂，说的是他从不触犯为人处世的原则底线。这个案例说明，当上下级之间发生冲突时，吕端是典型的有犯无隐，宁可冒犯也绝不欺骗。很显然，吕端之所以这样做，或者说他之所以能够历经三朝而不倒翁，遇事总能避祸求福，归根结底还是厚道使然。

　　我天赋不高，即便当年是在王家老庄村办小学读书，在同年级的十三四个孩子之中，我也很少能够考进前三名，这与清华大学法学院本科毕业后便参军入伍，跟我编在同一个学员队，就住在我隔壁宿舍的法学硕士研究生张乐相比，简直天上地下。读博期间的一天晚上，我跟张乐喝茶聊天，一边回顾历史，一边剖析自己也算小有成就的经验和教训时，不无感触地对他说："我之所以资质平平，却一路高歌猛进，从普通战士到法学博士，除了积极进取，就是本分厚道。"

　　小孩儿没娘，说来话长。在因个别老师的不当言行，而导致我跟父亲势同水火，不得不离家出走期间，有不少老师都在对我指指点点，有的说我精神失常了，还有的以讹传讹地说我品行本来就很"不咋地"，只有经常订阅全寿光当时唯一的一份报刊，曾被老学生们手书楹联称赞"谈笑有鸿儒，往来无白丁"的王士弘姥爷，力排众议地逢人便说："你们对王明勇只是道听途说，并不真正了解他，我观察发现这是一个现如今难得一见的厚道人！"

　　说心里话，在落难时节，当我从刘玉昌老师（王士弘姥爷的忘年交，也是我的高中语文老师）之口听到这句可谓"良言一句三冬暖"的公道话时，我感动到几近涕泪横流。另外值得一提的是，我还因为这句雪中送炭一般的客观公道话，而极其意外地与王士弘的妈妈喜结良缘，因为那个时候我根本就不认识她。只是因为感激王士弘姥爷的慧眼识珠和仗义执言，我才经常去他家里走动拜访，一来二往地就意外碰到了在外地工作偶尔回家探亲的王士弘妈妈。毫无疑问，这就是本分厚道带来的缘分。

回顾既往，我在经常自我陶醉于打小本分厚道的同时，也在心满意足地享受本分厚道给我带来的丰厚回报。别的不说，仅是从一个离家出走的"社会流浪儿"，由于冥冥之中的缘分，而让我出人意料地成为一名令人羡慕不已的潜艇特种兵，就是一种说不清道不明的"种善因，得善果"。

众所周知，山东是兵员大省，经常占据全国十分之一左右的兵员。我老家寿光也不例外，每年征兵动辄上千。据曾在寿光市人民武装部（以下简称"人武部"）任职的同年兵战友庞和东先生说，我们当兵那年从寿光应征入伍的新兵总共有一千一百多人，但潜艇兵只有区区四个。物以稀为贵，当兵也是这样，潜艇兵因为名额稀缺，所以竞争特别激烈。当时，能去当个潜艇兵，明显就是一个遥不可及的梦。

庞和东先生还说，潜艇兵是对身体、学历和政审等各项条件都要求相对更为严苛的"条件兵"，部队接兵人员到拟定兵员家中走访是个不可或缺的中间环节。值得一提的是，在验兵当时，我作为被逼无奈的离家出走者，还没有跟父母缓和关系，也没有打算就坡下驴地顺便回家，甚至决定即便不去当兵，也不会因为接兵人员到家中走访而委曲求全。如果部队过来家访，他们一定会在我父母那里见不到我。如果接兵人员知道我有家不回，是个连父母都管教不了的"社会流浪儿"，家访也一定通不过。就连去当一般兵恐怕都是痴人说梦，更别说是去当让人羡慕的潜艇兵！

不知是因为海军潜艇学院的接兵人员与寿光市人武部之间沟通衔接有误呢，还是因为个别人际关系实在难以平衡，我竟然阴差阳错地成了当兵家访环节的"漏网之鱼"。对我而言，这可不是一般的幸运，用幸运到喜极而泣加以形容，恐怕也不为过。

潜艇学院在潍坊地区征召的潜艇新兵集合报到那天，寿光市人武部把我和马卫国、董学森、刘瑞贞四名寿光籍潜艇新兵送到位于潍坊火车站入站口附近的集结地点时，天刚蒙蒙亮。因为计划饭后即刻进站上车，所以一到集合地点，接兵干部就安排我们吃早餐。没想到饭后集结点名进站时，潜艇学院的接兵人员这才十分吃惊地发现，他们家访之后考察确定的那个李某某，居然没被寿光市人武部送过来，而他们对于寿光市人武部推送的这个王明勇却是一无所知，于是干脆拒接。拒收的理由，当然就是未经家访程序，情况并不了解掌握。

潜艇兵要求必须具备高中及其以上学历，我虽然高二结束之后便已离家出走，但我所在的寿光一中八四级五班，是当时的"先行先试"教育改革示范班，简称"快班"。所谓快班，就是三年高中课程须在一年半左右的时间内全部学完，高二结束即可参加高考，考试成绩优异者可由高二直升大学，考试成绩不够理想者续读一年再次高考也不算复课。像我这样高考成绩既不理想也不打算续读者，也跟那些高二结束直升大学者一样发了高中毕业证。好巧不巧的是，冥冥之中我就随身带了这个至关重要的高中毕业证。由于寿光一中是全国百所知名高中之一，该校毕业文凭的含金量也算有口皆碑，所以潜艇学院的接兵人员在文凭上也挑不出我什么毛病。

由于潜艇学院接兵人员对我拒绝接收，而寿光市人武部的送兵人员却是执意要送，军、地双方各执一词，互不退让，这就导致整个潍坊地区的接兵大队不得不临时改变行程。在这僵持不下之际，有人想出了一个在当时情况下也算高明至极的折中办法，那就是由潍坊军分区马上对我单独组织一次全面体检。如果体检合格，就带我去位于青岛的海军潜艇学院接受入伍训练，否则宁缺毋滥。仅仅为了一个兵员，而单独组织一次全面体检，在潍坊军分区的征兵历史上，我可谓首开先河。

潜艇学院接兵人员见从学历上挑不出我什么毛病，就打算在征兵体检上对我严格把关，以便让寿光市人武部因为坚持推送王明勇而不得不当众难堪。幸运的是，在有心找茬儿的接兵人员"仨猫瞪着六只眼"一般地监督把关之下，我的各项体检指标居然全都符合潜艇兵招录条件。于是，潜艇学院的接兵人员只好将其拟定接兵名单中的李某某换成了王明勇，然后带队乘车出发返回青岛。相应地，我这未经"小家访"当兵"漏洞"，也就因为寿光市人武部的这个"大家访"而功德圆满。我很清楚，这是寿光市人武部在以其责任担当，为我的应征入伍作担保。现在想来，那些既没有吃过我一粒瓜子，也没有喝过我一口茶水的寿光市人武干部，真的值得鞠躬致敬。

单从集结时间和行驶距离上计算，如果不是因为我这计划之外特别安排的单独体检一耽搁就是大半天，我们这批从潍坊应征入伍的潜艇新兵，完全可以悠闲从容地赶到潜艇学院吃午饭。然而我们到达青岛火车站的时间，已是当晚接近十二点。从耽搁时间之长，便可窥一斑而见全豹地知道，在要不要接收王明勇当兵入伍这个问题上，潜艇学院与寿光人武部之间的争执该有多么激烈。2019 年冬日的一天，我当兵时的接兵连长（新兵训练时的区队长）陶冠强先生因公出差从江苏无锡来到青岛，在接待晚宴上他还笑谈此事，说他们差一点儿就错过了一个能够成为法学博士的"新兵蛋子"，并因此罚我陪他喝了一大杯高度白酒。真是人生如酒，历久弥香。

关于在竞争如此激烈的情况下，我为什么能够未经家访而参军入伍问题，也是多年来我一直都想搞清楚弄明白，但直到今天都是百思不得其解的一个大问题。当兵入伍后，我曾跟过电影一样，在脑海里无数次地反复回忆并认真推敲相关一切细枝末节，目的就是想尽快知道，究竟谁是在我当兵入伍这个关节点上默默无闻地推我一把的人生大贵人？但是非常遗憾，至今我都无法确定这个贵人到底是谁，所以只好将其归结为这是老天对我本分厚道的又一次肯定和奖赏。当然，这也让我更加坚定不移地相信，老天爷绝对不会让一个本分厚道人吃亏。

关于本分厚道并不吃亏，或者说为什么说厚道是最大的智慧，我在跟《命运的舵手》一书的作者邵斌先生喝茶聊天时，他也表达了与我完全相同的观点。邵斌先生与我同龄，比我年轻半岁，所以总爱称呼我为"王老兄"。但邵斌先生的格局境界、品味情怀和责任担当，尤其是其思路创新、与人为善和拼搏精神，哪一方面都比我更胜一筹，让我心悦诚服地对其击节赞叹，刮目相看。

邵斌先生 1968 年出生于青岛莱西，因小儿麻痹下肢残疾，由于世俗偏见和政策所限，他在求学、就业的方方面面都比我们更加艰难。2011 年 3 月，他的《命运的舵手》一书第一版第一次印刷。他在短短的十余年时间里，竟然从一个名不见经传的打工仔，一跃成为拥有两家公司、年出口创汇 400 多万美元的成功企业家。让中国的孩子们拥有最环保、最优质的毛绒玩具，成为"中国毛绒玩具大王"，对邵斌先生而言已经不再是梦。其实，邵斌先生最值得钦羡的地方，不是他的公司即将走进资本市场，也不是他曾经两次走进人民大会堂参加中国残联第七届和第八届全国代表大会，而是毕其功于一役，十年磨一剑，成为中国中温蜡的标准制定者和国外对此关键技术对我国军工企业进行垄断的终结者，用邵斌先生的企业口号来说，那就是"不做第一，只做唯一"。

　　"不做第一，只做唯一"。邵斌先生不仅做到了，而且做得很好，我为能有这样的同龄人而感到由衷的骄傲和无比的自豪。

　　跟我聊起"厚道是最大的智慧"这个话题时，邵斌先生说他奶奶年轻时，就曾用自己有限的奶水，在那个缺衣少穿的艰难岁月里，先后滋养喂大了街坊邻居多达六七个嗷嗷待哺的孩子，类似的祖上积德行善之事，他们邵家做了可不是一件两件。至于他自己与人共事或者跟人合作，总是吃亏在前，对别人总是"要满给个尖"，高端大气到让人自觉汗颜，本分厚道得让人感觉总是对他有所亏欠。我想，所谓的"积善之家，必有余庆"，说的应该就是邵斌先生这样的人。

　　关于"做人本分厚道并不吃亏"的其中道理，我到舰队机关从事法律服务工作以后见识更多，体味更深。尤其是在此期间见识过的那些为人处世尖酸刻薄，遇事斤斤计较，在利益得失上"粘上毛，比猴儿都精"的精致利己主义者，往往都是"算来算去算自己，争来争去一场空"。这些触目惊心的案例，在让我们为之唏嘘感叹的同时，也以警钟长鸣，提醒我们必须时刻引以为戒。

俗话说，身在公门（指官府、衙门）好修行。但在实践中，我们发现越来越多的人之所以想方设法挤进公门，目的不是为官一任造福一方，也不是为了民族振兴和国富民强，而是为了端上衣食无忧的"铁饭碗"，甚至只想组织照顾而不要组织纪律，想方设法地谋求个人最大好处，这些人有个特别的称谓，叫作"极端精致的利己主义者"。像我这样的愚笨人，不得不佩服他们的算计到位，但也不得不说他们眼光太短，格局太浅。事实证明，如果只是爱占小便宜也就算了，须知"德不配位，必有灾殃"。实践中，好不容易通过个人奋斗或者攀龙附凤而谋得一定富贵，却因为忽视道德修养，为人处世不够厚道而被边缘化，而丢官罢职，甚至因此锒铛入狱的例子不在少数，可谓不胜枚举。这样的反面典型古代有，现代也有，发人深思，令人警醒。

前几天在跟一位军旅生涯中曾经对我宠爱有加的老大哥共进晚餐时，我跟为人处世本分厚道，做人做事可圈可点的王明生大哥谈论起我正撰写的《厚道是最大的智慧》这篇文章时，恰巧有位素以本分厚道著称的年长者同坐一桌。记得我于 2004 年刚到舰队机关工作时，就听那些没能如愿以偿地跟这年长者一样调上副师职领导岗位的人员，在酸不溜丢地说这年长者工作能力不行等一些难听话。后来因为工作原因与其接触多了，我才发现这位年长者虽然主掌舰队机关能够"决定生杀大权"的要害部门，却能在坚持法治原则的基础上时时处处与人为善，他的本分厚道远比一般人都要更胜一筹，堪称"身在公门好修行"的榜样和典范。

那些出于这样或那样的原因，背后诋毁这位忠厚长者的人，恐怕无论如何都不会知道，为什么这位年长者不仅晋升行政副师，而且担任过正师职领导。如果不是因为年龄超出几天而错过遴选条件，他还会顺理成章地晋升为更加让人羡慕不已的共和国将军。我常想，那些无端诋毁这位忠厚长者的人，恐怕永远都不会知道，他们所不具备的，或者说他们比这忠厚长者欠缺的，不是能力水平，而是本分厚道。

圣人云："静坐常思己过，闲谈莫论人非。"我想，那些吃不到葡萄就说葡萄酸，自己调不上更高职位，就胡诌八扯地说别人能力不行的那些人，应该好好地坐下来反思一下自己的人品官德是否对得起天地良心和衣食父母。

以上所说，均系亲身经历，绝无虚妄。凡此种种，都让我悟出一个为人处世的基本道理，那就是本分厚道并不吃亏，即便没有现世报，也是在为子孙后代积阴德。当然，这种因果福报是否确实存在科学合理的解释与证明，我们不做探究。在这里，我只想通过这篇文章告诉大家，为人处世中的本分厚道至关重要。

俗话说："小胜靠智，大胜靠德。"就我理解，这里的"德"，就是指本分厚道。

2023 年 4 月 16 日写于青岛

第十一堂课
让认真成为品质

博士观点

本书中所有十七堂对话课的文章题目，都是我跟中国海洋大学法学院刑法专业副教授贾占旭博士反复斟酌权衡后逐一确定的。我们认为这些文章主题基本能够涵盖做人、做事、做学问的方方面面。换句话说，如果能够按照这些题目所写文章中的标准要求和榜样典范去为人处世，那么无论做人、做事，还是做学问，都会有个相对圆满的结果。

今日文章的原定题目，叫作《主动作为，赢得地位》，但在开题之后遇到的看似不算很大，却足以让我对当事者的工作态度甚至思想品德产生合理怀疑的几件事，在引发我对人性进一步思考的同时，也让我不得不将这篇文章的既定题目改为《态度决定高度》。在本书审稿过程中，我又根据知识产权出版社编辑刘晓庆老师的意见建议，将其定稿为《让认真成为品质》。

这些烦心事均与我们果断辞退的一个年轻律师有关。把她辞退之后，我才十分清醒，同时也十分痛苦无奈地认识到，对待工作踏实认真，与做人必须说实话、讲良心、做好人一样，都是本应如此的最低标准，但在实践中却往往成为求之不得，俨然已是为人处世的最高标准！

毫无疑问，这个发现让我很痛苦。要知道这几件事可是我费尽心血，以接班人的标准与期冀，手把手地教出来的青年律师的所作所为！我教来教去，翻来覆去提醒告诫的，无非就是"认真"二字。为了使其加强记忆，我甚至屡次三番地以家乡寿光某个羊肉汤馆印在餐巾纸盒上的"没有祖传和秘方，只有良心和用心"，来对其循循善诱和谆谆教诲。我的用心良苦、育人心切，由此可见一斑。正所谓"爱之愈深，恨之愈切"，看到自己精心栽培的人，对待工作竟是如此的马虎大意，不免伤心欲绝。

我寿光一中的优秀师妹夏桂欣等人见我痛苦不堪，就劝我对此宽容大度，但我感觉这个问题不是大度与否的问题，而是关乎为人处世的基本态度问题。我认为，即使一个人能力不行但是态度认真，还有栽培的必要和原谅的资本，也有改过的余地和进步的空间。相反，如果做事马马虎虎或者敷衍塞责，结果只能误国误民害自己。因此，为人处世的态度问题是不可视而不见的原则性问题，不能掉以轻心。

夏桂欣等好心人还说："现在的孩子都这样，你会见到越来越多的对待工作稀里糊涂的人。"对此观点，我也不敢苟同。有感于"好孩子都是别人教出来的"这份社会责任感，我在痛苦无奈之余，感觉很有必要为改变这一似乎已呈愈演愈烈之势的社会悲哀，而积极勇敢发声，所以就毅然决然地放弃已经构思许久，并已开始着手写作的堪称阳春白雪的《主动作为，赢得地位》，而改写相比而言属于下里巴人的《让认真成为品质》。

话题缘起

在第二十四届中国（寿光）国际蔬菜科技博览会于 2023 年 4 月 20日盛大开幕的前一天晚上，我带王士弘应邀前往一个可以席地而坐，既能仰望星空又能沐浴春风的，以露天餐台为主打的"农家乐"吃饭。说来也巧，请客美女预订餐位不仅独处一隅，而且临近鲜花绿树，远离热闹喧嚣。餐台虽大，但同桌餐友只有包括我与王士弘等区区五人，加之主人的请客目的，又是让我对她正在读大专的弟弟给予人生指导，这是我作为潍坊科技学院特聘教授的老本行，更是我"好为人师"之癖。不用说，即便仅是面对如此良宵美景，往日郁结于心的痛苦烦闷也会荡然无存，更何况还有人虔诚请我"不吝赐教"呢，可谓正中下怀，所以慨然应允。

　　向我请教的这名男生虽然只比王士弘大一岁，但是看起来更加高大威猛，更加成熟稳重，席间无论端茶倒水还是添酒加菜，都颇具眼力见儿，让我不由自主地慨叹"孺子可教也"，因而也就更加不遗余力地为其深入透彻地指点人生。

现身说法

　　请客美女的弟弟没能考上普通高中，所以就在初中毕业之后入读"3+2"职业技术大专班。由于像他这样的学生文化基础普遍相对较差，而所学专业理论又远比初中课本晦涩难懂，如果缺少学习榜样，尤其是缺少像我这样能够设身处地"把别人家的孩子，都当作自己孩子"来严厉批评与教育帮助的老师的引导和鼓励，就很容易被打击自信心，也很容易自暴自弃。加之像他这样的半大孩子往往缺乏足够定力，很容易受到拥有沉溺于视频和聊天软件等不良嗜好的孩子负面影响，从而随波逐流，失去上进之心。因此，我在给这样班级的孩子辅导授课时，总是善意提醒他们应该好好珍惜少年光阴，即便不能在学业上突飞猛进，也要加强自立、自理与自律能力的锻炼培养，以免"少壮不努力，老大徒伤悲"。作为法治精神与传统文化的薪火传承者，我始终坚持认为，一个人的职业态度就像一面镜子，你若灿烂，别人看到的就是春天。

在这惠风和畅的晚宴上，我给这名虚心请教的男生讲述的第一个故事，就发生于我在潍坊科技学院教过的一名女生身上。这名女生大三那年，我应邀去给她们这些社会学专业的本科生讲授"公共关系学"这门课，考虑此乃实践应用学科，不应该像其他老师那样将其照本宣科地讲成学术理论课，所以就在开课之初，启发同学们一个接一个地勇敢站起来，从当众介绍自己开始，学会大声说话和清楚表达。因此，我就有幸聆听了下面这个感人至深的励志故事。

课堂上，这名女生自我介绍说，她在初三之前是个老师眼里的坏孩子。事实上，她也确实经常跟一帮不求上进的同学混在一起调皮捣蛋，所以很多老师都对她敬而远之。没想到某天课间休息时，一位既非班主任，也非级部主任的英语老师，居然语重心长地跟她谈了一次话。事实上，恰恰就是这次不期而遇的善意提醒，居然让她顿时开悟，从此远离那些不求上进的学生，转而埋头读书，发愤图强，并从高一开始不要父母一分钱的生活费，全靠自力更生，勤工俭学。她说她送过快递，还在工厂打过工，在饭店端过盘子，从高一到大三，她不仅没向父母要过一分钱，反而自己存了六万多块钱！

从高一开始到大三，在长达六年时间的求学生涯里，能够不靠父母帮衬，在全凭自力更生地养活自己的同时，还能存款高达六万多，别说只是一名柔柔弱弱的大三女生，就是一名身强力壮的男生，即便不是大三而是大学毕业之后三年，能够自力更生存下这么多钱者，恐怕也是凤毛麟角，并不多见，所以我在听闻她的故事以后，不免对她肃然起敬。

老话说，"民间有圣贤"。在我眼里，这位本无法定职责，却出于教书育人的善良本能和社会责任感，而去主动点化这名迷途女生的那个英语老师，跟那些奉行"睁一只眼闭一只眼，别人的闲事我不管"的猫头鹰哲学者，在本质上完全不同，堪称普度众生的活菩萨。其对教书育人的认真态度和自觉担当，值得报以最热烈的掌声，堪称"不意古人仁侠之风，复见之于今日也"。

值得一提的是，这个一经点拨就顿时开悟的女生，虽然一边刻苦读书，一边勤工俭学，却什么也没有耽误。她在大学毕业当年，就顺利考取了南京某知名高校的硕士研究生，毫无悬念地成为逆风飞扬的榜样。依我看，她对待人生的积极向上态度，在颠覆我对年轻人不求上进错误认知的同时，也让我感觉《增广贤文》中那句"长江后浪推前浪，世上新人赶旧人"绝非虚妄，而是生活总结，确有其事。

为解答这名虔诚请教男生担心自己起点低、基础差，想要奋起直追又怕心有余而力不足的困惑，我就给他讲了我的大学同学曲路先生的励志故事。跟这名求教男生一样，曲路也是小中专出身（我们上学年代，把初中毕业生考取的中专叫"小中专"），压根儿就没有学过高中课程，但是为了考上军校，改变自己和家族命运，他就拼命一般地刻苦自学高中课程，最后竟然也跟我们这些重点高中毕业生一样，如愿以偿地考上了录取分数相对较高的海军潜艇学院潜艇技术指挥专业本科班。

由于我跟曲路当兵是在天南地北的不同部队，而且我也没能考上潜艇学院预科班，因此没能亲眼所见曲路开始自学高中课程时的抓耳挠腮，也没能目睹其在潜艇学院预科班复习备考时的"头悬梁锥刺股",但我见过曲路在大学期间通宵熬夜、加班加点出黑板报时,那种一丝不苟和严肃认真的样子。仅此一点便让我对曲路同学刮目相看,惊为圣贤。

曲路是师范专业出身,板书功底相当深厚,会拉二胡,也会画画。其所制作的黑板报可谓图文并茂,经常会在全院比赛中斩获头等大奖。有一天晚上熄灯之前,我见曲路所出板报已经大功告成,满以为他会跟我一样睡个安稳觉,没想到他在鸡蛋里面挑骨头一般地审视琢磨过程中,感觉尚未尽善尽美,就一狠心将已经大功告成的黑板报擦掉重来,结果点灯熬油到次日凌晨四点多重新做好后才算心满意足。天亮之后,他照常跟我们一起出操、上课。看到曲路熬红的眼睛,我想他有对待工作如此执着的狠劲儿,何愁不会取得成功?

所谓"如切如磋,如琢如磨"的工匠精神,我以为指的就是像曲路同学这样精益求精的为人处世态度。毋庸置疑,能够秉承"如切如磋,如琢如磨"的工匠精神者,即便穷其一生也不能做出一件传世精品,但是他那一丝不苟和踏实认真的工作态度,已经成为传世精品的工匠精神代名词而得到传承,成为永恒。

毫无疑问,曲路展现在我们面前的这种精益求精的工作态度,尽善尽美的思想境界,已经达到了"如切如磋,如琢如磨"的工匠标准,所以我们都很敬重他。曲路狠心擦掉黑板报从头再来的故事,虽然已经过去三十多年,却仿佛就在眼前。这是他的人格魅力所在,更是他的精神力量感召。其实,曲路不算什么大人物,他却以对待工作的踏实认真和对待作品的精益求精,而活出了属于自己的精彩,让我无限感慨。

　　无独有偶。2019年夏天，我曾有幸跟牵头创立军创服务平台的陈涛先生、隋源源女士一起，跟工信部来青岛军民融合示范区挂职锻炼的一位处长共进午餐。席间，这位处长有感而发地谈起了他在以普通士官身份，从军委办公厅转业到工信部后，一步一个脚印地从普通一兵，"以素质立身，凭实绩进步"地走上领导岗位的不同凡响成长经历。我们知道，别说士官转业，就是军官转业，能够取得如此进步，也是凤毛麟角，实属不易。没想到这名挂职处长居然是在以士官身份转业之后的不长时间内，就实现了由普通职员到领导干部的成功跨越，让人刮目相看。

　　在转业之前，这名处长的工作岗位是速记员。为了练好打字本领，做到"我的岗位请放心，我的岗位无差错"，每逢休息时间，不管外面多么热闹，他都雷打不动地坚持去干一件事，那就是把自己关在办公室里练习打字。练到最后，他竟能具备连职业资格最高等级都难以做到的每分钟无差错打字220个这样的极高水平。对此苦练打字经历，这位处长不无感慨地说："我觉得能够把一件简单的事情，持之以恒地做到极致，就是成功！"

　　别的不说，仅是这踏实认真的工作态度，精益求精的工作作风，积极进取的敬业精神，就足以让我肃然起敬，让我由衷慨叹没人能够随随便便取得成功。毫无疑问，这位处长不仅是个不待扬鞭自奋蹄的模范典型，也是我所推崇的"态度决定高度"的有力例证。这样的人，想不成功都很难。

　　兴之所至，信口开河。当被求教学生问到学校好坏的评判标准时，我告诉这名男生（当然也是当面指教王士弘）说，判断一所学校的好与坏，无外乎以下三项标准。

一是有无认真负责和敢于对学生严厉批评及正确引导的好老师。如果能有高人和大师，自然更好，毕竟见贤思齐且严师出高徒。

二是有无形成追求上进、比学赶超的良好学风。良好学风非常重要，潍坊科技学院就曾有个闻名遐迩的"考研宿舍"，住在这里的六名女生比学赶超，全都一次性地考上了理想学校的硕士研究生。

三是有无提高学生自学能力的正确教学方向。

对求教男生和王士弘这样的学生个体而言，好老师与好学风的问题不是他们所能决定的，所以不在我的谆谆教诲范围之内。对于培养自学能力问题，我倒可以指点一二。以曲路同学为例，如果没有很好的自学能力，他就不可能在潜艇当兵期间仅用一年时间，就自学修完高中全部课程，并成功考取潜艇学院的大学本科预科班。当然，我若自学能力不强，也就不可能会有勇气自学法律，并在不长的时间内一举通过了司法考试，更不可能在某些方面甚至比那些科班出身者的法学底蕴还要深厚许多。

说到自学能力的培养和提高问题，就不能不说现在某些学校教学确实有些不成体系。具体而言，我们在高中毕业之前的所有教学目的和学习方向，似乎都是为了能够考上一个理想大学，而一旦高考结束，就像已经船到码头车到站。事实上，无论硕士研究生还是博士研究生，几乎都靠自学，导师只是指引研究方向并略加指点而已。那么问题来了，大学首当其冲应该教些什么？从理论上搞清楚这个问题，起码是对王士弘这样的正在准备冲刺高考的学生而言非常重要。因为这会让他们充分认识到，高考之后的学习生活道路都要靠他们独立自主去走，在大学里不会再有父母督促起床、吃饭、做作业，也不会再有人几乎一刻不停地盯着你，提醒你努力、努力、再努力。

不言而喻，教学方向不明确或者培养目标不清晰，必然导致照本宣科成为某些大学老师的工作常态（当然，个人能力水平不够，上课时不能提纲挈领地融会贯通，也是非常重要的原因）。相应地，高中及高中以前的填鸭式教学模式，也就堂而皇之地在大学教育阶段得以延续。事实上，拓宽大学生的眼界思路，培养其学习兴趣，提高其自学能力，使其养成踏实认真的人生态度和严谨规范的学术态度，才是大学阶段应该首先加以解决的问题。否则，即便是在大学毕业之后能够顺利考上硕士、博士研究生，往往也是在学业精进上后劲儿不足；走上工作岗位，会因为缺乏自我学习、自我约束、自我完善和自我提高的能力素质，而难以做到出人头地，甚至难有立足之地。实践中，我们往往抱怨现如今的大学毕业生高分低能，却很少反思我们的教育方向和教学方式是否存在问题，值得引起高度重视和深刻反思。

说到培养自学能力和养成踏实认真的工作态度，就不能不讲一下本科毕业于清华大学法学院的张乐、杨颖琛连夜帮我起草拟定博士论文提纲的故事。

在来解放军西安政治学院全日制攻读法学博士学位之前，我就曾经不止一次地听我的朋友张兴斌夸赞他们学院有个本科毕业于清华大学的高才生自学能力如何强大，由于没有经过亲自检验，所以我就姑妄听之。没想到在我博士研究生中期考评之前的一个加急稿件，却让我不得不对清华学子刮目相看。由于这篇稿子要得特别紧急，第二天上班就得准时发出，而我接到撰稿任务的时间，已是晚上八点半，我估算了一下，这篇稿子要想达到合格标准，至少需要写出条理清晰和言简意赅的三千字。然而好巧不巧的是，我当晚另有重要任务必须完成，所以只能向本科毕业于清华大学法学院的张乐、杨颖琛紧急求援。听清任务完成时限和标准要求后，正读硕士二年级的张乐、杨颖琛二话不说，坐下就干，一直忙到次日凌晨四点，才算帮我顺利过关。这就是清华学子的超人之处，面对困难复杂任务，他们从不回避退缩，更不会以"没学过""没见过""没干过"等等诸如此类的借口推脱拒绝，除了问上一句"什么时候交稿"，其他再无一句多余的话。那种因为自学能力超级出众，而建立起来的从容淡定和轻松自信，让人无比震撼，无比钦敬！

今晚，我不厌其烦地重复这些励志故事，主要目的不是为了让这位虔诚求教学生和王士弘知道以张乐、杨颖琛等人为代表的清华学子如何厉害，而是想让他们明白培养积极进取的自学能力和养成踏实认真的工作态度该有多重要。

大学时代，我曾羡慕开国大将粟裕"宁为鸡头，不当凤尾"的铮铮铁骨和卓尔不群。其实，我们往往只关注粟裕将军能够"运筹帷幄，决胜于千里之外地老打神仙仗"，而忽视其"踏实认真，制胜于毫厘之间的精打细算"。战神粟裕并非科班出身，而是从普通一兵成长起来的常胜将军。研究发现，粟裕将军无论面对困难复杂局面时的冷静理性，还是付诸行动时的心细如发，都堪称经典。

在被陈毅元帅称为"百万军中取上将首级"的孟良崮战役中，当华野突击部队胜利会师于孟良崮山顶，绝大多数人都在为全歼不可一世的国民党五大王牌主力之首的整编第 74 师，而鸣枪庆祝这来之不易的伟大胜利时，唯独粟裕将军在冷静理性地拿着一个小本子，逐一核实各部歼敌与俘虏战绩，并根据统计数字和情报掌握的该师实力员额，果断下令各纵队不顾疲劳立即组织战场搜索，并在电话里特别叮嘱不要放走张灵甫第 74 师一兵一卒。

史料记载，当华野的 5 个纵队会师山顶时，正拼命救援敌 74 师的黄百韬整编第 25 师，已经攻到了距离孟良崮仅有 5 公里的地方，其他救援部队也在蒋介石的严令之下陆续赶来。不难想象，如果有漏网之敌趁机投入战场，使孟良崮之战再拖延几个小时，孟良崮战役的结局或许还真的不好说。这就是既心细如发，也每临大事有静气的战神粟裕。

据说，粟裕将军指挥作战有一个非常强大的特点，那就是不管部队取得多大胜利，他都依然能够保持睿智而冷静的头脑，直到战役战斗真正结束。粟裕将军之所以能被称为"战神"，与其冷静理性和踏实认真的工作态度密不可分。

三十多年前，当我还在海军潜艇学院念大学的时候，就经常看到一句耳熟能详的宣传口号："今天工作不努力，明天努力找工作！"但在那个时候，我总感觉这句话是在说给那些与自己无关紧要的旁人去听的，与自己并无关系。

事实上，我大学毕业后在部队工作的那二十多年里，虽也接触过一些为人稀里马虎、做事稀里糊涂者，但是由于在部队"吃皇粮"而且我也不当家，无须知晓柴米贵，所以只在鄙夷不屑他们之余，祝愿他们最好不要提升罢了，从来没有把他们不够踏实认真的为人处世态度与其赖以养家糊口的饭碗联系在一起。

直到自己牵头创设山东水兵律师事务所，必须事必躬亲操心筹措包括员工福利与房租水电等在内的相关一切费用，亲身感受到了什么叫作"不当家不知柴米贵"，我才发现"今天工作不努力，明天努力找工作"这句话，不仅关乎自身，而且关乎身边的每一个人。如同"诗非亲历者不能读"，南墙也只有在结结实实地撞过三回两回，切实感受到头撞南墙的痛苦以后，才知其真的不可轻易触碰。

在对某位因为工作不认真负责，而动辄就给律所造成损失几万元、十几万元经济损失的律师进行处理时，我们用了"敷衍塞责"和"尸位素餐"这两个词语对其进行评价。这样的词语用在"大家挣钱大家花"的律师事务所，看似十分滑稽，却符合她的客观实际。这件事的反噬效应巨大，要知道这个人是我作为律所合伙人来培养的。我以精益求精的作风和积极进取的精神，手把手地对她"传帮带"了两年之久，却盲目相信她会与人为善，而对她疏于管理，尤其是忽视了对她工作态度的监督检查，这是我的工作失察，我曾经因此反躬自省和忧郁纠结长达半年，教训极为深刻。这件事情发生之后，我才不撞南墙不回头地认识到，为人处世的踏实认真和为他人着想的善良等良好习惯和品德修养，是启蒙在幼时，形成于学时，是刻在骨子里，融在血脉中的。这是天长日久自我修炼之后的习惯使然，更是父母教育引导孩子为人处世的必修课，不是领导、同事或者导师所能强拉硬拽便可一蹴而就的。事实上，等领导、同事或者导师发现问题开始介入的时候，这些需要改正的不良习惯往往已成痼癖，轻易改变不了，所以必须从娃娃抓起，从小培养。

关于踏实认真的工作态度为什么需要善始善终，那个临近退休的老木匠被要求再盖好其工作生涯中最后一座新房子的故事，可以恰如其分地说明问题。话说有个老木匠一辈子兢兢业业，在他准备退休之际，他跟老板说他即将离开建筑行业，就要回家去与妻儿尽享天伦之乐。老板舍不得这样的好工人走，就问他能否在退休之前再帮忙建造最后一座房子，老木匠说可以。但是大家都能看得出来，老木匠的心此时已经不在工作上了，他用的是软料，出的是粗活，跟以前的踏实认真相比简直判若两人。

没想到房子建好后，老板却把这座房子的大门钥匙亲手递给了他，并且心怀感激地对他说："这是公司送给你的房子，是对你在公司认真工作一辈子的奖赏！"闻听此言，老木匠震惊得目瞪口呆，羞愧得无地自容。如果早知道这是在给自己建造房子，他怎么会这样敷衍塞责，稀里糊涂呢？可世上没有后悔药，因此他只能抱憾终生地住在这幢由他自己粗制滥造的房子里。

仔细想想，我们在为人处世的时候，又何尝不是经常跟这老木匠一样的虎头蛇尾呢？身边的无数例子都向我们证明，只有年复一年、日复一日地把一件简单事情，持之以恒地做到极致，才有可能取得意想不到的巨大成功。

最近忙里偷闲地刷抖音，经常听到中国政法大学教授郭继承先生在讲《了凡四训》中的袁了凡，也经常听到该校林乾教授在讲《曾氏家训》中的曾国藩。他们讲课的侧重点，都是在说袁了凡、曾国藩如何通过严格自律和后天努力，而成功实现逆天改命的故事。袁了凡与曾国藩的逆天改命我没有亲见，也未经准确考证，所以不敢鹦鹉学舌。但是对于我的大学同学曲路和那名由士官而干部的工信部实职处长，我却有过实实在在的接触和了解，他俩都是通过持之以恒的踏实认真和近乎疯狂的精益求精，而实现了人生的成功逆袭，他们的踏实认真和精益求精仿佛就在眼前，不由你不信。

通过以上励志故事并结合自己的亲身经历，我由衷地相信：如果能让认真成为品质，那么你的人生一定会比别人更加出彩。因为你踏实认真的工作态度，决定了你与众不同的人生高度！

在潍坊科技学院办公大楼的进门大厅影壁墙上，有句我虽然已经看过很多遍，但是直到今天才算哑摸出个中"真"味的警世格言，那就是"让认真成为品质"。事实上，直到今天坐在这凌晨安静祥和的书桌旁，踏实认真地修改即将付梓出版的这本《愿你此生更精彩——与高中孩子的十七堂对话课》，我才真正体味和感悟到能够力主把"让认真成为品质"这句话，正大光明地镌刻在潍坊科技学院办公楼进门大厅影壁墙上的那些人，该有多么深刻的人生感悟和多么值得尊重的敬业精神。

让认真成为品质，你的人生一定更精彩。

2023 年 4 月 26 日写于青岛，修改于 7 月 22 日凌晨

第十二堂课
退一步海阔天空

博士观点

在非原则性的利益之争上，主动退让一步既是隐忍大度，也是以退为进。

在原则性问题上，坚守底线寸步不让，宁为玉碎不为瓦全。

在学习、工作上努力到一定程度，感觉累了的时候，就及时停下来喘口气，歇歇脚，静等花开，你的生命之花，就会比不顾疲倦地一条道儿走到黑，更加粲然绽放。这是另外一种以退为进，也是一种生存智慧。

明得失，知进退，懂礼让，张弛有度，不卑不亢，是为外圆内方。

话题缘起

2022年11月中旬的一天晚上，大雨滂沱，我在开车接王士弘放学回家的路上，于21:45行经河马石派出所附近的一条两边均已停满车辆的狭窄小路时，遇到对面来车僵持不让。这条路虽为双向通行，但是由于两边均已停满车，所以仅容一车单向经过。在这种情况下，必须有人让道，否则谁都无法前行。

由于对面来车是刚刚转向过来，他离来时路口尚且不远，此时他若后退，不仅距离相对更短且有足够回旋空间，比较而言更能节省避让时间，于是我便以闪灯提醒请其后退避让。没想到对方竟然置之不理，显然是在等我给他让道。

考虑现场情况，并考虑在我后面已有其他车辆陆续跟进，此时我若后退，后面车辆就必须先我而退。不言而喻，要让后面车辆先我而退，还须冒雨下车去和他们挨个儿解释、劝说，不仅难度大而且感觉有些掉价，于是我的牛脾气上来了，干脆把车熄火，一边耐心地等，一边与王士弘扯闲篇儿，大有看谁熬得过谁的味道。

不难想象，僵持时间越久，跟在我后面停下来的车子就会越来越多。与我对峙的这辆车显然已经看明白了这一点，也知道由他退让相对更为合适，但他就是寸步不让。此时已是晚上十点多，王士弘明天还要上学，自己也要上班，宝贵的时间，就像天空的雨水，一旦落下，便有去无回。

意识到时间金贵，我们根本耗费不起后，正想鸣金收兵主动退让，没想到跟车在我后面的那位女士就心有灵犀地过来敲我车窗，说："跟对面小哥顶起牛来了？既然他不退让，您看我带头往回退，您也跟着退，咱们一起让他好不好？"

闻听此言，我既心存感激，也觉得跟这女士比，我的思想境界还是明显偏低，所以感觉有点儿不好意思。其实，我早已发觉我们应该先退一步：一是时间耗费不起，不仅王士弘需要早起上学，我也有许多非常重要的事情等着去做，大雨天跟这样一个人较劲儿毫无意义；二是对面来车明知该退却赖着不退，已经显露层次之低，与之继续"顶牛"无异于自降人格。

德国哲学家尼采在《善恶的彼岸》一书中说的"与恶龙缠斗过久，自身亦成为恶龙；凝视深渊过久，深渊将回以凝视"，指的就是这种情况。因此，我们应该主动先撤。

不用说，美女主动过来劝我先退，无异于帮我架起了过墙梯，正好借坡下驴，于是爽快答应，一场危机就此化解。对于这件事情，我在复盘时曾跟王士弘主动检讨说："其实，在眼见对方有意不退时，我们就该主动退让了。毕竟'让一让'是一礼，为人守礼谦让不仅不会让人看不起，反而更能体现你的修养风度，更能说明你有品质、有气度。当然，在这种情况下主动退让，也能给自己留出足够的腾挪空间，所以说忍一时风平浪静，退一步海阔天空！"

另外，我还告诉王士弘，对方仅以车辆熄火的方式予以消极对抗，相比而言我们还算比较幸运。如果他是一个"路怒症"，一旦呛火跟他动起手来，即便打架我们并不吃亏，也会被人笑话有辱斯文，明显划不来。

绕过这段令人不快的拥堵之后，我又对王士弘补充解释说："人生旅途的退让应该包括以下三重境界：一是对于类似马路让道这样的非原则性利益之争，越早退让越能争取主动权，越能彰显气度风范，所以必须早点退让；二是对于原则性问题，则应寸步不让，因为原则性问题没有任何商量余地；三是对于可让可不让的事情，我们应该主动谦让，但是最好只让一步，因为以我虚活五十多岁的经验体会，退一步海阔天空，退两步就有可能万劫不复！"

昨天是五一国际劳动节，法定的休息时间，我在初步定稿《交友莫交狭二哥》这篇文章之后，就出来溜达散心，顺便给努力奋斗到博士毕业后已在华侨大学担任法学老师的女儿王岩打了一个问候电话，从她疲惫不堪的声音不难看出，在人们"争先恐后挤破头"般四处游玩的法定节假日，王岩居然还在身心俱疲地加班加点工作。我在倍感心疼之余，就以"每天锻炼一小时，健康工作五十年，幸福生活一辈子"为题，对其开导点化。

仅从学习的主动自觉和"不待扬鞭自奋蹄"的主人翁精神层面讲，王岩毫无疑问地就是自我加压与自我完善的好孩子典范。给王岩打完电话，我又给转学到寿光二中的王士弘打电话，没想到他也正在利用"五一"假期安安静静地看书学习。当我准确知道他的考试成绩，已由春季开学过后刚来寿光二中借读摸底时的本班第十四名，提高进步到本班前几名后，禁不住在欣喜满足之余，对其一顿臭骂："你跟你姐都犯一个毛病，那就是只知读书学习，而不知道休息和锻炼！"

由王岩、王士弘这姐弟俩在五一放假期间还在不约而同地放弃休息娱乐，而自我加压地工作和学习这件事，我不由自主地想起了自己的奋斗史。以我刚刚牵头组建北海舰队法律服务中心之时的春节放假为例，七天假期，我能把自己关在办公室里看六天书。这说明我也同样惜时如金，努力勤奋。与王岩、王士弘有所不同的是，不管如何加班加点，我都能够张弛有度。具体而言，看书学习到一定程度，我就会下楼跑步锻炼，甚至会忙里偷闲地到位于汇泉广场的地下影城去看场电影，以充足的锻炼和必要的休闲，来保证努力奋斗所需的体力与精力。因为我深知身体是革命的本钱，并且从中受益匪浅。但是他姐弟俩好像只知努力向前而不知休息和锻炼，由此让我想到了人生之旅的另外一种退让，那就是当学习、工作努力到一定程度时，就要秉承"磨刀不误砍柴工"的原则，主动自觉地停下来歇歇脚，喘口气。

现身说法

关于在非原则性的利益之争上主动退让，不仅无损于所谓的尊严和体面，反而成为千古美谈的莫过于发生在廉颇、蔺相如之间的"将相和"，以及发生在明代大学士张英身上"六尺巷"的故事。

先说"将相和"。话说廉颇是赵国名将，因为骁勇善战，率军战胜不可一世的齐国军队，并一举攻占了齐国的阳晋城，而被晋升为上卿。而蔺相如本来只是赵国宦官头目缪贤的普通门客，却因足智多谋、视死如归，硬是把价值连城的和氏璧完整无缺地从强秦手中带回赵国，做到了"完璧归赵"，而被赵王拜为上大夫。之后，他又因为在如鸿门宴一般的渑池会晤中，以自己的英勇无畏和能言善辩而成功阻止秦王占据上风，勇敢、机智地维护了赵国尊严而被拜为右上卿，官位在廉颇之上。廉颇认为自己身为战功赫赫的将军，为赵国攻城略地，屡立战功，而出身卑贱的蔺相如，只不过凭借三寸不烂之舌立了一点儿小功，就官位高过自己，因此感到无比羞辱，就扬言一定抽空当众侮辱蔺相如。

蔺相如听说此事后，就想方设法地避让廉颇。蔺相如的一些门客认为他这样做是胆小怕事，就向他告辞。没想到蔺相如却挽留他们说："你们看廉将军与秦王相比哪个更厉害？"门客回答说："廉将军不如秦王。"蔺相如说："以秦王那样的威势，我都敢在秦国的朝堂之上当面呵斥他，羞辱他的群臣。我蔺相如虽然才能低下，难道偏偏害怕廉将军？强大的秦国之所以不敢轻易对赵国用兵，就是因为赵国有我们两个同时存在！如果我与廉将军两虎相斗，势必不能共存，这是亲者痛而仇者快的事。我之所以有意避让廉将军，就是以国家大义为重，以国家之急为先！"

廉颇听到蔺相如对门客说的这番话后大为震撼，羞愧难当，就袒露上身，背负荆条，跪到蔺相如家的大门口负荆请罪。从此，廉颇与蔺相如结为生死与共的好朋友，共同为维护赵国的安危而竭尽全力。"将相和"的故事告诉我们：国家利益永远高于个人利益。不论何时何地，都要坚持国家利益至上。只有将相和，才能安天下。

"将相和"的故事传颂至今，在充分体现蔺相如的格局境界和家国情怀的同时，也充分体现了廉颇将军的反躬自省和自我觉悟，他们身上的优秀品质都值得我们好好学习。毫无疑问，手无缚鸡之力的文弱书生蔺相如，能让战功赫赫、威震敌胆的大将军廉颇主动上门负荆请罪，就是洞悉谦让智慧，从而不战而屈人之兵的典型代表。

接下来再讲"六尺巷"的故事。清康熙年间，安徽人张英升任文华殿大学士兼礼部尚书后，位高权重。他在老家桐城的宅子与吴家为邻。吴家当时仅为秀才出身，地位、威望都远远不如张家。两家院落之间原本有条巷子，供两家及村民出入使用。吴家翻建新房时，想独占这条小巷，张家自然不会同意，于是就把官司打到了当地县衙。县官考虑张、吴两家都是名门望族，犹豫再三，不敢轻易下判。见此情景，张家人一气之下就写了一封求援信，快马加鞭地送给了在朝廷当大官的张英，希望他给家人撑腰打气。没想到张英接信之后二话不说，当即回诗一首："千里来书只为墙，让他三尺又何妨？万里长城今犹在，不见当年秦始皇。"

　　张家人看到回信后豁然开朗，当下就来到吴家，说要主动让出三尺空地，让吴家翻建新房无偿占用。吴家见状，深受感动，当即决定也让出三尺房基地，这样一来，原先可供村民通行的小巷子，不仅没被吴家建房占用，反而变得更加宽敞，闻名遐迩的"六尺巷"由此诞生。

　　张英大度做人，克己处世，借用秦始皇与万里长城的故事，巧妙地劝导家人主动让出三尺土地，虽有一定的物质损失，却为家族换来了百世流芳，可谓君子榜样。

　　事实上，张英的谦逊礼让不仅成为邻里之间和睦相处的行为典范，也为自己的家族树立了包容博大、崇德重礼的学习榜样。在张英的言传身教下，次子张廷玉成为康熙朝进士，居官五十多年，历经康、雍、乾三朝，官至保和殿大学士兼吏部尚书、军机大臣，在乾隆朝更是晋升为三等伯、加太保，并尊崇无比地"御赐配享太庙"，成为清朝配享太庙的唯一一个汉人，可谓风头无两，尊崇无比。而张廷玉的长子和次子也都官至内阁大学士，四儿子则官拜兵部尚书、获赠太子太保，以至于清朝民间有句俗语叫作"一部缙绅录，半部桐城张"。张家世享尊崇的内在原因，从"六尺巷"故事的由来，便可窥一斑而见全豹。

　　张英以其谦逊宽容、秉礼处世的家教家风，带出了为官清正、心系百姓的子孙后代，为世人称颂，给今人启示。今天，"六尺巷"的故事依旧广为传颂，窄窄六尺巷也成就了传统美德与优良家风的一篇大文章。难怪有人在总结这个故事的时候会说："六尺巷"是一把人性修养的尺子，值得我们经常拿出来量一量；"六尺巷"是一种人生境界的隐喻，值得我们经常去走一走；常走"六尺巷"，既能走出高天白云，也能走出人生天地宽。

　　如果说"将相和"与"六尺巷"的故事背景，离寻常百姓太过遥远，因为一般人做不了那么大的官，也不会有那么高的个人修为，那么中华民族二十四孝故事之中的"芦衣顺母"，却是市井百姓的家长里短，同样值得好好学习和认真借鉴。话说春秋战国时期，以孝著称的孔子衣钵传人闵子骞在他很小的时候，母亲就去世了。父亲为他娶了后娘，又生了两个弟弟。继母十分偏心，在冬天做衣服时，给两个弟弟做棉袄的衬里全是棉花，而给闵子骞做的那件棉袄，里面填充的则是芦花。"芦花棉袄"看起来很厚实，却一点儿也不暖和。

　　有一天父亲出门，天气特别寒冷，闵子骞在帮父亲牵马时，因为寒冷而冻得瑟瑟发抖，一不小心就将牵马的绳子掉到了地上。父亲见状十分生气，加之继母不断地说他坏话，于是将其一顿毒打，不承想闵子骞的"棉袄"被父亲的鞭子狠心抽破，里面的芦花也就随之从绽开的裂缝里飞了出来，父亲这才知道闵子骞背地里受到了继母的虐待。

　　一怒之下，父亲决定休妻。懂事的闵子骞马上双膝跪地，哀求父亲饶恕继母，并且给出了一个让人潸然泪下的理由。他说："留下母亲是我一个人挨冻，而休了母亲我们兄弟三人都要挨冻！"继母听了他的哀求，后悔不已，追悔莫及，此后便彻底改变态度对闵子骞视如己出。毫无疑问，这是一个以德报怨、终得以爱回报的励志故事。事实上，这又何尝不是"忍一时风平浪静，退一步海阔天空"的人生大智慧呢？

　　看到王士弘"五一"假期静坐家中看书学习，就能想到王岩读书学习为了追求完美极致，虽已努力到身心疲惫，却也不知稍做停歇，这姐弟俩在让人心疼爱怜的同时，也让我不得不想方设法地予以提醒告诫。由此我想到了一个非常值得一提的故事，那就是我作为田径二级裁判，亲身经历的那个本为追求完美极致，却事与愿违的"自行车慢骑比赛"故事。在我所著《法治照耀幸福生活》一书中，也曾提到过这个故事，当时的题目叫作《与冠军失之交臂的自行车慢骑比赛》。

这个故事，发生在二十多年前的那届舰队机关直属队春季田径运动会上。我们知道，运动会上的自行车慢骑比赛一般都是中老年选手的专利。而且比赛用车大多都是那种老掉牙的旧式自行车。慢骑比赛用车的最大特征就是稳当，一般不会因为赛场上的风吹草动，而予以过激反应。据我理解，所谓的自行车慢骑比赛，比的一是自行车的稳重好操控；二是参赛选手的冷静理性，能够在宏观把握全局的基础上审时度势；三是比参赛选手的细微感知能力和稳如泰山的操控技巧。综合来看，自行车慢骑比赛的最终角力点，就是参赛选手的稳重从容与审时度势。

为了追求比赛的趣味性，有经验的运动会编排组织者，一般都会把自行车慢骑比赛作为压轴项目安排在赛程最后，在保证观看人数相对更多的同时，也给参赛选手增加更大的心理压力。

与此前紧张激烈的"快跑"或者"猛跳"节奏相反，自行车慢骑"比的是稳健，赛的是慢功"，可以让人们已经紧绷半天甚至将近一天的神经，得以最大限度地放松，所以人们都愿意过来看看热闹，或者过来学学稳重。

由于自行车慢骑比赛的变数相对较大，一不小心就会由于这样或那样的意外，而"中途意外失足落马"被淘汰出局，所以参赛选手中的聪明伶俐者，一旦发现意外风险，见势不妙马上就会撒丫子快跑，以牺牲更好名次的方式，来确保能够比赛得分，这就显出了参赛选手的成熟和心机。事实上，正因变数大，这个比赛也就更具观赏性，更有趣味性，观众也相对更多。

二十多年前的这次舰队机关直属队春季田径运动会上的慢骑比赛，情况也是这样。当天的慢骑比赛可谓妙趣横生，观者如潮。那天，我作为终点裁判中的计时长，在忙里偷闲地向四周扫视一眼的过程中，竟发现本届运动会的总裁判长王浦先生也被吸引到了自行车慢骑比赛现场。本次比赛的紧张激烈与热闹程度，由王浦总裁判长的亲自到场，即可窥一斑而见全豹。

出人意料之外的是，这届运动会自行车慢骑比赛最有可能的冠军居然不是大家司空见惯的稳重老年人，而是一名四十七八岁模样的青壮男子。之所以说他是本次比赛的最有可能冠军，是因为当时的自行车慢骑比赛场地上，只剩下了他这唯一的参赛选手，而且还在不紧不慢地，就像已让时钟停摆一样地稳重从容。不言而喻，如无特殊意外，这次慢骑比赛的冠军，确凿无疑地就是这名来自舰队机关幼儿园的相对年轻选手了。

更加吸引人们眼球或更加刺激人们神经的，是他当时所处的比赛位置，竟然还不到比赛距离的一半！他的慢，他的稳，他的自信与心机，无不让人心中一震：很多年没有看到过如此之慢的自行车慢骑比赛了！我相信，在那如潮呐喊的人群中，一定有人跟我一样在内心小声嘀咕："今天我倒要好好地看一看，他究竟要慢到一个什么程度？"

之前，别的选手要么因为操控不当而纷纷不慎"中途落马"，要么因为在权衡赛场形势、自身实力和对比赛名次的内心预期之后，毅然决然地果断发力，快速骑过了终点。不言而喻，这些"快骑"人的比赛意图就跟秃子头上的虱子一样明摆着，那就是无论如何先拿个名次再说。

就在这位最有可能的本届自行车慢骑冠军，在成熟稳健中不慌不忙地，像蜗牛爬树一般向前慢慢蠕动的时候，在如潮似海的观众群里，突然有人高声大喊："快别磨蹭了！你现在就是以百米冲刺的速度骑过终点，你也会是今年当之无愧的自行车慢骑比赛冠军！"

闻听此言，负责本次比赛计分工作的俱乐部会计袁大哥，掐指一算之后，悄悄对我说："你还别说，这家伙目前的成绩已经打破了往年纪录！按他现在所处的位置，即使从现在开始加速一倍，估计他今天的慢骑比赛冠军成绩，就是再保持三年五载，恐怕也不会被人轻易打破。"

至此，本场自行车慢骑比赛的热度与焦点，也就不知不觉地结伴而来了。

按照这届运动会的比赛奖励规则，在计算各单位的综合成绩时，冠军加6分，破纪录者加倍计12分。换句话说，如果不出意外，即使这名"硕果仅存"的慢骑者，现在就开始加速冲过终点，他不仅是当之无愧的破纪录冠军，而且能够帮其所在单位稳拿12分！至于物质奖励也是奖品翻番。据说，各单位对冠军得主还有另外奖励。虽说"友谊第一，比赛第二"，但是名次也很重要，尤其是能够打破运动会冠军纪录的那些比赛成绩，自然更有让人着魔的吸引力。

当时，赛场周围不同的声音交替涌现，此起彼伏，一浪高过一浪。急功近利者自然完全赞同前述那位高声大喊提醒者的观点，说："你还犹豫个啥啊？加速！加速！快加速！即便以百米冲刺的速度过终点，你也是今年无可争辩的慢骑比赛破纪录冠军！"

与之相反，认为今天的比赛难得一见者，尤其是认为这位老兄的比赛成绩不仅需要空前而且必须绝后者，就认为应该让他继续慢骑下去。因为只有让他继续慢骑下去，这场比赛才会更好看、更有趣、更精彩，所以就不约而同地齐声呐喊："千万别着急啊，一定要稳住！好饭不怕晚，慢点儿更好看！"

当然，也有人眼光比我更长远，所以就鼓励他说："你真了不起！如果能够争取再慢点儿，舰队机关自行车慢骑比赛的冠军纪录就将永远都是你的，让他们再过三十年都破不了。"

在这呐喊助威与出谋划策的一片嘈杂声中，我注意到了这位老兄所在幼儿园的园长，也在同事们的簇拥下挤到了比赛现场。而且我还注意到，站在园长身边特别卖力呐喊助威的那位女士，据说就是这位老兄已经高兴到手舞足蹈的妻子。那一刻，我不仅看到了园长的激动与期盼，也看到了老兄妻子写在脸上的骄傲和自豪。毕竟，这位老兄今天可谓大放异彩，光彩照人！园长激动，老婆得意，都是人之常情，换谁都是在所难免。

您还别说，这位老兄也真是能够拿得住场面，不论观众如何呐喊，也不管他们如何劝说，这老兄都一概不管不顾，一如既往地不紧不慢，稳稳当当，似乎比蜗牛爬树还要更慢一些地向前蠕动。

当时，我想这位老兄应该非常清楚自己的角色定位：加速冲过终点，无论以什么样的速度，他都是当之无愧的破纪录冠军，但那不免有点儿轻浮，涉嫌急功近利。如果继续保持这样的慢速，即便再慢半秒，别人在以后的比赛中破他纪录的困难程度就会增加十分，这样他在追求完美的路上，就会走得更远，就会笑到最后。

我们有理由相信，在急功近利与追求完美之间，这位老兄一定是毫不犹豫地选择了后者，因为他在一如既往地慢，更慢！

不用说，随着他的不慌不忙，现场观众的心也在不知不觉中提到了嗓子眼！

与此同时，"快点加速，冲过终点你就是破纪录的冠军了""千万别着急啊，好饭不怕晚"的规劝与呐喊，也像战士们在礼堂集会时的相互拉歌，此起彼伏，互不相让。在这种群情激昂的时刻，每支队伍都想使出浑身解数，拼尽全部气力，在一浪高过一浪中争取压过对方。

就这样，在大家的焦急期盼与欢呼雀跃中，这位老兄蜗牛一般地缓慢前行的自行车，终于稳稳当当地，一寸一寸地接近了比赛终点。

然而，"天有不测风云，人有旦夕祸福"。就在他的自行车前轮距离比赛终点线还有不到三十公分的时候，他此前稳稳操控的自行车，竟然出人意料地轻微一抖，人也随之一个趔趄，连人带车地陡然倒向地面。在此之前，恐怕谁都不会想到他会在临近终点的那一刻意外"失足落马"，所以都被这突来的变故给惊掉了下巴。

更让我没有想到的是，这位老兄的比赛经验竟然如此老到，应激反应也如此迅速：他居然在倒地之前的那一刹那，将自己身体的重心奋力向前一移，相应地，也就借力打力地把他的自行车最大限度地往前一推。他在这危急紧要关头的奋力一搏，居然让他的自行车前轮成功地越过了终点裁判线。

不言而喻，在他"失足落马"的一瞬间，我那"看三国流眼泪，替古人担心"的心，也跟大家一样不由自主地提到了嗓子眼。直到看见他把自行车前轮成功送过终点裁判线后，我的心情才得以稍稍舒缓，几乎忍不住脱口而出地喊起来："他终于完成了今天的比赛，成为笑到最后的冠军！"

当然，作为终点裁判中的计时长，我也适时而恰当地停止了手中已经握到出汗的秒表。毕竟我的职责是终点计时裁判，不是来看热闹的。

然而，就在我以为破纪录的自行车慢骑比赛冠军就此诞生，当天的最后一场比赛完美收官时，早已站在比赛终点裁判线附近的本届运动会总裁判长王浦先生，竟然出人意料地指着这位"失足落马"老兄的自行车前轮，掷地有声地一言九鼎道："倒地在先，成绩无效！"

在一般人眼里，甚至就连我这国家二级田径裁判，在目睹比赛全过程后，也都认为既然这位老兄已经竭尽全力，况且他在倒地之前的那一瞬间，又凭借过人的技巧，让自行车前轮成功地越过了终点裁判线。加之在意外失足落马之前，他就已经成为观众心目中当之无愧的本届自行车慢骑比赛冠军，在这种情况下，不判成绩无效恐怕也没人会说什么。基于这种认知，我才认为王浦总裁判长断然宣布的成绩无效未免有点儿不近人情。

然而，运动会的总裁判长对存有争议的比赛成绩拥有无可争辩的最终决断权。因此，他说"倒地在先，成绩无效"，确凿无疑地就是成绩无效。

事后冷静一想，我才认为王浦先生这样做完全正确，并无不当。作为普通观众，他很可能会跟我们一样心存善念，认为应该对这意外"失足落马"在终点附近的老兄法外开恩，但是作为负责对本届运动会质量把关的总裁判长，不管舆论多么来势汹汹，他都应该坚持法治原则，以事实为依据、以法律为准绳，公正判罚，不偏不倚，不徇私情。有了这个换位思考，也就不难理解为什么一些看似合情的东西却不一定合理，而合情合理的事情却又不一定合法合规，所以对于任何事情，都不能仅凭自己的主观好恶妄下结论，必须多角度、全方位地全面审视，并以历史唯物主义的眼光，按照客观、公正和辩证的标准去分析评判，否则就会人云亦云，以讹传讹。

我们在比赛结束后检查发现，导致这位老兄在终点附近"失足落马"的罪魁祸首，居然只是一块蚕豆般大小、让人啼笑皆非的小石子。赛前准备时，工作人员虽已按照惯例，对自行车慢骑比赛专用赛道的铺路煤渣进行了过筛检查，但是难免会有"漏网之鱼"。这枚漏网石子对这位临近终点"失足落马"的老兄而言是个十足的意外，但是对于其他参赛选手而言又是绝对的公平，因为保不齐别人失足落马的地方，就没有这样的漏网石子。其实，我们不断追求完美的多彩人生，又何尝不是一场风险无处不在的自行车慢骑比赛呢？因此，必须且行且珍惜，当努力到一定程度的时候，就要学会适可而止。

这位老兄为追求完美而竭尽全力，在最后一刻功亏一篑，不免让人扼腕叹息。早知今日何必当初，恐怕就是他在万般无奈地被人宣布与破纪录冠军失之交臂那一刻的最真实心理写照。

另外，我还很不情愿地注意到，总裁判长"倒地在先，成绩无效"的话音刚落，这位老兄所在幼儿园的领导，就在老师们的默默簇拥下，一言不发地黯然退场了。而这位老兄方才还满脸骄傲，得意到手舞足蹈的妻子，则见状突然冲上前去，不是安慰，而是指着他家先生的鼻子，以青岛土话破口大骂："你这彪子啊，你真是个彪子（类似神经病之类的骂人话）！"

这件事虽已过去很多年，但当时火爆热烈而又惊险刺激的比赛场景，以及那位老兄与破纪录冠军失之交臂之后的人情冷暖，直到今天都仿佛还在眼前。教训极为深刻，值得好好反思。

人往高处走，水往低处流，这是客观规律。人生天地间，就该积极努力，追求卓越，但也必须明白凡事只要尽心尽力就好，毕竟水满则溢，月满则亏，不要为了只能在理论上无限接近的极致完美，而耗尽自己的宝贵心血。不管怎么说，我们追求卓越的终极目的，绝对不是为了"竹篮打水一场空"。我之所以不吝笔墨，把这个心酸无奈的自行车慢骑比赛故事以轻松愉快的笔调写出来，就是想寓教于乐地告诫王岩、王士弘，以及那些正跟他们一样试图把每一件事情都做到完美无缺的追梦人：人生没有极致的尽善尽美，我们不停歇追梦的脚步，不放弃工匠的标准，但不能执念于必须尽善尽美地做到极致，凡事尽心尽力就好，要懂得适可而止，毕竟谋事在人，成事在天。

时光不能倒流，如同人生没有回程的火车票，所以禅宗认为最好的风景就是"花未全开月未圆"。

文章至此，我想还是应该回到开篇那句话，即为人处世必须能够"明得失，知进退，懂礼让，张弛有度，不卑不亢"，否则就不可能做到外圆内方。

2023 年 5 月 10 日定稿于在东营办案期间

第十三堂课
不光有思路，还得有办法

博士观点

鲁迅先生说，中华民族自古以来就有埋头苦干的人，有拼命硬干的人，有舍身求法的人，有为民请命的人，他们是中国的脊梁。毫无疑问，被鲁迅先生称之为中国脊梁的这些人，无不难能可贵，无不可歌可泣。他们有一个共同特质，那就是扑下身子，真抓实干。

与之相反，两晋之所以亡国，很大程度是因为有太多所谓的风流名士，一天到晚扬扬得意于四处清谈，却只是泛泛而谈地讨论国家大事，而不联系实际解决问题，因而被"书圣"王羲之贬称为"虚谈废务，浮文妨要"，更被明末清初的著名思想家顾炎武先生以"清谈误国"四字，一针见血地钉在了历史的耻辱柱上。

作为一名普通人，所谓"空谈误国，实干兴邦"，我们应该而且能够做到的就是为人处世既不哗众取宠，也不夸夸其谈，而是脚踏实地，学以致用。简单地说，就是遇事不光有思路，还得有办法。

话题缘起

在不少地方，我都曾对王士弘的广泛涉猎与博闻强识给予很高评价，这是他积极进取和不懈努力的结果。但也不可否认，我在不加掩饰喜悦地对其给予肯定赞许的同时，也对他的前途命运报以深切忧虑，既怕他"空谈误国"，更怕他不能培养正确的人生观、价值观和世界观，以至于思想跑偏，成为"如果路线错误，就会知识越多越反动"的反面典型。

关于"思想跑偏"和不能学以致用的问题，我跟王士弘交流过很多，也对他提醒和引导过很多。记得王士弘高一结束之后的那个暑假，我带他回老家去看望爷爷奶奶。酒足饭饱之余，我与弟弟妹妹等一大家子人，一边坐在客厅里有眼无心地看电视，一边有一搭无一搭地闲聊天。妹妹的孩子则在摆弄手机上网课，唯独王士弘手捧书本看得津津有味。我弟弟王明荣以为他这是在忙里偷闲地看小说，没想到把书拿过来一看，发现王士弘正在旁若无人阅读的，竟是当代西方文论界继威廉斯之后，英国最杰出的马克思主义理论家、文化批评家和文学理论家特里·伊格尔顿所著《马克思为什么是对的》。

不言而喻，在以短视频、微信聊天等为代表的手机文化泛滥成灾的当下，王士弘能在没上高二之前，就把这样一本远比手机文化枯燥乏味不知多少倍的《马克思为什么是对的》，读得如此津津有味，足以让我为他感到骄傲自豪。据我的经验和认知，像这样枯燥乏味的人文哲学类书籍，就连一般大学毕业生乃至硕士生与博士生，如果不为应付考试恐怕都不会主动自觉去读。正因如此，我才对他不吝溢美之辞。

撇开《马克思为什么是对的》这本书是否枯燥乏味不谈，仅在手机文化泛滥成灾的当下，王士弘能用业余时间在看纸质书，就已经让我心满意足。毕竟在我看来，纸质书才是文明源远流长的真正载体，也只有通过纸质书才能实现文章精读，才能更加准确和完整地读懂文章内涵，才能查找到真实完整的文件资料，才能获得全面而准确的信息，而这才是学习研究所必须具备的科学严谨与实事求是的工作态度。

另外，阅读纸质书可以在圈点画线标重点的同时，随时记录那些灵光一现，有可能稍纵即逝的思想感悟，让人获得内心安宁与美学享受，还能带给我们至关重要的冷静思考，不会像以微信、抖音或电子书为代表的快餐文化那样，让人感到心浮气躁、急功近利。我是深有体会的过来人，我有足够资本和真实案例说明，如果想在学业上做得更好，在事业上走得更远，就请相信我这"天地可鉴、日月可表"的大实话：请尽快放下手机、电脑，改为认真踏实、平心静气、尽可能多地阅读纸质书。

在结束探亲休假，从老家寿光开车返回青岛的路上，我有感而发地告诉王士弘："如果说知道读书是人类成长进步的阶梯是一种思路的话，那么知道为谁读书和怎样把书读得更好，就是一个问题解决办法。"

现身说法

我之所以说要想实现文章精读和查到真实完整的资料，就必须想方设法去读纸质书，并非空穴来风而是有例为证。具体而言，2005年夏天，我开始办理一个出典房地产确权纠纷案，本案出典事实发生在1951年。当事人在《典当契约》中明确约定"到期不赎，视为绝卖"。在办案过程中，我亲身经历的以下两件小事不仅值得引起足够警惕，而且可以证明我所提倡的"读书就读纸质书"这个建议的正确性。

第一件事，是我在办案过程中偶然发现与纸质书相比，网上资料并不齐全。我在研究论证案件或者准备重要发言时，总是有个凡事都要穷尽证据、任何数据资料都要逐一核实的好习惯。我认为一名执业律师如果做不到以上两点，就不可能做到言之有据和侃侃而谈。

由于我着手办理的这个"到期不赎，视为绝卖"旧式典当案件，在法律性质上与现如今满大街都是的典当行所做的典当并非相同概念，属于历史遗留的疑难复杂问题，所以必须格外慎重。关于本案的疑难复杂性，曾在青岛中院、山东省高院和海南省高院等多个法院立案庭担任过领导职务，堪称见多识广的王庆三先生在见到我们提交的起诉状时说："像您代理的这类旧式典当案件，在'文革'结束后那几年陆续出现，并在 20 世纪 80 年代中期达到高峰后逐年递减。在我印象中，青岛中院在 20 世纪 90 年代以后，就没有再受理过类似的旧式典当房产确权纠纷案。您这案件之所以拖到 2005 年才提起诉讼，恐怕其中一定有它不便言说的历史原因和疑难复杂情况。"

由于年代久远而且疑难复杂，在办案过程中我们了解到，即便大学教授等老一辈法律专家，他们对于旧式典当案件往往也是一知半解。像我这样的后学晚辈要想办好这个案件，必然需要恶补历史知识而且必须准确了解法规政策。在对照《中华人民共和国司法解释大全》核实网上查找资料的真实性过程中，我才十分惊讶地发现，原来网上资料并不齐全，有些司法解释，尤其是最高人民法院针对地方高级人民法院的请示问题所作答复，书本上明明就有，但在网上一概全无。显然，这是工作人员在将纸质资料录入电子系统时的工作失误，或者由于自以为是地认为有些资料不太常用，所以就选择性地将其忽略。可见，要想查找到准确完整的资料，就必须去读纸质书。

第二件事，是我在办案过程中偶然发现，政府机关的资料上传存在一个时间节点，在此之前的资料通过网上无法查找。以公安户籍资料为例，出典人李先生既有名又有号，据说在出典当时，起码是在青岛台西当地，无论单呼其名还是仅称其号，人们都会一清二楚地知道这就是大名鼎鼎的李先生。因此，他在"典当契约"上是亲笔签名，而在"收款收据"上则是落字为号。据了解，这种在办理同样一件事情时字、号并用的情况，在1951年出典时还真不算什么问题，当事人也不会赖账，但在2005年我们就该典当房产确权纠纷案提起诉讼时，由于法律程序日渐严谨规范，名与号的问题就是一个不折不扣的大问题。承典人要想得到案涉典当房产的所有权，就必须首先举证证明"典当契约"上的签名人就是"收款收据"中的落号者，否则其所提的诉讼请求，必然很难得到人民法院的裁判支持。

更为疑难复杂的是，按照民事诉讼法规定，提起诉讼必须有明确而具体的被告。但就本案情况而言，委托人杜女士的父亲在1951年从李先生处承典案涉房产之后不久，就因社会变革等特殊历史背景，而与出典人李先生一家彻底断绝了联系。1976年10月"文化大革命"结束后，好不容易等到可以名正言顺地主张承典房产的所有权时，杜女士之父这才发现原本有字有号的李先生，已经随着时代变迁，而像随风飘散的过眼云烟，踪迹全无，难以查询。

　　这个案子之所以能从"文革"结束后可以主张承典房屋产权开始，一拖三十年而未能进入正常的行政或司法程序，就是因为承典人杜女士一家虽然想尽各种办法，包括更换一名又一名的房地产专业代理律师，但都一直未能查询到出典人李先生、李夫人及其子女的任何身份信息。

　　没有明确而具体的被告，就必然无法在法院提起诉讼。在 2005 年委托我们代理案件之前，杜女士聘请的那些房地产专业代理律师，虽然也都十分清楚，要想找到出典人一家的身份信息，就必须去公安机关查询户籍资料，却都在经过一定时期的努力后无功而返。因为他们到公安机关网上查询李先生及其继承人身份信息的提示结果都是"查无此人"，所以起诉时间只能一拖再拖。

　　后来，我们使用笨办法，通过线下查阅纸质资料发现，李先生在出典房屋之前共有八名子女，之后分别生活在黑龙江、安徽及青岛等天南海北的不同地方。李先生及李夫人离世后，只有二女儿居住在青岛市区，小儿子的户籍虽在青岛市区，但是人在山东诸城居住。这些信息此前代理律师之所以查找不到，原因有很多。

　　比如，案涉房产在出典当时的行政区划台西区，早已成为被人们逐渐忘却的一段历史，相应时期的档案资料，随着行政区划的一再变更也逐渐难觅行踪。几乎每个青岛人都知道台东商圈的热闹繁华由来已久，说起台东的美食、购物，可谓"无人不知，无人不晓"。但是我敢说，即便 20 世纪 90 年代以后出生的青岛本地人，也很可能会对青岛行政区划中曾经有过一个台东区而一无所知。因为早在 1994 年 4 月 23 日，台东区就被国务院批准依法撤销了。

　　而我代理的这个案子中的典当房产和出典人，属于更为久远地淡出人们历史视野的台西区。因为早在1963年2月，历史上的台西区就被批准撤销，其所辖区域被分别划入市北区和市南区。我们知道，行政区划发生变动后，其所辖街道办事处与公安派出所等基层组织也会随之改变，档案资料也会随之转移，在档案管理并未实现高科技的20世纪60年代，文件资料全靠手工记载，随着行政区划变更而不断转移之后，必然难觅踪迹。

　　事实上，别说1963年撤销台西区，就是1994年撤销台东区时，办公电脑也属凤毛麟角，相关资料也难以上传到网络。事实上，等办公电脑逐渐普及，过往一切已成历史。将现有资料上传到网络还需假以时日，必然无暇顾及历史的东西，这就有了相关资料不予上传到网的主观理由和客观情况。因此，此前代理律师到公安机关查找不到出典人及其继承人的身份信息，属于能够理解的客观正常情况。反过来讲，在网上查找不到相关资料的情况下，要想找到出典人李先生或者继承人的身份信息，必然就是大海捞针。

　　由前述情况不难看出，杜女士之前委托的那些律师虽然都有去往公安机关查找出典人身份信息的明确办案思路，却均未找到所需资料的切实有效办法。光有思路却没办法，自然解决不了现实问题。

　　接受委托并了解以上情况后，我们认为本案必须另辟蹊径。具体而言，是我想起了一句耳熟能详的老人言，叫"山不转，水转"！换句话说，此前代理律师一个个都像愚公一样，只知下定决心立志移除横亘在自家门前的太行、王屋这两座大山，却从未想过举家搬迁，走出大山去谋求更好发展。在学习和工作中，我们不仅需要具备愚公移山的坚韧顽强，更需要找到以谋制胜的终南捷径。因为不可能每个人都像愚公那样会有好运气，能够遇到神仙帮忙移走门前大山，所以凡事必须自我努力，自想办法，自我解救，自我提升。

接案伊始，我想不管行政区划如何调整变更，案涉房屋的位置并未变动，要想找到出典人李先生一家的身份信息，就需要根据这个位置坐标去找曾经的主管派出所。我虽然是由山东寿光应征入伍来到青岛的农家子弟，对于青岛城区的人文地理很不熟悉，但是我有一个思路相对清晰灵活的大脑和一颗全心全意为人民服务之心，更有一个打破砂锅问到底的良好学术习惯，以及一个敏而好学不耻下问的学术态度，所以我能踏踏实实地扑下身子，通过朋友去找那些从青岛市南、市北公安分局等处离退休的老同志，向他们虚心学习请教。因为我很清楚，他们都是行家里手，堪称我想查找资料的活地图。

真是"踏破铁鞋无觅处，得来全不费工夫"。非常幸运的是，在我请教过的那些行家里手之中，居然有一位刚从青岛市公安局市南分局退休不久的老公安。他不仅概略知道我想查找的那些资料目前应该存放哪个派出所，而且曾在该所工作过一段时间，又与现任所长十分熟悉。因此，我就当机立断请他出面帮助打探所需资料的具体下落，之后我再带着调查函过去按图索骥，结果不言而喻。

从上述过程看，要想办案成功，不光有思路，还得有办法。

关于想问题办事情不光有思路，还得有办法，在民间广为流传的"老鼠给猫挂铃铛"这个寓言故事，也能十分形象地说明问题。

话说某地有一群老鼠，也有一只凶狠无比、善于捕鼠的猫，眼看鼠子鼠孙被猫抓捕吃掉的越来越多，胆战心惊的老鼠们就聚在一起商讨对策，研究讨论解决这个心腹大患的思路和办法。老鼠们颇有自知之明，知道谁也没有猎杀这只悍猫的力气和胆量，于是就退而求其次，只想提前探知猫的行踪，以便及时躲避防范。一只头脑活络的老鼠提议道，只要能在猫的脖子上提前挂个铃铛，问题即可迎刃而解。因为猫一来，铃铛就会叮当作响，一听到铃铛声响，它们就可以立即遁洞而逃。一旦给猫挂上这个铃铛，就再也不会为这只凶悍无比的猫而感到恐惧和苦恼了。闻听此言，众鼠齐声叫好。可是没想到在一片叫好声中，有一只不识时务的年轻老鼠好奇地问道："那么谁来给猫挂铃铛呢？"顿时全场一片肃静，因为谁也不敢冒死担此重任，所以此议只能不了了之。

毫无疑问，在猫的脖子上提前挂上铃铛，的确不失为疯狂而大胆的绝佳思路，但是怎样才能如愿以偿地把这铃铛给猫挂上，就是不折不扣的问题解决办法。事实证明，光有思路而没有办法，无异于痴人说梦。

当然，在现实生活中，不光有思路而且有办法的成功案例不胜枚举。让我们来看下面这个同样广为流传的民间故事。

话说明朝时期，一名在任知县不小心得罪了下属黄某。没想到黄某怀恨在心，趁给县衙打扫卫生的机会偷走了知县大印。在古代，官员丢失大印可是杀头之罪，非同小可。得知大印被盗的事后，知县虽然心知肚明此系黄某挟私报复所为，却百思不得其解问题的解决办法：来硬的，把黄某抓起来，人家就是不承认你也没辙儿，毕竟知县没有牢牢抓住黄某的盗印手腕。如果不能硬逼黄某乖乖就范，反而还会因此给他留下举报把柄；来软的，好言相劝，晓之以理、动之以情也不一定能行，因为黄某的盗印目的就是想报复这个知县。更重要的是，不管来硬的还是来软的，都等于是把官印丢失的事公之于众。在这种情况下，知县的死期必将来得更快。

正在一筹莫展之际，师爷给知县出了一个好主意。那就是在天刚放亮的时候，派人在县衙里放上一把火。起火时候，知县立刻召集人马前去救火。等队伍集合完毕，知县就郑重其事地拿出一个盒子当众交给黄某，大声说："你好好保护官印，不用前去救火！"

知县带人前去救火后，黄某就感到好奇了：明明是我偷拿了官印，怎么还要我来保护官印呢？于是就非常好奇地打开盒子一看，顿时发觉上当了，因为盒子里面空空如也。虽然盒子里面什么也没有，但是所有人都曾亲眼所见知县亲手把大印交给黄某一人保管，等他救火回来故意当众打开盒子一看发现里面没有官印，必然就会追究自己保管不力导致官印丢失之责，黄某这才知道自己是被知县明明白白地给算计了。所以，他就立刻跑回家去拿出大印放进盒子里。知县不仅用一把火顺利找回了官印，同时也给黄某留了一个就坡下驴的机会，不失为高明至极的解决问题办法，值得我们认真学习与借鉴。

关于"不光有思路，还得有办法"这个话题，很可能有人会不以为然，甚至认为思路、办法本身就是一码事，因此没有必要在这里绕来绕去地浪费口舌。对此看法我并不认同，我认为持此不同观点的人，是只知有其一而不知有其二。不难想象如果将思路比喻为足球比赛中的盘带过人，那办法就是起脚射门的临门一脚。毫无疑问，足球比赛中如果缺少这编筐编篓贵在收口的临门一脚，再漂亮的盘带过人归根结底都是瞎子点灯白费蜡。

为了更加准确地说明问题，在此与众分享我切身体会的一个真实案例。

具体而言，2008 年 2 月，我在奉命离开舰队军事检察院正团职主诉检察官岗位，牵头组建海军北海舰队法律服务中心之后，就不言而喻地成了北海舰队首长机关的首席法律顾问。为了大幅度拓展自己的军事法律顾问知识层面，尽快提升服务保障首长机关依法决策和部队军事行动的能力水平，我就想方设法地利用点滴时间，广泛涉猎与海军训练作战有关的军事法律书籍，其中读得最为仔细认真，当然也是最希望能有巨大收获的一本书，就是看起来博学多才，听起来言之有理，读起来眼花缭乱，热闹非凡，实则东一榔头、西一棒槌地不着边际，让人无所适从，没有任何实践价值的那本书。此书如由外行阅读，很可能会被外表如此高端大气的专家带偏节奏，但在像我这样的军事学硕士出身，既当过潜艇全训副长这样的常年漂泊在深海大洋的军事指挥军官，也曾在执业律师岗位深耕多年的求真务实者看来，却只有百感交集的一声长叹："真是有思路，没办法！"

关于"不光有思路，还得有办法"这个话题，我还可以写出更多有血有肉和触目惊心的真实案例，但是本着"行有所止，言有所界，凡事有度"的原则，我只能就此打住。

回到对于高中学生王士弘的引导教育话题，我觉得在为人处世方面，要想做到不光有思路，还得有办法，就要提醒年轻人必须想方设法地克服以下三种不良倾向。

一是读书虽多但夸夸其谈，只可作为哗众取宠的资本，而不能将其化作治国安邦的良策。

我曾有个朋友买书、读书都很多，多到让当地新华书店的员工都要为之侧目。但此人只知夸夸其谈，而不能将其转化为治国良策或者济世良方，加之命运多舛，甚至混到看守所里去待了一段时间，结果被人讥讽嘲笑为"这书都被读到狗肚里去了"！

二是只知纸上谈兵，而不能学以致用。读书做学问目的是要修身齐家治国平天下，归根结底在于一个"用"字。古代读书人的发心，是不为良相便为良医，目的还是学以致用。我在全日制攻读法学博士学位期间，曾经有种论调，那就是博士论文不需要人人都能看懂，有三五个专家教授能够看懂，给打个及格分即可拿到博士学位。对个别人的这个观点，我自始至终都持反对态度，我主张做学问就要脚踏实地，做到学以致用，避免故弄玄虚地夸夸其谈。

三是为人处世，不能光有思路而没有办法。在汉语成语中，有个非常切合今日之主题的成语叫作"房谋杜断"，意思是指唐太宗时，名相房玄龄足智多谋而杜如晦善于拍板决断，两人同心济谋，传为治国美谈。虽然我们不是唐太宗也不是豪门大户，也没有唐太宗这样的房谋杜断可用资源，但是我们可以自我加压，自我完善，不仅能善谋而且须善断。通俗地讲，就是不光有思路，还得有办法。

2023 年 4 月 5 日写于清明节

第十四堂课
"浑水摸鱼"，还是"浑水捉鱼"

博士观点

中学生可以没有学术成就，可以没有系统完整的学术思想，却不能不启发学术意识，不能不培养学术精神，不能不训练学术思维，不能不养成打破砂锅问到底的学术习惯，更不能没有实事求是的学术态度。

话题缘起

2022年10月3日上午11：20，王士弘给我发来两条微信：一是"石老人无了"；二是"被雷劈了"。

王士弘微信所称"石老人"，指的是一块早被赋予神话传说，屹立于青岛海边不远，像是在翘首以盼亲人出海归来的一块呈站立姿态的老人形态石头。

据说，此石屹立在此已有6000余年，虽然历经几千年的风吹浪打，但其外形没什么改变，早已成为"驴友"的打卡胜地和青岛的地标景点，久负盛名的"石老人海水浴场"由此得名。因此，起码是在青岛，"石老人"已是家喻户晓。然而没想到就是这样一块原以为风吹不倒、水浸不没，能够寄寓一对新人海誓山盟"海枯石烂不变心"的海边石头的上半部分，竟然会在 2022 年 10 月 2 日夜间或者 10 月 3 日凌晨那场惊心动魄的风雨交加之中，万分遗憾地永久灭失了。

现身说法

关于"石老人"上半部分灭失导致其形象毁损的原因，可谓众说纷纭。甚嚣尘上且夹杂些许幸灾乐祸成分的说法，就是王士弘像鹦鹉学舌那样以微信推送给我的"被雷劈了"。毋庸置疑，在未见完整科学的鉴定报告之前，就主观臆断"被雷劈了"既非学术态度，也不符合学术规范的语言表达。对于一名涉世未深，价值观与审美标准尚未成型的高中学生而言，如果允许其不假思索地像鹦鹉学舌那样以讹传讹，后果不堪设想。不难想象，如果不从已经开始在学术上"睁眼看世界，凝目思未来"的中学生抓起，我们对于国家未来一代在学术思维上的培养，与其他家庭、其他民族或其他国家相比，可能就会真的输在起跑线上了。

那么应该怎样说才更符合学术规范和实事求是的态度呢？在就这个话题对王士弘进行启发教育时，我示范建议道："如果换作是我来向你转达'石老人'上半部分意外灭失的消息，不管网络上或者权威人士如何说，我都会实事求是地作如下陈述：据网传消息，已在青岛海边屹立长达数千年之久，已被赋予美好神话传说，并已成为青岛人文骄傲的地标性景点'石老人'的上半部分，在 2022 年 10 月 2 日夜间或 10 月 3 日凌晨的雷电交加与狂风暴雨中，万分遗憾地消失不见了。"对我这个建议性的表达方式，王士弘同学深以为然。

　　见王士弘对此话题颇有兴趣，我就想趁机启发他的学术意识，借机培养其学术精神，让他养成凡事都要问个为什么的学术习惯，尤其是要让他形成"没有调查就没有发言权"的实事求是学术态度。于是，我就借机问他："你能否告诉我耳熟能详的成语'浑水摸鱼'，为什么不是'浑水捉鱼'？或者说，'浑水摸鱼'与'浑水捉鱼'哪一个更符合日常生活场景呢？如果两者都有出处或者分别符合不同的生活场景，那为什么'浑水摸鱼'能被约定俗成为教科书中的规范用语呢？"

　　毫无疑问，以上问题不仅出乎王士弘的意料之外，而且很显然也不在像他这样缺乏生活阅历的高二学生的思考范围。但这问题又确实存在，以我的生活经验与切身体会而言，浑水摸鱼更切合我曾服役一年多时间，位于浙江宁波一带的南方农村生活场景，而浑水捉鱼则更加贴切地描写了曾经生我养我，以我老家寿光市王家老庄村为代表的北方农村求鱼方法。

　　在我还是对周围一切都感觉新鲜、充满好奇的少年儿童时代，我曾目睹过很多次王家老庄村的老少爷们儿浑水捉鱼场景。在我的印象中，浑水捉鱼的事情大多发生在炎炎夏日的中午饭后，已经下地劳累大半天的全村老少爷们儿，趁着午后日照正浓的休闲时光，相约一起拿着洗脸盆、洗菜盆等相对轻便的盛鱼工具，下到一个能与其他水流相对隔绝的大水湾里，有说有笑地一起脚蹬手刨地用力把水搅浑。为求步调一致，有人甚至还会兴致勃勃地喊起劳动号子（这种号子，在四到六个壮劳力协调一致地抡起沉重的石夯，为村民盖房打地基的时候比较常见。那种场面极其热烈壮观，极富感染力，也极具震撼力）。经过老少爷们儿一段时间之后的齐心协力浑水折腾，水湾就会逐渐泛起泥浆，河水不复清澈，水中氧气就会随着河底泥浆的沉渣泛起而逐渐缺失。这样，水中的大小鱼儿就会一条又一条地陆续浮出水面。这时候，参与这场战斗的人们便眼疾手快地将鱼儿顺手捉入盆中。

如此这般持续一个半小时左右的捉鱼活动，往往既让人们已经消耗大半天的体力得到极大恢复，也让他们随身自带的盆中积累了不少或大或小的种类繁多的鱼鳖虾蟹。在缺衣少食的 20 世纪 70 年代那样艰苦的条件下，能有一顿满可以称得上是丰盛多彩的鱼虾来打牙祭，自然就会让人感到无与伦比的幸福快乐。

只可惜，在我上到小学二三年级，也就是 20 世纪 70 年代末期的时候，那条蜿蜒流淌于王家老庄村东、老庄村办小学围墙西侧（原址在现 12 路公交车王家老庄村始发站附近，此处已被外村人承包后夷为平地，改作停车场。现已完全不见小学校舍的影子），曾经水草丰盛鱼游虾嬉的东跃龙河，竟然在不知不觉间自然干涸了，从此再也见不到这种浑水捉鱼的幸福热闹场景。我想恐怕只有在这童年追忆的时候，我们才能体味"绿水青山就是金山银山"的真正含义。

在我的童年印象中，浑水捉鱼的水湾之深，往往能够淹没到成年男人的脖子上下。毫无疑问，在如此之深的河水中，期望以摸的方式来抓水中游鱼是不可能的，必须将水事先搅浑，然后趁机捉鱼。这种语言环境下的抓鱼方法，自然应该叫作"浑水捉鱼"。

至于浑水摸鱼的场景，则是出现在距此十几年后的记忆之中，具体是我远离老家寿光，来到位于浙江省宁波市某县的潜艇部队服役期间，在一次外出购物的路上亲眼所见。记得那天也是午饭过后，当我从隐匿在大山深处的潜艇修理厂部队宿舍出发，沿着被太阳晒得发白的田间小路往镇上走去，准备从镇上乘坐长途客车去往县城购物的时候，突然听到前方人声鼎沸。我定睛一看，才远远地发现在几个南方村落附近的路边沟渠里，正有一大群人在有说有笑地弯腰探步前行。在沟渠的边上，也有几个半大不小的孩子，正在像我当年站在跃龙河边欣赏大人们浑水捉鱼一样地看热闹。

由于已在大山深处的这个潜艇修理厂憋闷许久，加之初到南方水乡，我对一切都感觉新鲜好奇，于是就不由自主地加快了步伐，赶过去看个热闹。走近一看，我才发现正在沟渠里弯腰探步、缓慢前移的这帮男女老少，之所以移动速度如此之慢，是因为他们正在手拿小背篓一样的竹编工具，以及其他一些至今叫不上名字的，用于装鱼或者盛虾之类的竹编器物，一边将这些竹编器物的碗口模样底部，沿着脚尖儿前面不远的地方往水里扎压，一边弯腰用手在这器物底部接触渠底的地方小心探摸。我看到时不时地有人摸出一条鱼来顺手扔进背篓里。那种互帮互助的欢声笑语，以及步调一致的合作共赢场面，让人感觉十分温馨。

基于小时候在老家寿光见识浑水捉鱼的生活经历，我立马醒悟过来：原来这是他们在用和我老家村民几近相同的方式，在以集体力量协作抓鱼取乐。这路边沟渠的水不算太深，大概能够淹没到成年男人膝盖的样子，所以这群人也是大个子站中间，小个子分列两边，好像是以人与人为节点，织成了一张法力无边的网，丝毫不留缝隙地往前笼罩了整个渠底。不言而喻，这张法力无边的人力大网所到之处，沟渠里能够侥幸逃脱的鱼儿一定不会很多。

与我老家村民先把深水湾里的河水齐心协力搅浑之后，再趁机把浮到水面的鱼儿捉住不同，由于这里的沟渠水浅，他们是在一边缓慢向前移动，一边用手在水底探摸。当然，经过这么多人如此密集地搅动探摸之后，沟渠里的河水也很浑浊。相应地，也会有被呛晕的鱼儿隔三差五地浮出水面，也就有人趁机将其抓住。但总体来讲，这种南方齐心协力的抓鱼方法，相比而言更加配得上称之为"浑水摸鱼"。看到这里，我禁不住哑然失笑，因为一个叫作"异曲同工"的成语，突然之间几乎就要被我脱口而出。

以上两种抓鱼方法，尽管都是大家伙儿齐心协力地把水搅浑，但从表现形式上看，南方、北方还是存在本质区别的。北方的"浑水捉鱼"主要是抓那些浑水之后因缺乏氧气而不得不浮到水面的鱼；而南方的"浑水摸鱼"，则大多是在探摸那些潜藏水底之鱼。按照这个逻辑，在以宁波某县为代表的南方，就应该叫作"浑水摸鱼"，而以我老家寿光为代表的北方，则该称为"浑水捉鱼"。

但在一般语境的约定俗成里，尤其是在《现代汉语词典》《新华成语词典》等汉语工具书中的规范表述中，几乎都是千篇一律叫作"浑水摸鱼"。至于为什么会出现这种以偏概全的"南方压过北方"情况，由于我不是语言学家，对文字研究所下功夫也相对不多，所以除了可用"或许南方河网纵横，沟渠甚多，加之提到鱼米之乡就会给人平添无限向往，吃鱼、抓鱼似乎就是南方人的专利，久而久之，人们便将南方的浑水摸鱼，约定俗成为汉语成语的规范表述"外，我真的不敢妄下其他结论。

对于我跟王士弘研究探讨的这个"浑水摸鱼，还是浑水捉鱼"问题，有人很可能会对此嗤之以鼻。因为这个问题在老成持重的智慧人眼里，根本就是吹毛求疵。他们认为对于早已约定俗成的东西，知其然即可，人云亦云就行，没有必要再去探究为什么会"所以然"。而我以为，研究探讨类似问题，对于培养锻炼一个人的学术意识和思维习惯大有裨益，并非因为吃饱了撑得没事干而吹毛求疵。

在鲁迅先生笔下大作《狂人日记》中，有一句话特别经典，一针见血地指出了芸芸众生既人云亦云又墨守成规的为人处世通病，这就是"狂人"反复诘问的那句："从来如此便对吗？"在学术上，尤其是在培养学术意识上，我认为"狂人"先生反复诘问的这句"从来如此便对吗"应该成为我们的座右铭。

无独有偶，事关南方与北方之争的典故，除了"浑水摸鱼，还是浑水捉鱼"，比较典型的还有发生在安徽省池州市人民政府与位于山西省汾阳县境内的山西杏花村汾酒厂股份有限公司之间的"杏花村"商标之争。不言而喻，解决此类权属纠纷，需要比前述"浑水摸鱼，还是浑水捉鱼"口舌之争更加细致入微的旁征博引。据说，全国各地共有十多处地方名叫杏花村，遍及江苏、安徽、湖北、山西等八个省份。唐代大诗人杜牧《清明》诗中吟诵的"杏花村"究竟指哪里？各地历来争论不休，众说纷纭。

我想即便杜牧先生能够活到今天，恐怕也不会想到，他在《清明》诗中随口一句"借问酒家何处有，牧童遥指杏花村"，在为后世留下千古绝唱，使"杏花村"名满天下的同时，竟然会让南方人与北方人在"酒"与"村"之间，引发了一场持续时间长达七年之久的"杏花村"商标之争。

据报道，直到 2009 年 11 月 23 日，国家工商行政管理总局才在历时七年多时间，经过初审和复审两个阶段的审理之后，正式通知核准安徽省池州市黄公酒泸餐饮娱乐有限公司注册"杏花村"旅游服务类商标，并认为该核准注册不对山西杏花村汾酒厂股份有限公司注册在先的"杏花村"酒商品类商标构成权利障碍。至此，这场历时七年之久的"杏花村"商标之争才算尘埃落定，而杜牧先生笔下的"杏花村"，也就因此一分为二："酒"在山西，"玩"在安徽。换句话说，国家工商行政管理总局认为"酒"是山西的酒，"村"是安徽的村。

据介绍，这个"杏花村"之争案的审理，既牵涉人文又涉及地理，不仅需要论证南方鱼米之乡司空见惯的水牛，与北方黄土高原上闻名遐迩的黄牛在品类和貌相等方面的异同，而且需要从气象学上论证杜牧《清明》诗中所写"清明时节雨纷纷"实指江南的初春景象，而非黄土高原上的山西汾阳天气状况。据说，安徽池州还以"自古以来在我国志苑中为村立志者，只有池州杏花村"为自己抗辩。很显然，办理这样的疑难复杂案件，如果没有"浑水摸鱼，还是浑水捉鱼"这样求真务实的学术态度和吹毛求疵的学术精神，必定难当大任。

回到王士弘满怀善意地向我转发"石老人无了"和"被雷劈了"这样两条人云亦云的微信后，我为什么会如此大费周章地批评教育他，就是因为我突然意识到，我们当前的中学教育课程虽然很多，教学内容也十分丰富，但是唯独欠缺打破砂锅问到底的学术习惯和坚持实事求是的学术态度等方面的培养教育。

俗话说，"一人感冒大家吃药"。但愿我跟王士弘之间这个有关"浑水摸鱼，还是浑水捉鱼"的学习讨论，能够为启发学术意识、端正学术态度和坚持学术操守等方面的中学生教育，贡献自己的绵薄之力。

2022 年 10 月 12 日写于青岛

第十五堂课
不管刮多大的风，也不管下多大的雨，步子都不能乱

博士观点

人不畏死，但却怕鬼。人之所以怕鬼，是因为不知鬼从何来，何时会来，也不知来了之后能有什么鬼操作，鬼操作之后会有什么鬼结果，所以才会莫名其妙地感到害怕，而且越想越怕。回想小学时候受老师指派，利用晚自习时间去给邻村小学送信，那种自己吓唬自己的感觉，像极了无中生有地恐惧怕鬼。第一次送信是在一个四野空旷的冬天，尽管明知四周一马平川，却总是感觉黑漆漆的道路两旁说不定什么时候就会冒出鬼来，所以不由自主地加快脚步，紧张慌乱到几乎要将自己绊倒，但是回家之后静心一想，这不纯粹是在自己吓唬自己吗？

有了这个思想认识之后再去送信，即便田野里疯长的庄稼随风摇曳，看起来就像鬼影幢幢，我也脚步从容，不再紧张害怕。可见，心思静了，步子就稳，道路就平坦。反过来讲，心绪乱了，鬼就来了。因此，我们在任何时候都要保持心思冷静，步调沉稳。通俗地讲，就是不管刮多大的风，也不管下多大的雨，步子都不能乱。因为只有保持足够的定力，才能心怀坦然，以不变应万变。

话题缘起

当发现王士弘在青岛就读的私立高中不但不能给他带来进一步的提高和快乐，反而有可能会在很大程度上对其学习进步造成不良影响后，我们就开始考虑帮他转学到寿光二中。或许因为他姥姥家在寿光圣都中学的校园之内（1984 年我上高中时的寿光一中校址），他对寿光孩子在学习上可不是一般的吃苦受累早有见闻的缘故，他对自己能否适应寿光二中的学习环境与学习节奏心中没谱儿，害怕跟不上那里的快节奏与严要求而适得其反，所以就莫名其妙地紧张恐惧，迟迟不敢下定转学决心。

为打消其紧张恐惧，我就给他讲了我刚上初一时遭遇的一件惊心动魄的烦心事儿。说起来，这事儿可要比他决定是否转学到寿光二中更加令人紧张和恐惧。具体而言，我从王家老庄村办小学毕业后，就以相对不错的成绩，优中选优地考入寿光县马店乡（现在的寿光市文家街办）西文联中十三级二班这个重点班。由于师资匮乏，重点班是从初一开始学英语，普通班则无此待遇，所以能上重点班的同学自然个个高兴无比。没想到我们刚刚高兴不长时间，就被一个高年级同学的突然插班而陆续惊掉了下巴。恐怕任谁都不会相信，这位仁兄居然是从正在就读的高一，一下子倒退三年，从天而降地直插初一，轻车熟路地跟我们从初一开始重新读起。

他之所以能从正在就读的高一，破天荒地一下子垂降初一，我想大概是出于以下三个方面的原因：一是他有破釜沉舟的"学而优则仕"上进决心；二是他有相对不错的供他读书求学的家庭条件；三是他有赖以出人头地的资质禀赋。我个人感觉，除了高中时曾经与我同桌共读的"高考专业户"李同学（此兄比我年长六七岁，曾经高三连续复读六年），这位敢于从高一插班到初一的仁兄，就是我见过的最牛中学生。

此兄由于已经学过全部初中课程，所以不等老师开讲，他就已经什么都懂，就算闭着眼睛过来上课，考试成绩也比我们高出很多，因此他名义上是来上课，实则是来复课。对我们这些懵懂无知的十几岁孩子而言，他从高一过来插班就读初一，不是诚惶诚恐地过来"陪公子读书"，而是唯恐天下不乱地动摇军心。因为此兄一来，就像天降陨石，震天动地，立马就让我们心中掀起无限波澜，顿时感觉方寸大乱。

事实上，此兄即便仅是鹤立鸡群一般地傲然存在，也会让我们紧张，更何况他还隔三差五地对我们看似轻描淡写地这样轻声说一句："初一你们或许能够跟上我的趟儿，但是等到初二开始学习物理、化学，你们恐怕就都吃不消了！" 他这看似漫不经心的轻言细语，对我们这些未曾经历过人生风雨飘摇的初一学生而言，却是无异于晴天霹雳，无不感到惊悚惶恐，这课简直就没法儿再上，几乎就要因此团灭我们的求学自信。

但当我们逐渐稳定心神，并按部就班地开始学习听讲之后，我们的学习成绩也就慢慢跟了上来。即便不是后来居上，但像王爱芳、董建水、商荣斌、李连东等优秀同学，在期末考试时已经与他难分伯仲。毫无疑问，这就是心胜的力量。

不用说，这个故事对于打消王士弘因转学寿光二中而产生的紧张顾虑很有帮助。当然，这位插班仁兄对于我的心性成熟也大有裨益。如果不是拜他所赐几乎就要团灭求学自信的降维打击，我的心性也就不会如此之早地接受挫折磨砺，我就不可能由一个农村出身的青涩少年，在面对人生之路的沟沟坎坎时候，能够勇敢无畏地一路向前，也就不敢在记忆力明显下降，学习能力日渐不足的 44 岁高龄时候再下考场，与年轻人同场竞技争夺那个可谓凤毛麟角的全日制脱产读博名额，并且出乎一般人意料之外地一次性考博成功。因为在一般人的眼里，像我这样可谓已经"功成名就"，而且具备比较优渥工作和生活条件者，既不可能像那些白手起家的年轻人一样"正为明天的早餐而努力拼搏"，也不可能为了保持业务上的勇立潮头而与时俱进，更不可能为了拿个博士学位，而甘愿舍弃在一般人眼里"可望而不可及"的专车经费等优厚待遇。恐怕直到现在，那些还在怀疑我争取读博名额的人，都不知道我的心性沉稳，已经因为这位敢于从高一断崖式地垂降初一，陪我们从初一开始重新读起的插班仁兄的鞭策激励，而修炼到了如此处变不惊的地步，更不可能知道即便今天，我都要比一般的年轻人更加勤俭节约，更加刻苦努力，更加追求卓越。

勇者之所以无惧，在于心性沉稳。直到今天，我都发自内心地感谢这位敢于从高一垂降初一的插班仁兄，因为正是他在初一时候给我心路历程上留下的这个永不磨灭的锤炼烙印，在照亮着我不惧风雨地向着未知的远方，从容不迫，稳重前行。

现身说法

古人云，"为将之道，当先治心"。一个人心性沉稳的至高境界，无非就是苏洵在《权书·心术》中所谓"泰山崩于前而色不变，麋鹿兴于左而目不瞬"。这句话的意思是说，即便泰山在眼前突然崩塌，也能保持脸色不变；即便麋鹿在身边突然出现，也能做到连眼睛都不会眨上一下，用以形容一个人心性沉稳，从容淡定，遇事不慌。

带兵打仗修身养性到如此地步者，诸葛亮是也。《三国演义》中说，面对司马懿亲率十五万大军突然压境，只有区区两千五百名老弱残兵的诸葛亮，居然泰然自若地唱了一出空前绝后的《空城计》。面对来势汹汹的司马懿，诸葛亮不仅内心丝毫不乱地轻松抚琴，而且气定神闲地高歌一曲"我站在城头观山景……"

老谋深算且精通音律到骨子深处的司马懿，见一向小心谨慎的诸葛亮竟然如此从容淡定，不仅神态自若、气定神闲，而且琴声悠扬、音律不乱，简直从容淡定到了极点，疑心有诈，恐有埋伏，遂慌忙领兵急速后撤，一场劫难就此成功避免。这是何等的泰山崩于前而色不变，何等的每临大事有静气啊！

诸葛亮仅凭一个每临大事有静气的空城计，就成功吓退司马懿十五万精兵良将的故事，足以说明"心神稳定，大事可成"这句话所言非虚。这个故事告诉我们，为人处世能够保持遇事不慌的沉稳心性不仅极其重要，而且必不可少。当然，随着国学文化底蕴的日渐深厚和经历阅历的不断积累，我也通过这个故事越来越深刻地体会到了什么叫作"人定胜天"。

所谓悲喜人生，无非就是讲完了悲剧说喜剧。我本平凡，至今未能取得光宗耀祖业绩，所以并不值得歌功颂德。但是说到因为心性沉稳，遇事不慌，而能帮人一忙或者让人感觉这活儿干得漂亮，在我长达三十年的军旅生涯之中，倒有那么可圈可点的几件小事值得一提，比如潜艇靠岸灵机一动倒撇缆。

　　熟悉舰船知识或者曾对舰船留心观察之人，就会发现不论水下潜艇还是水上巨轮，在停靠码头时一般都由4道缆绳系泊靠岸。就常规动力潜艇而言，由前到后排在第二顺位的那道缆叫"二缆"，二缆不仅最粗，而且最能吃力，是潜艇系泊的主要依靠。另外，潜艇离、靠码头时的调头和摆尾，除非有专用拖船帮忙顶推或者拖拽，都靠车、舵、缆的相互配合而助力完成。换句话说，如果缺少二缆助力，潜艇就不太可能安全平稳地独力离、靠码头，所以二缆也叫"主缆"。顾名思义，就是相对最为重要的那道缆。

　　我今天要讲的故事，发生在1998年春夏之交的一个周六下午。当时，我艇已在历经长达7个昼夜的风雨飘摇航行训练之后，缓缓驶入潜艇母港。当我根据规定，站在前甲板的舰艏部位，按照舰桥（潜艇水面航行时的最高指挥岗位）指令，指挥舵信兵（潜艇兵是特种兵，一专多能，操舵与信号合二为一）将二缆麻溜顺利地撇上码头之后不久，却发现舰桥在指挥潜艇错车时（一侧用车前进，一侧倒车后退，在二缆的助力配合下，形成一股向前、向外的错车别劲儿，使艇身逐渐靠近码头），由于用车过猛，导致别劲儿过大，加之这条缆绳已经磨损老化，致使前端已经牢牢固定在码头系缆柱上的这条二缆，从其靠近潜艇舰艏系缆柱附近的地方，"砰"的一声猛然断裂！

　　眼睁睁地看着这条突然断裂的二缆逐渐沉入海底，无论本艇指挥员、普通艇员，还是站在码头上迎接潜艇出海归来的机关首长与参谋人员，抑或是站在码头上辅助带缆的本艇留营人员，竟然一个又一个地站在当地目瞪口呆，只知道大眼瞪小眼地干着急，而没有任何的解决办法。

　　由于当时已是周六下午六点，不值班人员都已休班回家，此时派人到支队舰船仓库领条新缆的可能性不大，而从兄弟单位协调拖船过来帮助拖拽停靠码头，不仅支队无此先例，而且不太可行，毕竟过去都是独力停、靠码头，缺乏在拖船帮助下停、靠码头的专业习惯。事实上，即便能够临时借来拖船，也会存在一定的安全隐患。不难想象，如果今天靠不上这个码头，不仅艇员们翘首以盼的上岸休整成为泡影，我艇也会成为人们茶余饭后的一大笑柄，这就让指挥员更加着急。

　　在二缆突然崩断的那一瞬间，我也曾跟大家一样地目瞪口呆，但当舰桥指挥潜艇调整角度再一次向码头缓缓驶来的时候，我已逐渐稳定心神，并且灵机一动：既然其他办法都是远水解不了近渴，何不打破思维定式，改变由潜艇向码头撇缆的既往习惯，来个从岸上向潜艇倒撇缆？

　　想到这里，我便高声喊叫那些依然站在码头上干着急而想不出问题解决办法的留营带缆人员，示意他们赶紧从水中捞起那条绝大部分都已沉入海底的断裂二缆，让他们将撇缆绳系在二缆断头部位，反其道而行之地从码头向缓缓驶来的水中潜艇倒撇缆，并且指挥舵信兵把断头部位及时而牢固地系在潜艇系缆柱上，让这条二缆重新具备生机和活力，助力潜艇稳稳当当地靠上了码头，可谓"思路一开，别有洞天"。

　　毫无疑问，这件事在平常一日可能根本不算什么，但在当时那种绝大多数人都在抓耳挠腮地大眼瞪小眼而毫无问题解决办法的紧急状态之下，却不失为一个及时救场的黄金点子。而这黄金点子的提出，就在于我的遇事不慌和心性沉稳。

　　在我所著《法治照耀幸福生活》一书中，有一篇题目叫《飞行员都是些反应很"慢"的人》的文章,其中讲述了空军航空兵某团副团长、特级飞行员李峰,在飞行训练时突遇空中停车重大险情而临危不乱,在历经看似十分短暂,但却无比惊心动魄的104秒生死考验之后,以大无畏的革命精神,临危不惧地驾机安全返航的故事。据报道,2006年3月7日下午,李峰在驾驶空军某新型战机执行战术机动任务过程中,在距离机场54千米、离地高度3320米处,飞机发动机的振动值显示器突然超限报警。得此情报后,塔台指挥员果断命令李峰立即返场。没想到在离地1170米高度时,飞机发动机又突然停车,飞机瞬间失去动力。紧接着,飞机状态仪表也突然失效。可谓屋漏偏逢连夜雨,险情一个连着一个,让人应接不暇。

通常情况下,在此危急时刻,飞行员应该立即跳伞逃生,但李峰同志临危不惧,向塔台请求滑翔迫降。就这样,在经历惊险刺激的1分44秒(104秒)后,李峰竟然奇迹般地驾驶失去动力的飞机安全降落!报道说,这名临危不惧的飞行员李峰,以其精湛的技术、过人的胆识、精准的计算,以及临危不惧和勇敢担当,成功处置了重大空中险情,避免了一起严重飞行事故,不仅为国家避免了巨额财产损失,而且收集了极其宝贵的新型战机空滑迫降数据,为后续训练处理类似险情积累了宝贵经验,完美地诠释了什么是当代最可爱的人。

另据报道,李峰同志因此创造了我军三代战机飞行史上的一个奇迹。毫无疑问,李峰同志为我们创造的这个惊险刺激的"104秒空中停车滑翔迫降故事",在说明业务扎实、技术过硬极端重要的同时,也说明了具备过硬心理素质的极端重要性和不可或缺。

不言而喻，这个惊险刺激的"104秒空中停车滑翔迫降故事"，也为我那堪称石破天惊的"飞行员都是一些反应很'慢'的人"之非著名论断，提供了一个足以印证其结论正确的有力证明。当然，我在文中所称飞行员反应很"慢"，其准确含义为"飞行员都是三思而后行的典型模范"。

事实上，飞行员只是看起来身体动作反应相对缓慢而已，其实脑子转得比谁都快。比如，本案中的特级飞行员李峰，他就必须在这短短的104秒时间之内，首先精确估算从当前位置，到机场跑道之间的准确距离（甚至必须精确到米），且须精确估算飞机发动机停车失速之后的惯性速度，还要考虑这个惯性速度一定随着风向、风速的影响而逐渐降低等实际情况，然后在此基础上根据离地高度和机场距离，选择并不断调整滑翔角度，经过这样一连串的，一般人在训练模拟器上都要手忙脚乱的估算、计算之后，才心性沉稳地采取滑翔迫降行动，并且要在滑翔迫降过程中根据速度、距离和高度等实际情况，不断重复以上估算、计算，适时而精准地调整下滑角度和前进方向，临危不惧地驾机安全返航。所有这些都需要在这短短的104秒之内，按部就班地精准完成，一着不慎就会满盘皆输，难度系数不是一般的高。正因如此，李峰同志才被誉为"创造了我军三代战机飞行史上的一个奇迹"。

由李峰同志这个"104秒空中停车滑翔迫降故事"，不难看出飞行员之"慢"，绝非办事拖沓毫无时间观念的懒散之慢，而是深思熟虑和科学严谨之慢，更是心性沉稳和责任担当之慢，称得上是慢到了极致，慢成了艺术，让人叹为观止。

毋庸置疑，相比于李峰同志这个"104秒空中停车滑翔迫降故事"，我那沾沾自喜的潜艇靠岸灵机一动倒撇缆，绝对就是小巫见大巫。

其实，讲完我的潜艇靠岸灵机一动倒撇缆故事之后，为了进一步说明遇事不慌和心性沉稳的极端重要性和不可或缺，我还为王士弘讲述了我年近八旬的老母亲在新冠疫情肆虐期间两次住院过程中的杀伐果断。这些事情虽然像芝麻粒儿一般大小不值得一提，但我感觉它们关乎寻常百姓的人间烟火，所以斗胆在此与众分享。

我母亲在新冠疫情肆虐期间的第一次住院，是因为我年近八旬的老母亲得了带状疱疹（俗称缠腰龙或缠腰火丹，我老家将其称为缠腰丹）。由于我母亲的这次带状疱疹集中在心脏附近，不仅位置特殊，而且大面积感染，加之我母亲心脏不好，又有高血压、糖尿病和冠心病等慢性病，这就导致她的住院治疗如同走入地雷阵，稍有不慎，后果不堪设想。

我在博士毕业之前的最后那个暑假，也曾非常不幸地得过一次带状疱疹，深知疼起来就跟刀搅钻心一般，动辄疼到让人冷汗直流，所以对老母亲大面积带状疱疹发作的痛苦滋味能够感同身受。我母亲是因为疼得实在咬不住牙，才同意住院治疗的。事实上，在这新冠疫情肆虐时期，我们也很清楚能不住院就绝不住院。我母亲住院后马上进行了颈椎部位的药物介入治疗，最初三天效果很好，母亲也终于能够睡个安稳觉，但是随着介入药物的逐渐失效，我母亲又开始钻心一般地疼痛难忍。对我母亲这样的多病齐发老年患者而言，这种状况十分危险，真的有可能疼起来要了命。

由于不忍心看到母亲越来越疼的样子，我的弟弟、妹妹就开始按照主治医生的指点，联系北京、济南等地的医疗专家，争取让其来寿光为我母亲开刀治疗。但是非常遗憾，当时正值疫情管制，北京专家谁都不敢离京，因为一旦经过疫情高危地区，至少是在 14 天的隔离期内，他们就很难再回北京。而济南当时也是疫情高危地区，寿光医院也不可能让济南的医生进院工作，因此我弟弟妹妹四处打探的最好结果，就是带我母亲前往济南住院开刀，并且已经找人协调好了预留床位。在当时的情况下，由于济南属于高危地区，去了就回不了青岛或者寿光，必须有人在济南长期陪床。然而，无论是我还是我弟弟妹妹的工作性质与家庭生活，都不允许我们离家长住济南，所以，但凡能够不去济南做手术，就尽可能不去。

更为重要的是，我们还咨询了解到，像我母亲这种老年病多发的特殊情况，即便是到北京去找最好的专家做手术，成功的可能性也不会超过80%，有可能是花钱买罪受，达不到预期效果。尽管如此，比我更加孝顺的弟弟妹妹，还是义无反顾地决心马上就带母亲前往济南开刀住院。按照老家人的思想观念，在当时的情况下带母亲前往济南开刀住院即便治疗失败，也会道德圆满，我们兄妹也就不会因此被人在道德层面指指点点。在这种情况下，去还是不去，就是一个考验冷静理性与责任担当的极其困难选择。

俗话说："家有千口，主事一人。"在这种关乎孝道与科学的两难选择面前，我作为带头大哥，必须做出表率榜样和最终决定。为保证决策的科学合理，我就耐心细致地咨询请教了在北京可谓有口皆碑的医学博士王明学（现名王莹）大哥，以及宅心仁厚的寿光市中医院胸外科主任徐绍敏等医学专家，然后根据他们提供的信息，冷静理性地综合分析论证是否必须马上就带母亲前往济南开刀住院。在此基础上，我做出了先忍痛观察两天之后再说的结论性意见。没想到天遂人愿，我母亲居然在我做出这个看似无情无义的先观察两天之后再说的决定之后，仅仅疼了半天就很快好转，并在之后不久平安出院。其实，我也因为斗胆做出这个不去济南决定，而在自己的手心里狠狠地捏了一把汗，毕竟做出这个决定干系甚大，而且风险极大，母亲一旦病情恶化，我就是那眼睁睁地看着亲生母亲活活疼死而放任不管的千古罪人。

我母亲在新冠疫情肆虐期间的第二次住院，是因为年近八旬的她老人家，竟然鬼使神差地在凌晨三四点钟时候，心血来潮地骑着电动三轮车外出导致侧翻。由于没戴头盔，且系头部重重地碰到了水泥浇筑的马路牙子上，毫无疑问地磕了个头破血流，并因此昏死过去。等村支书王国平老弟早起遛弯儿发现她的时候，我母亲已经不知在这冰冷的水泥地上昏迷了多长时间，只知道她留在地上的那摊血，早已凝固成黑褐色。摔伤之严重，由此可见一斑。

住院检查发现，我母亲不仅头部受伤，而且断了三根肋骨，锁骨骨裂。我从东营"突破封锁"赶到医院的时候，看到母亲不仅上了呼吸机，而且插了导尿管，能够模糊认出我是她的大儿子，但是对于撒家舍业陪护在侧的亲生女儿王金梅，却经常将她认作是我姨家大表妹，不仅神志不清，而且话语极少，看上去有气无力，俨然垂垂将死，让人心酸流泪。

毫无疑问，母亲伤情稳定之后，就要考虑选择保守治疗，还是马上进行骨科手术这个大问题。当时，专家建议尽快进行骨科手术，骨科主任也曾亲自过来查看病情，与家属商议手术具体时间。在这种情况下，让年近八旬的老母亲挨上几刀似乎已成定局。

由于我母亲不仅年近八旬，而且又有多种慢性病，对她而言手术风险相对较大。而且，一旦开刀，就要长期住院。为患者安全考虑着想，医院规定陪床人员轻易不能更换，在这种情况下，让有家有业、家大业大的妹妹长期陪床，我也有些于心不忍，于是就开始研究论证是否可以不用开刀动手术这个问题。

俗话说，"术业有专攻，内行人办内行事"。在做决定之前，我还是咨询请教了在北京执业的王明学博士和胸外科专家徐绍敏主任，以及已经准备为我母亲开刀动手术的那个骨科主任，咨询得知像我母亲这样的肋骨骨折和锁骨骨折，其实都叫扁骨骨折，而扁骨骨折即便不动手术，也会自动愈合。另外，考虑我母亲都已经这么大年纪了，又系高血压、糖尿病和冠心病等慢性病的多病齐发，一旦开刀，就是伤筋动骨，破坏元气。对我年近八旬的母亲而言，手术的做与不做各有利弊。在这种情况下，我又心性沉稳地决定力排众议不做手术。

事实上，我不仅果断决定不为母亲动手术，还根据住院治疗情况和母亲好像离了呼吸机就不能存活的悲惨现状，决定将其置之死地而后生，让她拔掉呼吸机，回家静养。

事实证明，我这看似不近人情的果断决定，在将我妹妹从疫情期间严格封闭管理的医院之中解脱出来的同时，也让我的母亲逐渐激发和恢复了自身活力，就这样让她不治而治。半个月后，当我看到母亲挣扎着下床，并且尽最大努力坐在矮桌上与我们共进晚餐的时候，我不由自主地转过头去喜极而泣。

现在，我的母亲已经完全恢复健康，似乎比这两次住院治疗之前还要状态良好，除了因为头部受伤而导致的记忆力严重衰退，其他一切正常。不仅如此，每当春天来临，门前韭菜长到一定身量，可以尝鲜时候，我母亲就会隔三岔五地为我们烙上一次韭菜馅饼，让我们尝一尝小时候的味道。看到母亲日渐好转的样子，我在庆幸自己没有读成"四体不勤，五谷不分"的书呆子，凡事都能保持冷静理性和心性沉稳的同时，也越来越深刻地感受到《周易》所言非虚，真的就是"积善之家，必有余庆"！

最后，补充说明一点，我任职潜艇副长的职责之一，就是负责损管（损害管制的简称）训练。作为一名潜艇副长，我在给受训艇员讲解"潜艇损管"这门课时，总是不忘结合 210 潜艇沉没事故等相关案例，发表一下自己的另外一个非著名论断：作为一名潜艇艇员，一旦发生损管，你最为正确的选择，就是假定自己在损管当时已经死亡。只有把自己放到"已经死了"这么一个相对最低的位置，你才能够稳定心神，才能置之死地而后生。

不言而喻，你都已经把自己当成死人了，还有什么可以感到害怕的呢？心中不害怕，脚步就不乱，动作就会不变形，损管也就能成功。在此基础上，你从死的位置，每向生的方向努力前进一步，你的成功生还希望，必然就会相应增加十分，走着走着，你就活过来了。这就是我所理解的向死而生！

可不是吗，你都假定自己已经死了，在这个世界上还有什么可以让你感到害怕的呢？

2023 年 2 月 21 日写于青岛，修改于 2024 年 5 月

第十六堂课
成功其实很简单：看懂文件，听懂话

博士观点

作为读书人中的一分子，一名执业律师如果看不懂武则天《无字碑》中以无字胜有字的深刻内涵与恢宏大气，倒也无可厚非。如果参悟不透巍巍泰山之巅万仙楼附近那个摩崖石刻"虫二"，其实就是古代名士所玩文字游戏"风月无边"（风的繁体字为"風"）中的刁钻促狭与诙谐幽默，也属情有可原。但是如果看不懂业务文件的真实内涵，听不懂工作对话的应有之意，那就是确凿无疑的人间悲剧。这样的人，依我建议还是趁早卷铺盖走人，不要再端法律人的饭碗，以免"庸医害死人"。

可是非常遗憾，以我混迹于法律人队伍长达二十年的耳闻目睹，竟然一次又一次瞠目结舌地发现，在工作中看不懂文件、听不懂话的情况，不仅过去有，现在依然有，而且按照目前这种以手机文化为代表的急功近利和心浮气躁，看不懂文件、听不懂话的情况在不远的将来，恐怕不是越来越少而是相对更多。每当想起这种看不懂文件、听不懂话的既可悲又好笑的情况，我就跃跃欲试地想步晚清文学名家吴趼人先生之后尘，也创作一部与其类似的能够对世人起到一定警示教育作用，与本应"世事洞明皆学问、人情练达即文章"的法律人有关的谴责小说《二十年目睹之怪现状》。

说心里话，我真心希望包括律师在内的每一名法律人，都能对我今日言说之事，有则改之无则加勉。这样一来，法治的天空，必将更加风清气正，公平公正，让人呼吸自由，实现法律养生。

话题缘起

2022年12月底的一天晚上，我去接王士弘放学回家，发现他竟比平常晚出来五分钟。问其原因，没想到平日里不太喜欢八卦他人是非短长的王士弘，这一次竟也愤愤不平地对我说："您都不知道我那同学到底能有多么腻歪！我跟他讲过多少次了，不要什么事情都来问我，也不要什么事情都向我诉说，可他仿佛就是听不懂话一样，一见到我就黏着不走，都快烦死我了！"

这个让王士弘不胜其烦的男同学，跟他不在一个班级，见面次数虽少却很亲切，亲切到过了头，以至于连涵养相对不错的王士弘，都恨不得见面赶快绕道躲着他。听他这样一讲，我就明白了其中之意，也感觉到应该就此给他讲上一课，遂对王士弘因势利导说，选择性记忆是人之常情，有些事情你虽然已经告诫提醒过别人很多次，可他们就像根本没有听说过一样不足为怪，我认为出现这种情况的原因，无外乎以下三种。

"一是在他内心深处已经对你产生严重依赖，虽然你很烦他，

他却对你的厌烦视而不见。因为在他潜意识中，已经把你固化为

他的要好朋友，所以不管遇到什么事儿，都会情不自禁地找你诉说。这种人如果一时半会儿不能彻底摆脱，那就姑妄听之。

二是即便听懂了你说的那些话，但是为了逮着一个发泄对象，必然就会揣着明白装糊涂地不管不顾向你诉说。这种情况就其实质而言，无非就是把你当作一只可以肆意倾倒负面情绪的垃圾桶。他既然把你当作工具使用，而你也无法叫醒一个装睡的人，那就干脆对他敬而远之。

三是他根本就没有听懂你的话中之意和弦外之音，跟这样的人讲道理无异于对牛弹琴。今后再遇到这种腻歪着不走的烦人情况，你要尝试学会礼貌地对他一笑，愿意听你就站着听一会儿，不愿意听你就坚决果断地快速离开！"

借此话题，我趁热打铁一般地提醒告诫王士弘说："你有这样的盲目崇拜和盲从'粉丝'，说明你很幸运。对这样的人保持礼节礼貌和必要的距离，不仅无损你的形象，反而能够让你积攒人脉，何乐而不为？其实，别说你们这些少不更事的中学生，就是我们这些所谓见多识广的成年人，甚至是那些动辄就以明白人自居的执业律师，在工作生活中看不懂文件、听不懂话的情况，也很常见。我从战士到博士的奋斗过程中逐渐感悟的那些切身体会，无一例外地告诉我，如果一个人能够看得懂文件、听得懂话，那他就一定能把事情做到更好，无论从事什么职业，他都能取得让人羡慕不已的更大成功，我坚定不移地相信，所谓成功就是能够看得懂文件、听得懂话。"

现身说法

俗话说，"正人先正己"。打算指点别人，最好先拿自己开刀，此即所谓"己所不欲，勿施于人"，亦即"其身正，不令而行；其身不正，虽令不从"。

为证明我所谓"看不懂文件、听不懂话者，在各行各业之中都不乏其人"的观点正确无误，我首先是给王士弘讲了一个发生在我自己身上的故事。这个故事发生在十八年前，当时我还只是舰队法律顾问处的一名见习律师。当然，那个时候王士弘还没有出生。

所谓见习，就是舰队法律顾问处的领导只允许我在他们那里坐一坐，看一看。如果有机会，就让我学习一下他们如何做律师；如果没有这样的机会，我就只能自我学习，自我修炼，自我管理，自我完善。

舰队法律顾问处当时的专职律师，大多师出名门，毕业于吉林大学、山东大学等传统名校法律专业的高才生比比皆是，而我只是自学通过司法考试，半路出家，加之又是一名曾在潜艇上风里来雨里去地摸爬滚打十几年的赳赳武夫，与他们的满身书卷气无法比肩而立。更重要的是，我当时的职务已是副团，早已超过以参谋干事身份调入舰队机关的职务上限（当时的不成文规矩，要求正营职以下才可以调入舰队机关），所以才会有人对我一点情面也不留地直言相告："你绝无可能调进舰队机关！"

就我理解，这个"好心提醒"包含一深一浅两层含义。浅显易懂的意思，就是你不要梦想调进舰队机关。相对隐晦而且不太友好的另有深意则是，正因为十分清楚你不可能调进舰队机关，所以我才敢于这样居高临下地对你说话不客气。我在舰队法律顾问处见习当时的处境之尴尬，前途之渺茫，由此可见一斑。说起来，至今都是一把辛酸一把泪。

　　尽管如此，在见习期间，我还是凭借扎实出众的自学能力和踏实认真的工作作风，通过认真研读《中华人民共和国立法法》等法律法规，以准确掌握立法精神和法治原则，又经仔细推敲《最高人民法院关于审理人身损害赔偿案件适用法律若干问题的解释》这个刚刚颁布施行不久，在司法实践中尚属新生事物的司法解释的适用范畴，对其做到了全面理解和精准解读，借此一举推翻了杨某某人身损害赔偿纠纷案的一审判决，帮助战功赫赫，历经抗日战争、解放战争、抗美援朝和国土防空作战等重大战争节点，曾在抗美援朝空战中击落美机两架，一辈子都把荣誉看作高于生命的被告老英雄，通过二审诉讼洗刷了政治清白，并帮其成功避免可能经济损失 46 万余元，以法律上的敢打必胜和救死扶伤，让其成功卸下思想包袱和经济负担。我之所以能够帮助这名战功赫赫的老英雄二审成功逆袭，就是因为我这半路出家的见习律师，要比那些法律名校毕业的科班出身高才生，更能看得懂文件、听得懂话。

　　这个案子虽然标的并不算大，但其社会影响却是非常之大，尤其是过失致人重伤的事实，又是发生在 23 年之前的 1981 年 1 月 27 日，相关民事纠纷与刑事责任，在案发当年已经走完全部法律程序，应该案结事了，没人想到就连这样的案子竟然也会再起波澜。这个案子之所以会在时隔 23 年之后旧账重提，并且被告一审被判赔偿 46 万余元，就是因为《最高人民法院关于审理人身损害赔偿案件适用法律若干问题的解释》在 2004 年 5 月 1 日开始生效施行。杨某某在时隔 23 年之后的再次起诉立案，引起了社会舆论的广泛关注，同情原告、谴责被告的媒体声音不绝于耳，给被告带来了无穷压力。

由于本案太过疑难复杂，而且十分敏感，加之社会舆论几乎都是一边倒地同情原告、谴责被告，在这种情况下给被告担任代理律师，弄不好就会引火烧身，所以一般律师尤其是那些功成名就的大律师都选择了敬而远之，这就使我这籍籍无名的"半路出家"法律人，非常幸运地被战功赫赫的被告老英雄聘请为二审诉讼代理人。代理被告二审翻案过程中，中央电视台记者付希娟曾对此案跟踪采访，并于 2006 年 12 月 4 日 "法制宣传日"（2014 年之后改为"国家宪法日"）开始后两天，以"法律保护你"为题，在中央电视台十二频道法制栏目，分上、下两集播出，使我因此浪得虚名。

一般而言，不管刑事还是民事案件，二审翻盘打赢的成功概率都是相对很低。这个案子我之所以能够二审成功逆袭，就是因为我能够精准解读该解释最后一条中"本解释从发布之日起开始生效施行"这句话的法律内涵，堪称"看懂文件、听懂话"的经典名篇。

由于我在见习期间代理杨某某人身损害赔偿纠纷案的首战告捷和声名远播，所以舰队机关在接到某市中级人民法院邮寄送达的开庭传票与起诉状，并因此得知某房地产公司起诉舰队要求赔偿违约损失 328 万余元后，就在无人问津此案的情况下，以情况汇报呈批件中"夹带私活儿"推介律师的方式，让我接手代理此案。

恐怕谁也不会想到，我在舰队法律顾问处参观见习的那两年，运气就跟瞎猫碰到死耗子那样好。对于一般人都不看好，都认为胜诉空间更加不大，而且更加敏感复杂，也更容易引火烧身的这个合作合同纠纷案，我也代理得十分漂亮：中院一审，仅判令舰队赔偿原告 7.05 万元，这比房地产诉讼请求 328 万余元中的那个 8 万元零头儿，还少将近 1 万元。省高院二审虽以调解结案，但也只让舰队补偿原告 16 万余元，比房地产公司诉讼请求 328 万余元中的 28 万元零头儿的一半 14 万元，仅仅多出 2 万余元，舰队机关胜诉率高达 96%，可谓盛况空前。

　　关于这个案子的疑难复杂，仅从原告为了求得理想结果，而在一审、二审期间，先后更换青岛、连云港、济南等地的多名专业代理律师，即可窥一斑而见全豹。舰队机关为了有效应对这种严峻复杂局面，尽可能地避免经济损失和政治影响，特别成立了一个高级别的应诉准备工作小组。案件大比例胜诉后，舰队首长在我们提交的结案报告上毫不犹豫地不吝溢美之词："胜诉不易，教训深刻，王明勇同志功不可没！"对于首长的如此青眼相加，我自然一看就懂，不免沾沾自喜。

　　半个月后，出差归来的政工首长看完这个"胜诉不易，教训深刻，王明勇同志功不可没"的呈批件后，稍加沉思便提笔批示："常委传阅……"身负重托的应诉准备工作小组组长，很想尽快知道政工首长的批示内容，所以不等我把批阅件从司令部拿回政治部，就在半路之上给我打电话询问政工首长批得怎么样。于是，我就根据个人理解，回答说我感觉批得不怎么样。没想到组长见我拿回的这个"常委传阅"呈批件后只是轻瞄一眼，就不由自主地哈哈大笑，并且对我指点开导说："看来你是只看表面文章，而没有看懂常委传阅的其中深意啊。首长不是批得不怎么样，而是批得太好了！"

　　见我站在那里一脸发蒙，和蔼慈祥的组长老大哥就以亦师亦友的忠厚长者口吻，对我缓缓解释说明道："这个表扬的前提，就是首先充分肯定你王明勇功不可没。而批给常委传阅，就会让你的大律师之名，瞬间在舰队常委之中声名远播，让你一战成名天下知！"

　　闻听此言，我不免羞愧难当，因为以我沾沾自喜地能够打赢上述疑难复杂官司的能力水平，居然没能看懂"常委传阅"的深刻内涵。这件事情发生后，我才真正认识到自己在看懂文件、听懂话方面的能力水平尚需大幅度提升，这才有了我的知耻而后勇。

　　实事求是地讲，如果没有这次让我羞愧难当的丢人现眼经历，也就不会有我日后一步一个脚印地，向着一名真正大律师的方向勇毅前行。当然，我也因为成功代理此案，而出人意料之外地被破格调进舰队机关，并随之成为舰队军事检察院的一名正团职主诉检察官，实现了从基层军事指挥军官，到舰队领率机关政工干部的华丽转变。这个故事说明，成功其实很简单，简单到只需能够看懂文件、听懂话。

　　关于有的执业律师听不懂别人的话中之意和弦外之音，也有一个让人哭笑不得的冷笑话。这个故事发生在一场送行晚宴上，起因是一名执业律师虽经长达三年之久的做人、做事、做学问培养培训，但其看懂文件、听懂话的能力水平依然不尽人意，所以就被领导以帮助调动工作单位的方式，将其果断辞退。没想到在送行晚宴过后的第二天一大早，这位仁兄居然又跟往常一样过来上班，而且一进门就态度诚恳，甚至眼中带泪地对曾经手把手地"传、帮、带"他长达三年之久的领导承诺表态说："我昨晚回去想了一夜，决定哪里也不去，就跟着您干！"闻听此言，领导禁不住大吃一惊，心想：我好不容易才暗中使劲帮你调离我这小小的庙门啊，你怎么又决定不走了呢？

见领导辞意坚决，坚决到没有一丝商量余地，这位仁兄就无限委屈、满含幽怨地对领导说："在昨晚的酒桌上，您不是连说好几次回忆过往三年的朝夕相处，您还真是有点儿舍不得让我走吗？"听他说完这个决定不走的理由，领导差一点儿就没憋住笑出声来，本想回敬他一句"酒桌上的话你也信啊"，然而转念一想，就是因为这位仁兄看懂文件、听懂话的能力水平不济，才想方设法地帮他调走的，现在还能跟他计较个啥？于是好言相劝，让他限期收拾东西，尽快到可以"无灾无难到公卿"的对看懂文件、听懂话的能力水平要求相对较低的新单位就职报到。

领导在讲这个故事给我听的时候，这位差一点儿就让他气胀肚子，又差一点儿就让他笑破肚皮的仁兄，已经在新的工作岗位上按部就班地得到职级提升。领导说，虽然他深知"好孩子都是别人教出来的"其中道理，但在这位仁兄于送行晚宴结束之后决定不走的第二天早晨，他也突然意识到因材施教的绝对必要，并且切身体会到自己跟这仁兄缘分已尽，没有必要再对他多说只言片语，也许等他有空回想起送行晚宴上领导当众对他讲的那个"酒桌上的美女故事"，他就会自我开悟领导为什么决意不再留他了吧。

领导说他在送行晚宴上当众所讲美女故事，是听张大姐有感而发对他所讲的悄悄话。这个故事的主人公之一就是张大姐，而故事中的美女，则是张大姐在部队服役期间老领导的宝贝女儿，名叫"玲儿"。张大姐曾因荣立一等功，成为解放军画报的英姿飒爽封面人物，我记得她当时的军衔是海军上尉，我相信由张大姐之口讲述的这个美女故事应该不是空穴来风。

张大姐说她老领导家的这个宝贝女儿大学毕业分到青岛后，为其张罗物色对象，就成了她的头等大事。没想到一连见过几位相亲男士后，虽然玲儿这边"落花有情"，但小伙子们却都"流水无意"。见此情景，张大姐说她一天晚饭之后闲来无事，就跟玲儿面对面地坐下来查找原因，总结教训。聊到最后，张大姐有些不好意思地说："玲儿啊，我觉得咱是不是可以考虑适当降低一下择偶标准呢？毕竟咱这模样儿也不是特别出众。"听她这么一说，玲儿没接话茬儿。此后一宿无话，张大姐以为这事儿就算这么过去了。

没想到半个多月过去后，一天晚上将近十点钟了，玲儿参加饭局之后过来找她。张大姐开门见她酒至微醺，就想端茶倒水地伺候她赶快睡下，没想到玲儿却站在门口原地不动，两眼直勾勾地盯紧她的脸，过了好长一会儿才指着她的鼻子恨恨地说："你！你是什么眼光啊？在最近好几次的酒场上，都有那么多的男士在向我敬酒时，一口一声地喊我美女，你凭什么说我的模样儿不咋地？"闻听此言，张大姐不由自主地吓了一大跳，心想："我以为那天晚上总结经验教训时随口一说的大实话，已经哪说哪了呢，没想到她不但牢牢地记在了心里，居然还当了真，并且因此与我结了仇，看来还真的不能什么实话都敢说啊。"

闻听此言，我也嘿嘿直乐，不无感慨地对领导说："我以为酒桌上的美女短、美女长，都是逗人开心的玩笑话呢，没想到还真的有人偏拿棒槌去当针（真）。您决意辞退的这位执业律师，跟这天真可爱的玲儿，还真是有的一拼，难怪你会忍俊不禁！" 据说这位实在到滑稽可爱的玲儿，后来回到老家去当了一名职业检察官，并在当地找到了属于自己的美好姻缘。衷心祝福玲儿，也衷心祝福张大姐，感谢她俩让我知道了什么叫作"美女"。

说起有的执业律师看不懂文件、听不懂话，就不能不简单提一下我曾经旁听过的一个故意伤害案件的法庭审理。那天，被告辩护律师的开庭表现简直让我忍俊不禁，哭笑不得。

听到从我嘴里冒出调侃别人的如此狠话，您可能认为我这人是不是特别损，但我对天发誓我只记录事实，不会为了达到损人目的或者哗众取宠而添油加醋。具体而言，这个故意伤害案的被告人高某，在案件侦查阶段已经签署自愿认罪认罚具结书，辩护律师在阅卷时应该已经看到过这份法律文书，辩护律师在阅卷时应该已经看到过相应的认罪认罚具结书，并应当在开庭准备时与被告人协商一致去作有罪从轻辩护，这是一个人尽皆知的有效辩护思路（当然，被告人虽然已在开庭之前签署认罪认罚具结书，却要求开庭无罪辩护的情况也有，那是临场发挥，见机行事，具体要以被告人意见为准）。

本案开庭时，审判长在宣读法庭纪律后，又尽职尽责地特别提醒说："鉴于被告人高某在案件侦查阶段已经自愿认罪认罚，我们在开庭前提审时，也已向他释明了认罪认罚的法律后果，并征求其是否同意走认罪认罚审判程序的明确意见，被告人同意按照认罪认罚程序进行今天的审判。"然而让我大跌眼镜的是，面对如此清楚的被告人自愿认罪认罚事实和审判长已经开宗明义的认罪认罚审判程序，辩护律师居然还在开庭过程中为被告人作无罪辩护！

见此情景，审判长感到不解，还以为自己刚才没有把话说清楚，所以就不失时机地敲响法槌，再一次释明本案认罪认罚相关事实，并破例允许辩护律师跟被告人作一简短交流，征求其是否同意继续进行认罪认罚程序的最后意见。没想到我坐在旁听席上，都已经远远地听到了被告人掷地有声的响亮回答："我自愿认罪认罚，同意继续进行认罪认罚审判程序。"可是没想到辩护律师却跟已被设定为固定不变程序的机器人似的，在随后进行的开庭过程中，依然故我地坚持为被告人作无罪辩护。

后来，对于如此固执和如此费心尽力的无罪辩护，连被告人都听不下去了，忍不住朝这辩护律师大喊一声："你快赶紧闭嘴吧，我不用你为我辩护了！"

更让我大跌眼镜的是，就是这样一位在我眼里既看不懂文件又听不懂话的执业律师，其所享有的知名度和美誉度，居然比我还要高出不少。无论我在中山公园踢毽子还是在海水浴场中游泳，那些与我见面就打招呼的知道我是职业律师的叔叔阿姨们，隔三差五就会向我打听是否认识这位律师。这律师在他们眼里居然都是一片赞美之声。类似的事情见得多了，搞得我都曾经一度怀疑人生。

或许是受到这位仁兄的不断刺激留下的后遗症吧，我对近年来频频发来的律师业务推介邀约，一直都是干脆利落地拒之门外。不管别人怎么看，我都十分固执己见地认为，都是这些不负责任的宣传推介破坏了法律服务行业的风水，才将这位在我眼里"既看不懂文件又听不懂话"的律师，包装成了服务周到、业务精湛的行业典范，在让我嗤之以鼻的同时，也让我由衷慨叹所谓的"好酒不怕巷子深"，已经成为《往事只能回味》这首经典老歌中的一句幽怨悲凉唱词"时光已逝永不回，往事只能回味"。

时隔多年不见，这位律师仁兄有一次在法院门口见到我时，十分热情友好地跑过来跟我打招呼，看他意气风发红光满面的样子，我相信这么多年过去之后，他早已跻身于收入不菲的大律师行列，但愿他在名利双收的同时，多少也要从宣传造势中挤出一点儿时间精力，静下心来，深入细致地钻研一下法律业务，从而无愧于法律人这个称谓。

说好了只谈律师不说别人，但在这篇文章即将收尾之前，我还是忍不住再破一次戒。结尾这个故事，与我曾经参与办理的 450 亩军用土地依法回收案有关。这个土地回收案子的疑难复杂程度表现在以下五个方面。

一是所谓的军用土地 450 亩只是口口相传，没有任何书面资料予以佐证，在这种情况下，指望通过诉讼打官司解决问题明显就是空谈。因为随着法治的不断进步和法治精神日渐深入人心，法律程序和证据规则也在日渐完善，没有书面证明材料，就进入不了司法程序，必然得不到法院的裁判支持。

二是案涉 450 亩军用土地在由舰队直属编队从陆军接收过来（没有留存交接资料）后，只是从当地找了一位农民兄弟"代管"，并未对外经营。如此之大的一片良田，每年仅收租金 6 万元。更加让人匪夷所思的是，这位农民兄弟对案涉 450 亩军用土地"代管"三十多年的结果，竟然就是通过瞒天过海的非正当方式，将其非法转租给别人之后改作盐田。在国家下大力气确保 18 亿亩土地红线不被突破这个政策背景下，能将这 450 亩基本农田改变土地使用性质用于开发盐田者必然非同一般。

三是总部为了给大国重器配套国家战略工程，决定限时启用这块已经

"睡眠"长达33年之久的军用土地，并严令要求在2010年6月30日之前必须具备开工条件，可谓"时间紧，任务重"。

四是案涉450亩军用土地的军级单位，在经实地调查走访和充分研究论证之后，向舰队正式上件请示："争取以补偿盐田投资人2600余万元的代价让其限期停工停产，配合部队国防施工。"舰队分管首长在就这个问题征求我们法律服务中心的意见建议时，我义愤填膺地回答说："这么大的一片土地每年只收租金6万元。按照这个价格标准和直属编队的意见建议，对于出租400年总共才收租金2400万元的自己土地，在因国防工程建设需要收回自用的时候，却要倒赔给非法改变土地使用性质，破坏国家土地政策者2600多万元，说破天去也没有这样的道理！"

五是那个被部队委以重任"代管"的农民兄弟，眼见自己闯下的这场塌天之祸无法收场，遂脚底抹油溜之大吉，部队想要对他进行网上通缉却没有管辖权，而地方公安机关却以此系经济纠纷为由，不予提供找人或者抓人等方面的实际帮助。缺少非法转租的始作俑者到场参与，土地依法回收问题也就回天乏力。

需要说明的是，这个非诉讼案子的具体经办过程，尤其是按照总部规定的时间节点，一分不花地实现这450亩军用土地依法回收的过程，在我所著《法治照耀幸福生活》一书中有过概略介绍，此处不予赘述。在这里，我只讲其中的"看懂文件，听懂话"。

具体而言，当土地回收过程中遇到瓶颈，舰队分管首长就指派舰队军事检察院副检察长、舰政秘书处副处长、450亩军用土地的军级单位营房处长，以及我这个舰队首席法律顾问四名海军上校，前往当地镇政府寻求帮助。负责接待我们的那名镇领导，口若悬河地向我们介绍了当地盐田情况、盐田知识和盐田评估作价，并且高调表态："部队如果决定评估作价，我们会给予积极协助。"返回舰队机关后，这三名都堪称人中龙凤的"老机关"在向分管首长汇报出差情况时，就对当地镇委、镇政府的积极主动姿态给予充分肯定和大加赞扬，言外之意，目前已经胜券在握。可能是太过急于求成反而影响了独立自主的价值判断等方面的原因作祟，迫不及待地跑去汇报情况的这三位仁兄，居然没有听懂那位口若悬河的镇领导讲话之中的弦外之音，反倒非常错误地认为即将大功告成。唯独是我这相对愚笨之人，反而自始至终地保持了冷静理性与责任担当，并且根据多年形成的良好习惯，独立自主地撰写了一份有关这次实地调查走访所了解情况的呈批件，表达了与副检察长、副秘书长等三位仁兄完全不同的观点，为首长机关冷静理性地依法处理这起450亩军用土地回收纠纷奠定了坚实的基础。

不可否认，案涉450亩军用土地之所以能够按照总部规定的时间节点，连一分钱都没有花地实现了顺利回收，既与我们在始终保持冷静理性的基础上责任担当不无关联，也与国家法治进步不无关联。当然，更与我们能够"看懂文件，听懂话"不无关联。

最后需要着重说明的是，以上案例虽是真人真事，却并非针对具体个人，请勿对号入座，谢谢！

2023年5月18日晨于青岛

第十七堂课
在宏观全局上把握问题，
在微观细节处精雕细刻

博士观点

所谓"世事洞明皆学问，人情练达即文章"，说的是"人只有看明白了，才能活明白"。事实上，无论做人、做事、做学问，还是做案子，都是这个道理，没有例外。

关于看明白与活明白，如果以律师研究代理案件为例，就是要"在宏观全局上把握问题，在微观细节处精雕细刻"。非如此，无以通透；非如此，不能成功。

所谓宏观上的全局把握与微观处的精雕细刻，通俗地讲，就是"先定性，后定量"。事实证明，两者相辅相成，缺一不可。

话题缘起

与同龄孩子相比，王士弘所读之书还真不算少。比如，他在就读高二之前，就已经认真读完《毛泽东选集》中的不少文章，也曾认真读过马克思主义理论家、文化批评家与文学理论家特里·伊格尔顿所著《马克思为什么是对的》，甚至认真读过号称研究柬埔寨与东南亚问题权威著作的《波尔布特》。其中的一些有名篇章，王士弘不仅认真读过，还曾用心铭记。在博览群书这方面，我对他比较满意。

由于年轻记忆力好，且系怀着好奇心刚刚读过不久，所以当他把一些自认为十分新鲜有趣的观点拿来与我交流探讨的时候，我往往不敢接他的话茬儿，因为我对他名曰虚心请教实为研究探讨的话题并无十足把握，与他所提问题有关的那些书籍，我甚至都没有读过，担心说不好反而误人子弟，所以常常顾左右而言他地岔开话题，并以长辈自居的口吻对他谆谆教诲说："古人云，'书读百遍，其义自见'。对于读书过程中一时半会儿搞不懂的问题，我的经验体会是先将其搁置一边放任不管，等过段时间再拿起来重读一遍。如此这般地多读几遍，就能享受'踏破铁鞋无觅处，得来全不费工夫'的美妙体验，这就是读书学习中的自我开悟。"

为求简单明了地向他说明为什么要"在宏观全局上把握问题，在微观细节处精雕细刻"，我打了一个比方：譬如前面有座山，我们要想准确知晓这是一座什么山，这山对我们有什么用，就必须与其保持一定距离对它远观眺望，以确定其整体形状是独头峰还是五指山，然后再深入大山里面对其仔细观察，看它长了什么树，覆盖着什么草，再研究它的表面是什么土，根基中的石头是汉白玉还是花岗岩，再探明上山之路有几条，以及哪条路最好走，等等，不一而足。否则，我们就不敢说自己真正了解这座山。

同时，我也以自己的切身体会对王士弘循循善诱道："人生如同读书，既要深又要广。非深无以通透，非广无以达观。"

现身说法

俗话说，"三句话不离本行"。作为一名职业律师，我跟王士弘谈哲学，讲人生，也是结合一个又一个的鲜活案例，从头说起，娓娓道来。

就今天这个话题，我给王士弘讲的第一个案例，是我在法律出版社出版的个人专著《胜诉策略与非诉技巧：打赢官司的 50 个要点》中已经详细介绍过的那个"多事儿的 MP3"离婚案件。只不过我在这里着重介绍的，是拿到一审判决后，我与本案另一代理律师商讨是否建议委托人提起上诉时的思想感悟和不同见解，以及由此体现的"在宏观全局上把握问题，在微观细节处精雕细刻"工作标准和执业理念。

在代理这个"多事儿的 MP3"离婚案件时，我虽系舰队法律服务中心主任，算得上是这位合作律师的业务领导，但惭愧于自己是从法律上的门外汉半路出家，不仅远不如这位合作律师在舰队范围内成名早，而且远不如她学士、硕士均出身法律专业名校。因此，在跟她商讨是否帮助委托人尽快提起上诉之前，我都坚定不移地相信，经过多年专业院校的法律熏陶和实战锻炼，她在法律专业上的全局把握与精雕细刻能力，应该比我高出不少，所以总是对她虚心请教，敬重有加。但在对她经过上诉之问的考察之后，我才发现，我们以朴素善良之心认为的许多美好事物，在客观实践中往往不尽如人意。

值得一提的是，这个"多事儿的 MP3"离婚案件虽然案情跌宕起伏，但事情本身并不复杂。简单地说，就是女方因为不堪忍受男方的粗俗，而愤然起诉离婚，目的是要尽快斩断与男方的一切关联。但是没想到一审法院在判决准予离婚的同时，判令女方向男方支付补偿费用合计16万余元，却对女方要求判令男方限期迁出户口的诉讼请求置之不理，没有达到女方的心理预期。

面对如此事与愿违的一审判决，我直观感觉无论如何都要赶在法定15天上诉期限到来之前，尽职尽责地帮助委托人提起上诉。虽然上诉有可能改变不了一审裁判结果，但不上诉就会失去改变这一结果的司法救济的最后机会。因此，我认为建议委托人及时提出上诉，就是一审代理律师的第一选择。

不难想象，一旦错过上诉期限，一审判决就会自动生效。此后，只要男方不主动申请迁出户口，女方就将毫无办法。因为户口迁移属于公安机关的行政行为，不属于平等民事主体之间的民事法律行为，所以人民法院一般不会在民事判决书中判令被告迁出户口。更重要的是，是否迁出户口属于当事人的私权范畴，当事人如不提出户口迁移申请，也不存在按照法律规定应当强行注销或强行迁出户口的事实与理由，公安机关就不能主动或者强制其户口迁移。因此，就本案而言，只有通过上诉二审，才有可能促使双方坐下来协商解决男方的户口迁出问题。

由于男方的户口迁出问题对女方未来影响甚大，所以我认为一审判决补偿男方的16万余元即便在二审中一分不减，甚至哪怕再额外多给男方一些钱，只要能让男方在离婚后及时迁出户口，一切都将万事大吉。

对男方而言，把户口赖在女方家里不走对自己可谓有百利而无一害：一来他是青岛郊区乡下人，如果不跟女方登记结婚，在当时的情况下，他的户口就不可能办到青岛市区来。二来只要户口还在女方家，他就可以随时恶心羞辱她，比如将来如果女方再婚，不可避免地就会让再婚丈夫看到她家户口本上的前夫名字，即使不会引起不必要的麻烦，起码也会让人感到尴尬。

曾经与我合作代理本案一审的这名女律师，不仅十分清楚以上情况，而且十分清楚这桩不幸婚姻的牵线红娘，恰巧就是处境地位更加尴尬和难堪的丈母娘。在接案之初，我们就非常清楚地了解到，男方不仅熟知丈母娘心脏不好，血压很高，不能生气发火等实际情况，而且熟知丈母娘的忧虑担心和痛点所在，比如男方很清楚丈母娘此时尚未退休，且系某重点中学的在职办公室主任，不仅工作异常忙碌，而且由于工作原因不能长时间关闭手机，所以就故意隔三差五地发个短信把她羞辱一番，让她一听到手机短信的提示声响，就像见鬼一样胆战心惊。女儿这婚一天不离，她就一天胆战心惊，惶恐不安。因此，尽早与这可恶至极的女婿断绝一切来往，不仅是女方的迫切心愿，更是丈母娘的迫切心愿。

事实上，即便不熟悉以上情况，按照我的工作标准与执业要求，在对一审裁判结果有所不满的情况下，拿到一审判决书后的第一时间内，帮助委托人撰写上诉状并建议其尽快提出上诉，都是我这合作律师的当务之急，但是没想到她的思路和想法却与我的完全相反。

我有一个自以为非常值得推广和借鉴的律师职业好习惯，那就是不管当事人是否委托由我继续代理此后庭审，我都坚持在拿到一审裁判文书之后，认真负责地帮助委托人写好上诉状（对于劳动人事争议案件或者民商事仲裁案件，则是帮其写好起诉状）。主要原因就是刚刚代理过本案的一审或仲裁，对案件情况、庭审情况和裁判情况，尤其是对一审裁判或仲裁结果中的事实不清与违法违规之处，我比委托人的新聘律师更加熟悉，而上诉期限只有短短 15 天（刑事判决的上诉期只有区区 10 天）。在如此短的时间内，要让新聘律师在零基础上，从头开始研究撰写有理有据并有针对性的上诉状或者起诉状，明显是在勉为其难。因此，帮助委托人提前写好上诉状或者起诉状，即使委托人及其新聘律师根本不会用，自己也会感觉到心安理得与功德圆满。

然而出乎意料的是，这位合作律师不仅没有主动去写上诉状，而且对我提出的尽快写上诉状请求，她居然也一口回绝，理由是根本用不着。为避免我因此生气，她就言辞恳切地解释道："我不是不想写，而是不必写，因为这个案子不能上诉。"见我询问为什么，她就以科班出身法律专业高才生的姿态，非常专业、非常认真地对我分析道："一审判令女方补偿男方 16 万余元，是因为法院没有考虑需要分割她们所住房屋在婚后共同还贷过程中产生的增值收益。不上诉，这个裁判结果还能保持不变；一旦上诉，就会烧香引出鬼来。被告如果趁机提出增值收益分割请求，二审裁判的补偿数额肯定会比一审要多，上诉明显得不偿失，所以我建议本案不提上诉。"闻听此言，我不由得心中一阵儿激灵，"律师的价值取向"这个概念，也就随即在我的脑海里应运而生。

因为直到此时此刻我才突然明白，我们在学习法律专业书本知识，以及我们在做司法考试模拟练习题时，无论老师还是学生，不管情愿还是不情愿，我们都会自觉不自觉地站在居中裁判的角度，久而久之，也就习惯成自然地逐渐养成了居中裁判的法官思维。事实上，无论老师这样教，还是学生这样学，都是天经地义，都是各安其分，都是各司其职，无可厚非。

毋庸置疑，作为一名法律专业大学生，我们接受教育的价值观念，就是要竭尽所能地通过自身努力，让法律的天平始终保持在平衡位置，因为只有在公平公正的价值理念指引下，社会的公平正义才能得到真正实现。但当我们走上辩护律师或者公诉检察官的具体岗位时，我们的职业理念就应随着法律赋予我们的角色定位而发生改变，我们的思维习惯也必须与时俱进地适应具体岗位的法定习惯，否则就会因为角色定位的不准确和工作理念的不清晰，而导致害人害己、误国误民。

当然，我们也必须十分清楚地知道，在法律职业共同体中，法律的天平是否保持在平衡状态，是法官等居中裁判者应该关注的事情。作为当事人委托的律师，我们代表当事人站在天平的一端，无论代理民事、行政、刑事还是其他案件，我们的唯一职责，就是根据事实和法律，让法律的天平在法律允许的范围内，最大限度地朝向委托人这一边，这就是我所理解的"律师的价值取向"。

我相信我的合作伙伴之所以不建议女方提出上诉，是出于让女方尽可能减少或者避免损失的好意，但我同时相信她之所以不建议女方提出上诉的根本原因，是在她的内心深处并没有根据律师的价值取向，帮助女方"在宏观全局上把握问题，在微观细节处精雕细刻"。我甚至坚定不移地相信，直到我问她是否已经帮助委托人写好上诉状，她都没能在宏观全局上看明白这个案子的关节所在，是确凿无疑地只知有其一，而不知有其二。

与之相反，我之所以如此自信地建议女方尽快提出上诉：一是源于心怀悲悯，能够感同身受地"想当事人之所想，急当事人之所急"。二是我在本案的纷繁乱象中，看到了民事诉讼法赋予当事人的一把尚方宝剑。具体而言，就是对于当事人在一审程序中没有提出的诉讼请求，直到二审程序才予提出的，属于新的诉讼请求。对于新的诉讼请求，二审法院只可调解，不能裁判。从这年轻女律师对于上诉后果的忧虑担心，不难看出，她只是看到了男方有可能在二审程序中要求分割婚后共同还贷对应的房屋增值收益这个法律风险，而没有看到二审法院对于被告在二审中提出的新的诉讼请求不能裁判这把尚方宝剑。

对于民事诉讼法的这一原则性规定，如果单独出题考试，我相信这名科班出身的年轻女律师一定比我考得更好，但是放在具体鲜活的案件代理工作中，就会发现她并没有将那死记硬背到有可能已经烂熟于心的书本知识，灵活机动地变成"在宏观全局上把握问题，在微观细节处精雕细刻"的解决问题能力。

值得一提的是，本案二审开庭期间，男方虽然提出了房屋增值收益的分割请求，并据此要求提高女方所应支付的补偿数额，但在我们以"此系一审没有涉及的新的诉讼请求，二审法院只可调解而不能裁判"的抗辩回击下，尤其是在二审法官动之以情、晓之以理的真诚调解下，男方最终同意只让女方一次性地补偿8万元调解结案。这个数额比一审判决的16万余元少了整整一半多！如果不上诉，哪有这等好结果？

更加值得一提的是，我们在调解协议中，还为这8万元补偿款的实际支付设置了一个前提条件，那就是男方必须首先主动申请迁出户口，男方户口迁出之日，就是该8万元补偿款到位之时，而这才是更加值得女方心花怒放和欢欣雀跃的事情。

在外行人看来，我只是通过一个简单上诉，就让女方及其父母忧虑担心到茶饭不思的户口迁出问题迎刃而解，看似简单轻松到根本不值得一提，但殊不知作出这个上诉决定，却是经过了一个艰难的抉择过程，而且差一点儿就要胎死腹中。可见，只要能够看明白，办案就会很简单。

如果说"多事儿的 MP3"离婚案件的办理过程太过笼统，不太容易从中看出什么是在微观细节处精雕细刻的话，那就请看下面这个"亲外甥通过假公济私霸占舅父拆迁安置房拒不归还"案的二审法庭质证。

这个故事发生在 2009 年，远在潍坊某地从事教育工作的焦老师，在其位于某沿海城市黄金地段的老宅子拆迁改造过程中，为图省事方便，也是为了能够沾上身为该地段拆迁安置副总指挥的亲外甥一点儿光，以便分得一个位置相对优越的门面房，就请外甥帮忙排队选房。没想到外甥面露为难之色，告诉舅舅说公职人员不能帮人排队选房，唯一的办法就是请舅舅写个赠与声明，这样他就可以名正言顺地帮他这个忙了。焦老师按照外甥指点写好房屋赠与声明后，另与外甥口头约定，这个赠与声明只是为了方便帮忙排队选房，并不代表真的房屋赠送。

由于继承母亲祖业，外甥在这个地段也有一处私宅。就在接受舅舅的"赠与"后，他将这两处老宅子合并为一处申请拆迁安置。结果除了分得三套住房外，还分得一个位置极佳、面积相对很大的门面房。直到外甥将这门面房对外出租之后红红火火地开起了饭店，焦老师也没有拿到梦寐以求的位置优越的门面房，于是去找外甥了解情况。没想到这个从小由自己看着长大并且对其不乏养育之恩的亲外甥，竟然对舅舅耍起了无赖，嬉皮笑脸地说："给你一个套二房已经相当不错了。你早已把你的老宅子赠送给我了，还要什么门面房？"

　　焦老师被逼无奈，就去外甥工作单位某区房管局上访，负责接待的房管局党委书记问明来龙去脉后，对在这里当局长的这个亲外甥冷嘲热讽地说："您可真行啊，连亲舅舅的房子都敢贪？"受此揶揄后，局长外甥似乎突然良心发现，不仅答应尽快与焦老师协商解决门头房分割事宜，而且当着书记的面在自己的办公室里，把焦老师亲笔书写的那张"赠与"声明一撕两半，并随手丢进了废纸篓，就当赠与这事压根儿就没有发生，彼此一笑而过。

　　焦老师由于目睹了"赠与"声明的撕毁过程，也就想当然地以为撕了就是没了，没了就是从来没有发生过，所以就在找我咨询代理案件时，斩钉截铁地对我保证说："王主任您请放心，我发誓在我外甥手里，绝对没有我将房屋赠与给他的任何书面证明！"

　　没想到从房管局回来后再去找外甥要房时，他却翻脸不认人，不仅非常响亮地动手打了焦老师儿子及其新婚妻子这两个人的耳光，而且动手打了娘亲舅大的焦老师一记响亮耳光，让他感觉亲情丧失，颜面扫地。焦老师气愤不过就来找我帮忙起诉打官司。除案件来龙去脉外，焦老师还告诉我，他这局长外甥打小就没有父亲，全靠他这个上班拿工资的舅舅资助成长，因为他母亲（焦老师的大姐）遇人不淑，所嫁之人遭到全家的一致反对后，不等这个外甥出生，他大姐就与丈夫离婚断绝了一切来往。这个外甥也就顺理成章地出生、寄养在焦老师家里了。说到这里，焦老师忍不住老泪纵横，愤愤不平地说："我对这个外甥可谓视如己出，关爱有加，没想到他竟伤天害理地霸占我的房产，还敢欺师灭祖地动手打我！"

　　一审法院判决焦老师胜诉后，外甥不服，提起上诉。在二审应诉的准备过程中，焦老师曾自信满满地对我说："他上诉也就是走个程序，做做样子，没有书面证据，所以我敢保证他的上诉结果就是输。"

没想到二审开庭时，外甥的代理律师却当庭出示了一份至关重要证据，并据此主张一审判决认定事实错误。这份至关重要的证据，其实就是焦老师认为"撕了就是没了"的那份赠与声明。看到这份证据后，我不合时宜地悄悄责备焦老师说："您不是对我保证说没有留下书面证据吗，这是什么？"

见他好长时间默不作声，我这才扭头发现焦老师已被这突如其来的书面证据气得脸色蜡黄，只见黄豆一般大小的汗珠儿，正一粒儿接着一粒儿地从他瘦削的脸庞上悄然滚落。焦老师毕竟已是六十多岁的老人了，见他被气成这样，我不免心生恻隐，就用力拉住他的手，转移话题，以安慰的语气说道："现在不是生气的时候，请您仔细回忆一下，这样的赠与声明您一共写过几份？"

焦老师回答说："我可以对天发誓，自始至终我就写过一份赠与声明，并且目睹他在办公室里将其一撕两半之后随手扔进了废纸篓。正因如此，我在回答您问有没有书面赠与证据的时候，才敢斩钉截铁地保证说绝对没有。您看这份证据如此完整，就像根本没有撕过一样，难道那天他在我和书记面前一撕两半时用了障眼法？"

焦老师的外甥向法庭出示的这份至关重要的证据，以假乱真到就连见多识广的审判长，也没有对其产生任何怀疑。他见我和焦老师只顾窃窃私语，而迟迟不发表质证意见，就对我们提醒说："对于这份书面赠与声明，被上诉人（焦老师）有没有异议？有异议就请提交足以反驳的相反证据，否则二审裁判结果很可能对你方不利。"

　　见焦老师一脸茫然，我想他是已被气到发蒙，此时就不用指望他有什么好办法了，于是我就静下心来，请求审判长允许我再仔细打量一番这份书面证据。当我再一次拿起这份书写在一张 A4 打印纸上的赠与声明后，心中暗想，既然焦老师坚称自始至终仅写过一份赠与声明，而他又目睹了这份赠与声明的撕毁过程，那么这份书面证据从何而来？难道这外甥在当面撕毁赠与声明的时候，真的使用了障眼法？

　　俗话说，"事出反常必有妖"。在一遍又一遍地仔细打量端详过程中，我的手指竟然不经意间在这张 A4 打印纸的左右两边，感觉到了些许异样，心中不由一怔：A4 打印纸作为生产线上一个模子里出来的制式产品，其典型特征就是上下一致，左右对齐，是标准的四边形，通常情况下，绝不应该出现像本案赠与声明这样让人触摸感觉到些许异样的例外情形。反过来讲，既然这张 A4 打印纸的左右两边让人感觉上下并非齐整一致，那么其中必有猫腻！

　　有此异样触摸感觉后，我就将上述疑问报告给了审判长，请他以手指在这份赠与声明的左右两边上下仔细滑动，以体会它的左右两边是否上下齐整一致。审判长按照我的提示操作几遍以后，也咂摸出了其中的奥妙，脸上露出一丝不易察觉的揶揄微笑，并对上诉人（外甥）提示发问道："被上诉人提出这份赠与声明书写纸的左右两边并非齐整一致，这种情况明显违背生活常识，并据此主张这是中间撕开之后重新粘贴伪造形成，对于该份书面证据的纸张形状异常情况，请你方仔细核验，并作出解释说明。当场不能解释说明的，可在庭后三日内申请司法鉴定，逾期不申请即视为被上诉人的异议成立，你方听明白了吗？"

由于上诉人外甥自知理亏，而且知道这张 A4 打印纸根本瞒不过司法鉴定的火眼金睛，因此既未回复法庭的质疑询问，也没有在指定期限内申请司法鉴定，结果也就可想而知：驳回上诉，维持原判。

后来偶然得知，这张赠与声明之所以能够"起死回生"，不是外甥在将其一撕两半的时候用了障眼法，而是他聘请了一位手艺高超的裱画师将其复原所致。只不过这裱画师傅大意失荆州，在复原粘贴的时候只保证了上下对齐，而忽略了左右两边的上下齐整一致，这才被我明察秋毫地抓住了狐狸尾巴。不言而喻，这个二审法庭的质证过程，就是我一贯倡导并身体力行的"在微观细节处精雕细刻"。

这个故事说起来心酸、听起来好笑，不仅告诫我们遇事别耍小聪明，而且告诉我们所谓法律服务，无论受聘担任常年法律顾问，还是受托代理诉讼或非诉讼案件，无非都是一个从细节处着手，在总体上把握的过程，两者相辅相成，缺一不可。

关于"在宏观全局上把握问题，在微观细节处精雕细刻"的重要性和必要性，我给王士弘讲了发生在烟台某干休所拆迁改造过程中曾有长达八年未动一砖一瓦的故事。关于这个故事的跌宕起伏办案过程，在我所著《法治照耀幸福生活》一书中曾经有过比较详细的介绍，那篇文章的题目叫作《依法行政的前提，是依法决策》。今天在这里，我只着重介绍其中的"在宏观全局上把握问题，在微观细节处精雕细刻"。

说起来，这个案子更加疑难复杂，也更能体现我们山东水兵律师事务所提出的这个"在宏观全局上把握问题，在微观细节处精雕细刻"观点的极端重要和正确无比。

具体而言，海军烟台某干休所为实施老所改造工程，与开发商在 2007 年签订联建合同后，由于开发商的两个股东为了各自利益而明争暗斗，致使老干部所住房屋被拆除之后长达两年多时间都没能开工建设。在开发商股东的明争暗斗过程中，竟有好几位不得不在外租房或者借房"躲迁"的老干部及其家属，满怀遗恨地驾鹤西去了，不仅"到死都没能住上翘首企盼已久的拆迁改造新房"，甚至"没能死在自家房子里"，让人悲愤交加，欲哭无泪。

眼见拆迁之后的改造工程迟迟不见动静，部分坚持国家与军队利益至上的离休老干部，就开始潜心钻研干休所与开发商所签联建合同是否侵犯军队利益。没想到这一研究不打紧，这些一心为公，一辈子坚持公平正义的离休老干部，竟发现这份联建合同"明显侵犯国家与军队利益"，遂不顾年老体衰和个人安危，持续不断地到舰队机关甚至到北京上访，要求"必须首先赶走弄虚作假的开发商，然后才能开工建设"。

与之相反，另有部分屡立战功的离休老干部，则认为既然联建合同已经生效，就该加快节奏，及时履行。为了能让老所改造工作继续进行，与我座谈交流的几位曾经荣立一等战功的离休老首长，老泪纵横地对我说："麻烦你回去跟舰队首长汇报，就说如果老所改造能够动工，我们这几个老家伙就去舰队给首长们下跪谢恩！"

这样彼此僵持不下的直接后果，就是老干部所住房屋被开发商拆除之后，居然长达八年时间未动一砖一瓦。在我奉命前去调查了解情况前，那些在外租房或借房"躲迁"的老干部及其家属中，不幸离世者已经多达二十六七个。在让人惋惜痛心的同时，也让我切身体会到了什么是怨声载道和民怨沸腾。

为统一思想，化解矛盾，促进老所改造工作顺利进行，上级主管部门曾经先后派出过五批工作组，第五批工作组还是由上级首长亲自带队，没想到由他签署同意的调查结论，却是"老干部上访导致部队合同违约，并因此导致老所改造工作无法继续进行"。如此定性显然不是"抬棺进京"上访老干部们希望看到的结果，因此导致干休所与老干部之间的矛盾冲突不断加剧，本案老所改造工作只能无可奈何地一拖再拖。

我在奉命单独前往干休所调查了解情况回来后，不顾那些"就这样拖下去吧，等上访的人都去世了再进行老所改造工作也不迟"等不负责任的言论甚嚣尘上，坚决果断地提出如下意见建议。

一是对于开发商在招投标过程中的弄虚作假，我也深恶痛绝。从个人感情上讲，我坚决支持必须首先赶走弄虚作假的开发商；但从本案实际情况看，赶走开发商已经错过最佳时机，此前纪检部门和检察机关根据海军首长的指示和老干部提供的线索联合查办案件时，就应该在已经查清弄虚作假事实之后，果断彻底赶走开发商。然而事实上并未采取这样的及时有效行动，导致现在要求赶走开发商已成骑虎之势，上下不得，进退两难。事实上，无论换作哪个开发商，情况很可能都一样。因此，是否更换开发商需要认真推敲，充分论证，不能盲目草率决定。

二是上访老干部要求赶走弄虚作假开发商的根本目的，归根结底还是关心军、地双方在联建合同中约定的利益分成是否合理，以及如何实现军队利益最大化的问题。如果能让现有开发商承诺保证其开发资质符合规定要求，并承诺保证建设资金充足到位，且在利益分成上对干休所和老干部予以更大让步，由其继续负责完成老所改造工作必然相对更好，起码不用考虑赶走开发商所必须承担的额外增加的时间成本与经济负担。

三是对于目前面临的烂摊子，我的意见建议是尊重历史，对照现实，在实事求是的基础上，依法妥善圆满解决这一历史遗留问题。根本原则就是坚持法治和实事求是，否则就不可能妥善解决历史遗留问题。

四是解决问题的根本抓手和最有可能突破口，就是从研究推翻上访老干部们大加诟病的这个 2007 年版联建合同入手，让大家看到现任舰队领导班子敢于同侵害国家与军队利益者作斗争的坚强决心和实际行动，以扎实有效的具体工作让老干部们息诉罢访，在此基础之上推动老所改造工作依法顺利进行。

我之所以敢于如此斗胆直陈，是因为我们已在宏观全局上把握住了本案的命脉所在，并已在微观细节处下足了相当大的调研论证功夫。我十分清醒地认识到，离休老干部之所以"抬棺进京"上访，就是认为签订于 2007 年的这份联建合同，在利益分成上过分偏向开发商，并认为只有首先赶走弄虚作假违规中标的开发商，才能彻底改变这一严重侵犯国家与军队利益的不平等联建合同。

当然，我也十分清醒地认识到，上访老干部们只是看到了问题的一个方面，而没有看到司马迁在《史记·货殖列传》中所言："天下熙熙，皆为利来；天下攘攘，皆为利往。"换句话说，哪个开发商不为赚钱而来？既然如此，我们就坚持公平正义和法治原则，让开发商"君子爱财，取之有道"，只有这样，才能实现和谐共生，互利共赢。

　　需要说明的是，我在认真研究推敲 2007 年版联建合同及其履行情况，以及此前五批工作组所作调查结论与处置情况等相关资料后，十分惊讶地发现，不论干休所聘请的地方律师法律顾问，还是干休所上级主管部门编配的军队律师法律顾问，其对 2007 年版联建合同及其违约责任的理解判断，都是由于没能"在宏观全局上把握问题，在微观细节处精雕细刻"，而导致其对究竟谁是本案合同违约方这一基本事实认定错误，由此十分错误地认定"由于老干部不断上访，导致部队一方合同违约"。

　　换句话说，由于法律顾问未能"在宏观全局上把握问题，在微观细节处精雕细刻"，导致其对谁是违约方的事实认定错误，并因此将此前所派五个工作组全都带偏了工作方向，这才导致南辕北辙，不仅未能"化解上访矛盾，推动老所改造工作顺利进行"，反而让老干部的上访愈演愈烈，情况更加糟糕。

　　在弄清楚本案的来龙去脉，尤其是在对案涉合同履行情况了如指掌后，我建议首长机关及时组织与开发商重签合同磋商谈判见面会。会上，见多识广的开发商杨董事长率先发言，而且单刀直入，快人快语："现在是法治社会，我们必须尊重事实和法律，尊重 2007 年所签联建合同的合法有效性！但是为了推动老所改造工作能够顺利往下进行，我们愿意本着人道主义原则做出适当让步，但是对于合同条款，原则上一字不动，即便要动，也是只能微调，而不能大改！"

　　见他振振有词，滴水不漏，我便针锋相对地提出以下三点辩驳意见。

　　"一是必须明确，老干部上访只是一个假象，或者说只是一个诱因，并非老所改造工程迟滞八年未动一砖一瓦的根本原因。根本原因在于贵司两个股东之间明争暗斗，其次在于你们履行合同违约。本案违约责任既与老干部上访无关，更与部队无关。

　　"俗话说，'夜长梦多，迟则生变'。现有证据表明，贵司两股东为了各自利益，不仅各打各的算盘，而且都在不遗余力地走后门拉关系去拆对方的台，如此明争暗斗长达两年。在你们明争暗斗过程中，老干部们才对旧房虽已拆除两年，但新房却不予建设心怀不满，并在怨声载道过程中下决心去扒你们的老底儿，这才知道你们的小股东在参与本案招投标时既无资质又无资金，却通过"明修栈道，暗度陈仓"的违规操作，而移花接木地成为本案老所改造招投标项目的协议中标人，老干部上访反映贵司弄虚作假并非无中生有和空穴来风，而是确有实情。

　　"贵司小股东违规中标后，商请既有资质又有资金的大股东帮忙代缴联建合同履约保证金1400万元。没想到大股东代缴保证金后觊觎项目收益，就想成为联建合同的唯一乙方，这才有了你们两股东之间的明争暗斗。此后，坚持原则的老干部才开始潜心钻研合同条款，用心拷问你们参与项目的初衷，并在抓住你们的'小辫子'之后上访施压，要求赶走开发商，这才有了老所改造拆后重建迟滞八年未动一砖一瓦的尴尬局面。因此，造成今天这一极端被动不利局面的始作俑者是你们开发商，全部责任也应归属你们。

　　"由此来龙去脉不难看出，贵司如欲继续参与案涉老所改造项目，必然就是带病操作。在这种情况下，老干部要求赶走'无利不起早的开发商'并无不当。就目前情况而言，看清形势、分清责任既是大局，也是本案必须首先加以解决的问题，否则老所改造项目就无法继续进行。

　　"二是必须明确不管以往工作组对合同违约方如何认定，但就案涉合同实际履行情况看,违约方不是部队而是你们开发商。

"从合同约定及履行情况看,干休所与开发商在 2007 年所签联建合同第二条明确约定的履约保证金总额为 2000 万元,该款分两次支付,具体是在合同签订后 10 日内支付 1400 万元,余款 600 万元在合同签订后 30 日内一次付清。然而非常遗憾的是,自 2007 年 7 月签订合同至今,贵司总共只交保证金 1400 万元,余款 600 万元至今未缴纳。

"关于履约保证金未能及时足额缴纳的法律责任,双方在联建合同第六条明确约定:'履约保证金未按约定时间如数足额缴纳的,视为乙方违约。逾期超过一个月仍未缴纳,视为乙方根本违约,自根本违约之日起合同自动终止。'根据违约责任条款的合同约定,并根据贵司至今未能缴纳履约保证金余款 600 万元的客观事实,不难看出贵我双方于 2007 年签订的联建合同,已因贵司未能依约如数足额缴纳履约保证金而被视为自动终止。按照法律规定,自约定终止的事由发生之日起,该合同便不再具有法律约束力。在这种情况下,贵司所谓'尊重 2007 年所签合同的合法有效性',也就无从谈起。

"三是必须明确,基于贵我双方于 2007 年签订的联建合同,已因合同约定的违约事由出现而自动终止的客观现实,贵我双方目前已经不存在能够约束双方权利义务的有效合同。贵司如欲继续参与我方老所改造项目,只能在平等自愿的基础上,与我方协商签订新的合同,而不存在贵方所谓'本着人道主义原则适当让步'的问题,更不可能'合同条款只能微调,而不能大改'。贵方如不同意协商签订新的合同,只能限期办理合同终止善后事宜,我们重新招标选择新的联建合作伙伴。"

见我有理有据地说完以上情况,开发商的谈判代表除了目瞪口呆,竟也提不出实质性的反对反驳意见,这才迫不得已地同意坐下来跟干休所协商签订新的联建合同。通过与开发商斗智斗勇,我们代表干休所与开发商所签新的联建合同,与 2007 年版合同相比,不仅让部队多分得房屋 1421 平米(即便按照 2007 年的房屋评估价格 8500 元 / 平米计算,也为部队多争取利益超过 1200 多万元),而且让老干部的新建住房由层高 2.8 米增至 3 米,还让开发商为每户老干部免费安装了一台立式空调和一台大屏幕挂式彩电(据了解,仅是增加层高和安装空调、彩电,开发商就要多付成本 500 多万元)。以上费用合计,新签合同为部队一方多争取利益超过 1800 多万元。

值得一提的是,新合同签订后,那些进京上访要求赶走开发商的老干部也很快转变了认识,不仅对舰队新任领导班子给予充分肯定和理解信任,也心满意足地支持老所改造工作加快进行。因为他们也很清楚,哪个开发商都是无利不起早的,只要有实力完成老所改造工程,换不换开发商都一样。事实上,他们也逐渐认识到,从经济学角度讲,就目前这种烂摊子而言,不换开发商相对更好。

作为处理本案老所改造历史遗留问题的工作组成员之一,尤其是作为舰队机关首席法律顾问参与本案全部重要磋商谈判的过来人,我对本案印象特别深刻,感觉其中的经验教训与成功喜悦,特别值得与众分享,尤其是以下三点经验、教训特别值得参考和借鉴。

一是能在宏观全局上把握焦点问题和思维导向至关重要。本案纠纷之所以长达八年时间久拖不决,原因很多,但我认为其中不可推卸的责任,就在于干休所及其上级主管部门的法律顾问没能设身处地扑下身子，脚踏实地分析研究合同条款与合同履行等实际情况，所以他们都没能看清焦点问题的产生原因，从而没能在宏观全局上帮助首长机关坚持正确的思维导向。事实还不仅如此，那些法律顾问竟然一个又一个地都十分荒唐错误地认错了违约方，这就导致工作组的工作方向与老干部的上访诉求背道而驰，南辕北辙。不难想象，如果我们没有做到"在宏观全局上把握问题"，就不可能坚持法治原则及时纠正错误，也就必然会像此前工作组那样错误定性老干部上访，错误地将上访老干部作为统一思想的出发点和矛盾对立面，也就必然不会有今天这样的皆大欢喜胜利局面。这个案例告诉我们，在总体上把事儿看明白，才是想问题做事情的根本关键，无论面对多么纷繁复杂的危机局面，只要能够冷静理性地在宏观全局上把握问题，就能拨开云雾见青天。说到底，还是我那句话糙理儿不糙的口头禅："做案子就像是做人，只有看明白了，才能活明白。"

二是在微观细节处的精雕细刻，必不可少。就本案而言，在考虑本案违约责任的认定与划分时，如果我们没有"在微观细节处精雕细刻"，就不可能会在那么多法律顾问与机关工作人员都熟视无睹的违约问题上独具慧眼地去伪存真，也就不可能会有果断建议推翻以往工作组所作错误结论的那种业务自信。一言以蔽之，细节决定成败。

三是在任何时候，都要秉承法律人的冷静理性与责任担当，因为这是比金子不知还要宝贵多少倍的律师职业素养。本案中，在面对比以往任何时候都要错综复杂很多的混乱局面时，如果我们没有保持足够的冷静理性与责任担当，很可能就不会对此前连续五个工作组都坚持认为的"是老干部上访导致部队一方合同违约"产生合理怀疑，也就不会在坚持"以事实为依据，以法律为准绳"原则的基础上，逐字逐句地推敲合同条款与履约情况，也就不会作出"老干部上访只是一个假象，并非老所改造工程迟滞八年未动一砖一瓦的根本原因"这个石破天惊的分析判断，也就不可能妥善化解矛盾，依法推进老所改造工作顺利进行，没有以上冷静理性与责任担当，也就不会让安定团结的和谐氛围，再次回到这个曾经闻名遐迩的全军优秀干休所。

从这个案例来看，成功很难，难道原本迫在眉睫的老所改造工程，可以一下子迟滞长达八年时间而不动一砖一瓦；同时成功又是特别的简单，简单到仅需短短数月，就让这个已经迟滞长达八年之久而未动一砖一瓦的老所改造工程，在统一思想、息诉罢访的基础上，皆大欢喜地万丈高楼平地起。如果说其中有什么妙招法宝的话，那就一定是我们做到了"在宏观全局上把握问题，在微观细节处精雕细刻"。

2023 年 6 月 9 日写于青岛

后记
孩子就是一条船

  对一个家庭乃至一个家族而言，孩子就是一条船。不管承认与否，拜父母之所赐，每一个孩子都在自觉不自觉地或者情愿不情愿地承载着家庭乃至家族的希望和未来，可谓任重而道远。

  望子成龙与望女成凤，历来都是天下父母的美好心愿。作为父母，谁都盼望自己家的这条希望之船能够乘风破浪地行稳致远，但事实上，我们却往往又在自觉不自觉地放任、默许甚至纵容这条船随波逐流，比如屡见不鲜的"低头族""啃老族""躺平族"或"坑爹货"，都是我们不愿意看到，起码是不愿意看到发生在自己孩子身上的悲催，却又往往不知所措，无可奈何。

  作为一名资深律师、特聘教授和曾经的高级检察官，由于工作原因，我见过很多因为这样或那样的不当言行或行为过错，而被处罚、被强制、被判刑的迷途少年或失足青年，我也见过不少因为迈不过心理危机的那道坎儿而不负责任地跳楼或者服毒自杀者，导致白发人送黑发人的悲剧一再发生。以上情况，哪一个不是希望破灭，前途尽毁？

  与之相反，作为一名曾经服役三十年的老军人和以四十四岁高龄考取全日制法学博士研究生的全院最老学生，我也有幸结识了许多一路高歌猛进的"别人家的孩子"，并十分荣幸地与其中的张乐、杨颖琛、张维武、陈建孝、王明生、贾占旭、贾增旺、陈伟、黄伟等成为十分要好的朋友。他们不仅厚德载物而且自强不息，既博学多才又低调内敛。与他们一起做人、做事、做学问，哪怕仅仅坐在一起喝杯茶，都会让人感觉赏心悦目，如沐春风。

耳闻目睹教育成败的天壤之别，在让我心生无限感慨的同时，也激发了我一探个中缘由的浓厚兴趣。跟踪调研发现，在子女教育上话糙理儿不糙的其实就是以下三句话。

第一句，"唯女子与小人为难养也，近之则不逊，远之则怨"。这句话出自《论语》，是至圣先师孔子讲的。我发现小孩子教育也是这样，过于溺爱他就会恃宠而骄，置之不理他又会心生怨气。因此我认为，最好的家庭教育就是既与孩子建立良好的亲子关系，给予关怀温暖，又要学会把孩子当作天外来客，予以足够尊重，还须与之保持适当距离，像放风筝一样地适度操控，给其发挥创造的自由空间。具体怎样才算适度，因人而异。

第二句，"无为而治"。这句话是老子在《道德经》中讲的，就我理解，在子女教育上实行无为而治并不是什么也不做，而是在从小开始，下大力气培养孩子良好品德的基础上，充分发挥其想象力和创造力，让孩子自我修炼，自我实现，自我提高，自我完善。

第三句，"树大自直，人大自理"。这是我老家寿光劝慰"熊孩子"家长常用的一句话，也是我在离家出走期间，听到最多、记忆最深、理解最好的一句话。应该讲，我也算是"树大自直"。

很多人知道我是从普通战士成长为法学博士的，但是很少有人知道我之所以投笔从戎，是因为我在高二结束那年被迫离家出走。导致我离家出走的原因有很多，但归根结底还在于我的父母受时代之所限，有一种将孩子交到学校就万事大吉，交给老师就不再操心的盲从，从而忽视了家庭教育的重要性，忽略了父母在子女教育中的应有作用。

平心而论，我不是什么坏孩子。在上高中之前，我年年都因品学兼优而获评"三好学生"，尤其是我从七岁开始就帮父母领着弟弟，照看妹妹，并且烧火做饭，洒扫庭院，全然不似邻家孩子可以无忧无虑地尽享童年。按理说，离家出走的事情无论如何都不应该发生在像我这样的好孩子身上，但意外总是来得猝不及防。

具体而言，就是班主任老师在处理一件关乎学生名誉（甚至能够决定学生前途命运）的事情时，鬼使神差地冤枉了我，并将其主观臆断的结果不管不顾地告诉了我的父母。我父母由于过分信任老师，所以就怀疑我上高中之后变坏了。我相信这位老师也是无心之过，但他却因此让我深陷家庭信任危机的泥潭之中不能自拔，导致我无论在学校还是在家里，都感到了令人窒息的压抑。在这种情况下，离家出走就成为我在当时的最好选择。

与我相比，王士弘是幸运的。我在发现他与班主任之间的矛盾不断加深，即便他妈妈在班主任老师面前把姿态放得很低，也无法改变班主任对王士弘的固有看法，导致王士弘不得不几乎每天都要面临紧张惶恐的局面后，就在充分征求王士弘本人意愿的基础上，果断地帮他转学到了寿光二中，使其得以集中精力安心学习。而我的父母则在发现类似的情况后，不问是非曲直，就不分青红皂白地全然相信了老师，而彻底忽略了我的内心感受、艰难处境和弱小无助。

我虽不赞同"棍棒之下出孝子"的传统教育观念，却十分赞成应该赋予老师一定限度的体罚惩戒权，因为我发自内心地相信：一名跪着的老师，绝无可能教出站着的学生！

但我同时相信，老师由于身份的特殊性和重要性，其对学生身心健康的影响也就非同一般。哪句话说得过分，或者哪件事处理得过火，都有可能产生无法挽回的灾难性后果。因此，作为家长，我们在老师与孩子之间应该如何站位，应该以什么样的姿态对待老师，应该以什么样的方式处理老师与孩子之间的矛盾，就是一门值得认真研究和小心实践的大学问。

列夫·托尔斯泰说，幸福的家庭都是相似的，不幸的家庭各有各的不幸。我认为这句话用在孩子教育上也同样适用。为了让自己家的希望之船能够乘风破浪地行稳致远，做父母的既要放心大胆地信任孩子，又要做好以下四件事：

一是为孩子健康成长营造遮风挡雨的港湾；

二是为孩子努力奋斗鼓起希望的风帆；

三是为孩子行稳致远提供足够分量的压舱石；

四是为孩子驶向理想彼岸把准人生的方向舵。

为人父母者应该踏实认真并竭尽全力做好的以上四件事，与我在前面所讲"无为而治"等三句话所要表达的含义异曲同工，值得好好体味。

《愿你此生更精彩——与高中孩子的十七堂对话课》这本书中的人物、故事和案例，基本上都是我亲眼所见和亲身经历，所思所想皆为有感而发，经验和教训都是宝贵财富。其中的每一篇文章都是我就做人、做事与做学问的思路办法和格局境界，与王士弘深入沟通交流之后用心写就。每篇文章都经过了字斟句酌。比如，我在《浑水摸鱼，还是浑水捉鱼》中用以介绍石老人形态的那个"像似"，就是权衡比较"好似""看似""形似""状似""貌似""像似"等词语之后，优中选优的结果。

其中的每一篇文章，都在经过"真言贞语"公众号编辑认真校对把关，并在百度 App、网易新闻等网络媒体上公之于众后，再请王耀星律师正读初三的女儿王安琪同学进行检验性阅读，以其能够读懂的标准进行修改完善，力求通俗易懂和严谨规范。因此我相信，这本书即便不会让你开卷有益，也不至于误人子弟。

我从少小离家无以回报家乡父老，诚惶诚恐地奉上这本《愿你此生更精彩——与高中孩子的十七堂对话课》，衷心祝愿生我养我的王家老庄村，能在已有"三位中学生"与"五名博士群"的基础上，续写耕读传家新篇章，创造家族教育新辉煌。

同时，我也真心希望这本书，能够成为王家老庄村之外的大学生、中学生及其家长们的课外辅导书。我衷心地期望我用心写就的这本书，对任何人的家庭教育和子女成长都能有所帮助，能够助力每一名孩子逆风飞扬。当然，我也真诚祝福每一名家长都能让自己家的希望之船乘风破浪地行稳致远，早日到达理想的彼岸。

是为后记。

2023 年 6 月 16 日（父亲节）定稿于青岛

跃龙河畔人家

王雨峰

跃龙河，是指流经我的老家山东省寿光市王家老庄村东边的那条河。据《中国水系辞典》记载："跃龙河，新塌河支流。在山东省东部。下游称张僧河。源出青州市与寿光市之间山丘。东流经寿光市西北部，过牛头镇东入干流。全长 43 千米……"

听老人们讲，跃龙河也是寿光的母亲河。她分东、西两支，流经王家老庄村西边的那条分支叫西跃龙河；流经村东边的这条分支叫东跃龙河。我爷爷的房子紧邻东跃龙河的河堤之西，坐落在王家老庄村的东南角，是我们村最东边和最南边的房子。据说，在水草丰盈的时候，我爷爷房子的东院墙边，距离河水的直线距离不超过 10 米，妥妥的一个跃龙河畔人家。

据了解，曾经奔流不息的跃龙河水，在 20 世纪 70 年代末已经干涸，河道也在 2000 年年初修筑西环路时被几近填平，只在村东南角也就是我爷爷的房子附近，还留有很短的一段，河底也被种起了庄稼。我对跃龙河的印象只有儿时跟村里的玩伴儿在河沿上挖黄土窝，捕"疙瘩剪子"

（一种蚱蜢，学名中华剑角蝗）。仅是这一星半点儿的乐趣，已经能够让我玩到连回家吃饭都要忘记了。遥想父辈们年幼时跃龙河还是流水潺潺，河堤绿柳成荫，河水清澈见底，河中芦苇葳蕤茂盛，想必该有更多的乐趣。

据父亲回忆，当时家家养鸭，鸭子白天会自己去河里捉蚌捞虾。跃龙河的浅水处蒲苇丰茂，在苇子地里仔细搜寻，时常能够摸到新鲜鸭蛋。那时的生态应胜过现今许多湿地公园。早前逛南京红山森林动物园时，拍了许多动物的照片发给父亲看。他认出照片中的猞猁似是家乡土话中的"野狸"，体型大过家猫，四肢颀长而耳尖有一撮黑毛。但他也拿不准"野狸"到底是猞猁还是森林猫，只说村东北曾有一窑厂，父亲幼时爷爷他们曾经在那儿抓到过一只"野狸"。那时生活物资匮乏，被村民捕捉到的那些飞鸟走兽的大概率结局，大都逃不过拿回生产队里炖了吃肉。

一粥一饭当思来之不易，经历过物资匮乏年代的人，对待食物总是万分珍视。将平日里粗茶淡饭视若珍馐，而将冰柜、冰箱里塞得满满当当的鸡鸭鱼肉置若罔闻。大伯、父亲和姑姑时常因此责备爷爷奶奶说："好东西也都放坏了！"老两口也知道这是孩子们在担心自己吃不好，所以才会如此地以下犯上，却回回只说是想等孩子们都回来了大家一起吃。每当过年回家，都会发现爷爷奶奶的冰柜里，居然还有五月的槐花、十月的脆柿。由于孙子孙女们常年在外上学，赶不上这一口时鲜，老两口便小心翼翼采了来，戴着老花镜选出最好的，用他们觉得最能长久保存的办法，放在冰柜里储存。直到过年时节才将其取出来，以温水化开，给小孩子们尝一尝是否还似当季甘甜。生活虽然简朴，但自我记事起，爷爷奶奶家里便不曾有过"茅茨不翦，采椽不斫"的景况。就连老宅影壁墙的墙根处水泥碎了一角，爷爷都会及时和泥补好，一丝不苟地将新补之处刮得光滑水亮。锨、锄、镰、耙等一干农具，用毕即用干土枯草擦净，下次用时，不着半抹泥痕。爷爷奶奶一辈子靠天吃饭，土里刨食，无论来年收成怎样，农具都是他们以汗为墨的毛笔，是他们与土地抗争的钢枪。

另外，我爷爷还会做好多木工活，我从小便跟在他身边看他摆弄各式工具。他一边刨木花一边教我何为榫卯、何为檩椽、何为枘、何为凿，又时不时地扭头看看我，担心我被斧凿弄伤。但是我"志不在此"，只觉得这些工具像江湖侠客们五花八门的神兵利器，以至于其中的好几样都被我拿出去比划着玩耍之后不知所终。弟弟王士弘幼时很调皮，有次回老家过年，都曾试图在爷爷的电动三轮车后座上放小擦炮，被爷爷发现后阻拦。他再三央求之下终于得逞，结果就是好好的胶皮车座，被他放鞭的火药烧出一个难看的窟窿；再者就是拿裁纸刀"偷袭"爷爷，在爷爷的羽绒马甲后背上割出一道一拃来长的口子……每每此况，都由我来唱白脸，当恶人，厉声训斥他。

此事过去应有不止十年了，回想起来，自觉当时不该对一个幼童如此严厉。曾有那么几年，我感觉他对我十分疏远——我用我们兄弟二人聚少离多来安慰自己，又担心当时的苛责已经造成了隔阂——后来发现其实都是我"小人之心"了。这两年他回老家时，我们的沟通又多了起来，聊高中的学习生活，聊《火影忍者》动漫中的角色，或者是我单方面听他讲些诸如围棋、哲学等我所知之甚少的东西——恍惚间觉得他比我年长，我却又真切地见证着他在自己的轨道上一天天长大。

2018 年受台风"温比亚"的影响，寿光发了百年不遇的一场大水，弥河沿岸小区的地下车库里都被漫出来的河水浸灌，损失惨重。是年秋天全市大力整治河道，跃龙河也在此列。我爷爷房子附近的河床，由于修筑西环路，早已被填埋得跟宅基地齐平，所以就在地下修了一个涵洞，使之形成一段地下暗河。涵洞的起点就在我爷爷家门前三十几米远的地方，终点则一直延伸到前面提及的村东北窑厂旧址附近。

到 2019 年夏季台风再次来临又发洪灾时，站在路面上还能听到地下涵洞里泄洪排水的隆隆作响之声。此次洪涝灾害发生的当天夜里，爷爷想去探探门前涵洞入口处的河水深浅，于是就拎了一把长柄铁锹走到河边。黑暗中只听得河水汹涌，铁锹刚一往下探，手上便已察觉到河水奔腾，这才知道水面已是齐岸之高。爷爷说这是自 1974 年跃龙河发大水以来，第一次站在自家院子里就能听见河水的汹涌声。

"受人滴水之恩，当以涌泉相报"，是中华民族的传统美德，也是我们这个跃龙河畔人家代代相传的美德。我父亲和我姑姑小时候都曾掉进过河里，幸好大人及时发现。姑姑是被恰巧路过的爷爷揪着头发提溜上来的，父亲则是被正在河边纳鞋底乘凉的邻家大娘冒险下到齐腰深的河水里奋力捞起来的。这位于我父亲有过救命之恩的大娘，实与我爷爷奶奶年龄相仿，只是辈分原因我父亲叫她嫂子，我就按照老家习俗叫她大娘。这位和蔼可亲的大娘的大孙女，与我还是同级入读小学的同学，跟她奶奶一样也是见人带笑。可能是爱屋及乌的原因，我看她奶奶吉祥，也就看她如意。逢年过节，父亲母亲都要去这大娘家里坐上一坐，哪怕只聊三句话也要提及救命之恩，大家相逢一笑，其乐融融。

在我听过的那么多祖辈父辈关于跃龙河的记忆传说里，却是没有船的。

读后感（一） 跃龙河畔人家

269

2018年12月底的一个冬夜，我散步来到南京大桥公园，望着迷蒙昏黑的江面上来来往往的一艘艘航船，不免怔怔出神。我在想从前爷爷会不会也有无数个夜晚如我一样，站在跃龙河边，对着见证过祖祖辈辈生老病死的跃龙河水在想些什么，是在记挂田里的庄稼，还是在盘算明天的饭食，或是在想如何筹措三个孩子学杂费的办法？爷爷经常说的一句话是"忠厚传家远，诗书继世长"。大伯高中参军后一直努力打拼，人到中年了还能挤出宝贵的时间一口气读完了全日制法学博士学位；父亲也是在顺利读完书后参加工作，并由市级优秀教师而成为省级优秀法官；唯有姑姑早早便已不再念书，说是夜里下晚自习回家太黑了感到害怕，其实是家里条件不好，她想帮爷爷奶奶养活这个家。姑姑所作的牺牲和奉献由此可见一斑。

逢年过节阖家聚餐时，酒后爷爷时不时地想起当年心中的那口气："我就算累断腰，也要把三个孩子拥措（指竭力供养，使之走出农村）出去！"偶尔眼眶潮红，我知道那是他觉得对姑姑心中有愧。好在姑姑一家如今光景也相当不错，不仅儿女双全，而且生意红火，加之子女二人均本分厚道，可谓兄友妹恭，让人艳羡。

另外一件爷爷仍觉十分遗憾之事，就是当年适逢二炮征兵，而他不仅有中学文凭且系正式党员，不仅学历相对较高且属那个特殊年代里重点培养的对象，根正苗红，但是没想到曾祖母万分地不舍，寻死觅活地不许他去当兵谋前程，无奈只好作罢，在田地里终老一生。

我爷爷少年时遭遇困难时期，成家时正处"文革"时期，再后来母老家贫子幼，时代的春风吹得动他未酬壮志却承载不起他这家中长子的一众牵绊。我想，我之所以未曾听他说起过往水波不兴的跃龙河上有何舸舫，也许正是因为他自己本身就是这时代的滚滚洪流里，那条载着一家老幼扛过暗涌急潮的那条船。

2021年年底，爷爷收到村委会送来的"光荣在党50年"纪念章，他非常自豪地将之摆在客厅里，逢人便讲，欣然自得之情溢于言表。这是他那生命之船的龙骨，也是他刚直一生的脊梁。

想着家族过往的无限美好，看着弟弟王士弘正在读书上进，而姐姐王岩一直都是我辈楷模，年纪轻轻便已从名牌大学博士毕业当了大学老师，这个家族也有了新的传承和希望，为此我感到十分欣慰。大伯结合自己离开跃龙河畔出门打拼将近四十年的经历阅历和所思所想，费尽无数心血写就的这本《愿你此生更精彩——与高中孩子的十七堂对话课》，不仅会成为家族新的骄傲，而且会成为家族教育和子女成长的优秀启蒙读物和励志教材。

在外求学多年，虽然社会阅历不深，但我对于跃龙河畔的记忆却如陈年老酒，历久弥新。思来想去，我感觉爷爷常挂嘴边的那句"忠厚传家远，诗书继世长"，起码对我们这个普普通通的跃龙河畔人家而言，永远都是对的。

2023年6月24日写于南京

既像围炉夜话，亦如醍醐灌顶

桑敏

　　欣闻王明勇叔叔的新著《愿你此生更精彩——与高中孩子的十七堂对话课》就要付梓出版，我作为其中每一篇文章的忠实读者和直接受益人，感觉有话要说，如鲠在喉，不吐不快。

　　这本书中的每一篇文章，几乎都是王明勇叔叔成长经历的心得体会和自强不息的励志故事，都在针对为人处世所需能力素质的某一专题而集中发力，可谓用心良苦，值得用心去读。我个人感觉，阅读此书，既像是在与一位智者围炉夜话，又像是被大师醍醐灌顶，让人在赏心悦目之中受到教育启发。并且我感觉，每多读一遍，就有多读一遍的收获体验，也就更能感受到其中的精彩纷呈与处世经验。

　　据了解，这本书中的每一篇文章在写成之后，都要先经"真言贞语"公众号编辑的仔细校对和严格把关，然后才在百度App、今日头条、网易新闻、搜狐新闻等网络媒体公之于众，之后再请王耀星律师正读初三的女儿王安琪同学进行检验性阅读，在此基础上，王明勇叔叔再根据读者反馈意见进行修改完善，对其中的模糊之处予以具体明确，对没有说清楚的问题解释说明，对可能伤人自尊的言语淡化处理，力求完美无缺，仅是这种"如切如磋，如琢如磨"的工匠精神，就值得学习，让人陶醉。

更为重要的是，我感觉王明勇叔叔的每一篇文章，都将人生大道简而化之，并通过自身经历向读者娓娓道来，让人在春风化雨中领悟体味什么是教育之道和为人之道。毫无疑问，生活中能遇到一位长者愿意将自己人生沉浮几十年的心得体会，以一种平等的、对话的心态，毫无保留地传授给我们这些急需引导帮助的年轻人，是我们的一大幸运。我以为，这本书完全可以充当我们迷茫困惑之时的人生导师。

王明勇叔叔提倡做人必须"立大志、明大德、成大才、担大任"，却又无一不是落在实处，落在细处，既没有连篇累牍的刻板说教，也没有夸夸其谈地纸上谈兵，而是深入浅出地春风化雨，润物细无声。当然，这也是一本切实指导我们学习实践的答案之书，理事圆融地告诉你如何做人、做事、做学问，让人茅塞顿开。

当代年轻人面临纷繁复杂的社会环境，而且随时随地都被各种媒体声音所裹挟，在多个评价体系中迷茫、焦虑，却无力抗拒这万物皆可娱乐化的时代，甚至还要潜移默化地被"躺平"文化所侵袭，乃至于像一个又一个的盲目乐观主义者，只知在黑夜里高歌前行，而不耻于自己的莽撞和无知，直至主动将自己的意志出卖给无知的狂欢。但当多巴胺消散，我们还有勇气直面自己吗？所以，我们迷茫、焦虑，我们经常感到茫然无助。

阅读王明勇叔叔的文章，首先教会我"认识你自己"这一课题，这也是西方哲学史中的一大命题和难题。"不知言，无以知人也"，通过文字这张名片，我看到了王明勇叔叔对自己人生的大胆剖析，毫不避讳自己年轻时的莽撞和倔强，每每读到这些篇目，我总是要分外脸红心虚，想到自己处理挫折与诱惑之时的逃避心理，不禁汗流浃背。

毫不夸张地说，正是这本书唤起了我的羞耻之心。透过文字，我看到了茫茫大海中，躬耕不辍的军人；寂静夜色里，苦吟不止的学者；车水马龙中，与你我推心置腹的智慧长者。打开此书，如同打开了一本当代《论语》或《菜根谭》，作者从最基本的做人讲起，以"厚道是最大的智慧"，将处世之道向我们和盘托出，不会给我们太多压力和要求，却从心底期望当代年轻人能够站得直、立得正，循循善诱地引导我们不被纷杂的环境拖入泥淖，让我们从他律的藩篱中解脱，内驱为自律的成年人，一个有足够的理智力量来控制盲目冲动的成年人。

《论语·子路》中说："记己有耻"。读此书，就是在打磨我那钝化的羞耻心，倍感慌乱的同时，我也时常怀疑自己是否有能力去改变现状。但是随着阅读的不断加深，我越来越感受到作者字里行间渗透出的人格力量，如书中讲"小心"一篇，哪怕讲小心，王明勇叔叔也不会让文章因为过分谨慎而沦为下品，小心更是大气魄之下的小心，似儒生之佩剑，无锋无形，却铮铮铁骨、浩气四溢。我非常赞同王明勇叔叔的这种观点，即当代年轻人理应首先具有这种"人定胜天"的豪迈大气，才不会出现"力不足者，中道而废"的悲剧。

从一个被逼无奈离家出走的农村孩子，到海军普通一兵，潜艇全训副艇长，再成长为全日制法学博士，军事检察院正团职主诉检察官，舰队法律服务中心主任，王明勇叔叔的人生不仅有历经岁月历练、大海淘洗之后的真心，更有不惧沧海桑田、狂风恶浪的力量。读此书前，我就像一簇芦苇，风吹过来，我就摆一摆，雨打下来，我就低一低，根茎是纤弱的，力量是无从谈起的。但读此书之后，我竟不再惧怕根茎的纤细，而要踔厉奋发向下深耕；目前的根茎虽然柔软，却也坚韧，风可以吹弯，却不能压折。这种风雨不动安如山的坚韧，就是我从王明勇叔叔这本书里看到并立志以此为榜样的定力和力量。所以，不管前路如何漫漫，我们首先要理智认清自己，相信自己的向上有为力量，才有可能从容应对人生的各种挑战。

《愿你此生更精彩——与高中孩子的十七堂对话课》这本书将做人、做事、做学问一以贯之，全方位地为我们人生保驾护航；作者就像我们每一位年轻读者的家中长者，既期盼我们高飞远举，又怕我们登高跌重，所以殷殷教导、诲人不倦。对于一个学生，理应铭记作者这种"大胆地假设，小心地求证"的学术精神，做学问若航海，首先要有徜徉大海之志，并能深谙"谨慎能捕千秋蝉，小心驶得万年船"之理，以"战战兢兢，如临深渊，如履薄冰"的做事态度践行之，才能真正地扬帆远航。

如曾子之言："可以托六尺之孤，可以寄百里之命，临大节而不可夺也。君子人与？君子人也。"王明勇叔叔通过《厚道是最大的智慧》这篇文章，最终将做学问立足于做人之道，认为真正值得托付之人，不是精明强干之人，而是知廉耻、有能力担大任的厚道君子。这是我没有想到，也是值得称道和学习之处。

真正的文化是有容乃大的，是向上交流的从容不迫和向下兼容的如沐春风。我承认，我是王明勇叔叔文化辐射圈的受益者。作为一名在校大学生和实习教师，这本书让我透过文字，体味学习到了做人做事做学问的大道理，也让我进一步发现了自己的不足。我想我们时常都是书中所说的笨小孩，但我们不能愚，我们要坚持笨小孩纯笃的心思，敢怀羞愧之心，常念感恩之情，潜心钻研学问和稳步践行人生，珍视每一次的人生历练，但行好事，莫问前程，因为前程就在脚下，只要踏踏实实，一步一个脚印，总会有一飞冲天的机会愿意眷顾我们这些孜孜以求的笨小孩。

随着阅读的深入和体会的加深，我越来越清醒地认识到，这本书在名义上是写给高中孩子的，但就其实质内容和标准要求看，更是写给孩子家长，写给所有那些孜孜以求的少年、青年和追梦人的谆谆教诲和人生启迪。在这里，我衷心希望王明勇叔叔这本《愿你此生更精彩——与高中孩子的十七堂对话课》，能够成为你我共同的课外辅导书和人生导师，因为这本书能够帮助我们直面自己的人生，培塑自己的能力，让我们永远保持理性，时刻稳定心神，助力我们向着漫漫前路，扬帆起航！

2023 年 11 月 19 日

家长用心学赋能孩子健康成长的杰作

田德清

孩子是家长的希望，祖国的未来。把孩子培养成才，既是做家长的愿望，也是做家长的责任。家长是孩子的第一任老师，也是孩子能否健康成长的第一责任人，孩子的成长如何，与家长密不可分。作为家长，如何才能培塑孩子健全的人格，如何才能帮其更好更快地健康成长呢？《愿你此生更精彩——与高中孩子的十七堂对话课》这本书的作者王明勇博士，就以实际行动对这个问题作了很好诠释。

我是心学的爱好者，对王阳明的家书家训有所研究。当我读到这本书时甚是感奋。因为作为家长的王明勇通过这本书，向我们展示了他对孩子"知行合一"的教育。我认为《愿你此生更精彩》体现了王阳明家书家训的精神，是家长用心学赋能孩子健康成长的现身说法，主要体现在以下三个方面：

一、以"责善"之心，学做孩子知心朋友

王阳明在《教条示龙场诸生》中说："责善，朋友之道，然须忠告而善道之。悉其忠爱，致其婉曲，使彼闻之而可从，绎之而可改，有所感而无所怒，乃为善耳。"大意是说，责善，就是互相监督、提醒，从而让对方的品格臻于美好，它是朋友之间不可多得的美好品质，须真诚告诫并循循善诱地讲给朋友听。尽心尽力体现你对他的关心爱护，采用委婉温柔的表达方式，使朋友听到它就能够接受，深思悟出道理后就能够改过，对我有感激却没有恼怒，这才是最好的方法啊。

家长与子女之间虽有年龄、辈分的差距，但"心"是没有差别的。以无差别之"心"，用"朋友之道"处之，关键是"平等"二字。只有做到与孩子"平等"了，更好的教育效果才能得以彰显。许多家长不能深谙此理，他们往往"高高在上"，以"管理者"自居，不能像朋友一样与孩子"平等"交流，致使其产生了"畏惧""逆反"等心理，大大降低了"同频共振"的教育效果。曾听有孩子对我说："如果我以后做了家长，我不会每天对孩子板着一张脸，更不会大吼大叫。我会和孩子做好朋友，和他在床上打闹翻滚，和他聊天、谈心，让他把心里的想法和委屈都讲出来。一个能够理解我们、能和我们平等交流的父母，是我多么迫切的渴望和需要啊！"这个"表白"，代表了许多孩子的心声，值得我们做家长的深思。

那么怎样才能拉近与孩子的距离，与其做朋友，从而提高家庭教育的预见性、针对性和有效性呢？王阳明在其家书家训里讲了很多。作为家长，应该认真学习、深刻体会、努力实践。我以为，重点应该是放下身段，转

变角色，在"三学三不"上下功夫。所谓"三学三不"，是指学做"律师"、不当"法官"，学做"啦啦队"、不当"裁判"，学做"镜子"、不当"驯主"。学做"律师"、不当"法官"，就是要像"律师"对待自己的当事人一样，了解其内心需求，并始终以维护其合法权利为唯一宗旨。这是拉近与孩子距离、学做其朋友的前提；学做"啦啦队"，不当"裁判"，就是要以鼓励、表扬为主，对孩子的"闪光点"要善于发现和赞美，对孩子出现的挫折、失败，要以"朋友"的身份，帮其分析原因，吸取教训，做到不嘲笑、不训斥、不歧视；学做"镜子"，不当"驯主"，就是像"镜子"那样，发挥"照"的作用，把孩子表现出来的正确的东西要及时反馈，以帮其建立信心、积蓄力量。同时，还要以此来经常反照自己，特别是当孩子出现问题时，要多从自身找原因——因为家长是孩子的"底色"。"三学三不"的要义，就是家长要放下架子，通过"平等"沟通交流，走近孩子、关爱孩子、帮助孩子，使其培养提高认识自己、纠正自己、管理自己的能力。

在实践"朋友之道"时，家长需要做的工作很多，以下三个方面至关重要：一是一定要"知行合一"地做好自己。俗话说，"喊破嗓子，不如做出样子"。孩子的模仿力很强，家长的一言一行无不影响着孩子。这一点，非常重要。小时候的王阳明就证明了这一点。他虽然五岁之前不会说话，但他开口说话后，对他爷爷平时读的书却背得出来。

二是一定要"心平气和"地对待孩子。"心平气和"是一种境界，家长的心胸打开了，孩子的天地才会宽广。因此，家长对待孩子一定要以"朋友"的身份，忌高傲、讲坦诚；忌虚伪、讲信用；忌冷漠、讲和气。

三是一定要"审时度势"地引导孩子。家长做孩子的知心朋友并不是一味顺从，更不是溺爱。要根据情况，该柔则柔、该刚则刚，做到既有温度也有力度，努力形成"团结、紧张、严肃、活泼"的氛围。对孩子出现的问题，要"打破碗说碗、打破罐说罐"，不揭隐私，不翻旧账，以"朋友之道"处之。要本着吸取教训、不背包袱的原则，使孩子"从哪里跌倒，就从哪里爬起来"。这种挫折性教育，如处理得好，或许将更利于孩子成长。

二、以"致知"之法，引导孩子心智成长

"为学须有本原，须从本原上用力，渐渐盈科而进"，这句话的意思是，做学问须要有本源，只有在根本和源头上下功夫，才会像泉水一样淌过一个又一个的坑洼，不断地奔流前行。王阳明的目的，是想告诉我们以下两点：

一是求学就像挖井，必须从源头上着力，只有挖到了本源，才会有源源不断的活水，让你取之不尽，用之不竭。为此，他常用比喻强调："与其为数顷无源之塘水，不若为数尺有源之井水，生意不穷。"

二是求学就像种树，一定要在培养树根上下功夫，"但不忘栽培之功，怕没有枝叶果实？""有根方生，无根便死"。只要根壮实了，就不怕干不长，就不怕枝不茂，就不怕叶不密，就不怕花不艳，就不怕果不实。

王阳明说的这个"须从本原上用力"，就是"致良知"。"致良知"，这三个字在王阳明全集中俯拾皆是，但在家书家训提及却是唯一。为什么？因为千经万论，最后都会归到"致良知"上。良知虽然人人都有，但"致"与"不致"，大不一样。因此，作为家长，一定要引导孩子从"致良知"入手，因为这是孩子成长进步的根本，"已得本，不愁末"。我认为用王

阳明订正的"双八条"作为孩子"致良知"的教育抓手，努力实践，效果非常好。

所谓"双八条"，分为正向的"八条"和负向的"八条"。正向的"八条"：一是孝，即孝顺；二是悌，即悌敬；三是忠，即尽己；四是信，即真诚；五是礼，即礼仪；六是义，即适宜；七是廉，即廉洁；八是耻，即羞耻。而反向的"八条"，则指：一是怠，即懈怠；二是忽，即疏忽；三是躁，即急躁；四是妒，即嫉妒；五是忿，即愤怒；六是贪，即贪婪；七是傲，即骄傲；八是吝，即吝啬。

"双八条"，不仅一目了然、便于操作，而且思想性、指导性、针对性都很强。只要下功夫帮助孩子坚持不懈地"为善去恶"，就一定能使孩子的"良知"很快地开显出来。"根本"出来了，孩子的身心就有了"营养"，上学读书等效果就会在"不用扬鞭自奋蹄"中呈现。

需要强调指出的是，心是一体两面的。只要"良知"开显出来，反向的就一定会迅速地变成正向的。如前面所说"懈怠"就会变成勤奋、"疏忽"就会变成认真、"急躁"就会变成冷静、"嫉妒"就会变成欣赏、"愤怒"就会变成喜悦、"贪婪"就会变成知足、"骄傲"就会变成谦虚、"吝啬"就会变成大方。

实践证明，这样的正向能量一旦形成，孩子的潜能就会很快释放出来。要知道，人的潜力是无限的。为什么有些孩子在学习上常有"神来之笔"？根本原因就在于正向能量起来了，心光也就开显了。乘坐飞机的人都有这样的体验，飞机飞到一定高度时，尽管云层下面电闪雷鸣，下着倾盆大雨，但云层之上却无一丝阴云，而且阳光朗照。心灵也是一样，在一定的层面下，会有种种乌云遮蔽心性的光明，让我们生活在黑暗的阴霾里。但当心灵超越了云层，同样会发现云层之上晴空万里，这时心灵就获得了一种全新的自由。

毫无疑问，当带着这种更高的精神境界，回到现实中来，智慧仿佛被提升到了一个更高的层次，不仅能用独特的眼光看事物，还能发现以往注意不到的细节规律，"透过现象看本质"的能力将会大幅提升。因此，作为家长培塑孩子一定要注意从根本上入手，在"致良知"上下功夫，严防舍本逐末，避免"只见树木不见森林"！

三、以"随才"之志，激励孩子成就梦想

"夫志，气之帅也，人之命也，木之根也，水之源也。"意思是，一个人立定了做圣贤的志向，就像是一身精气有了统帅，生命本体有了神明，树木成长有了根本，水流淙淙有了源泉。王阳明在《示弟立志说》中开出的"强心剂"，就是"立志"。

王阳明说："夫学，莫先于立志。志之不立，犹不种其根而徒事培壅灌溉，劳苦无成矣。"在他看来，一个无志之人，就像一棵树，水浇得再足，肥施得再多，也是长不成的。为此，他一再告诫我们："君子之学，无时无处而不以立志为事""后世大患，犹在无志，故今以立志学说。中间字字句句，莫非立志。盖终身问学之功，只是立得志而已""志不立，天下无可成之事，虽百工技艺，未有不本于志者。"

作为家长在帮助孩子立志时，一定要把握好体与用的关系。要针对孩子的特点，从实际出发，体上"致良知"，学习目标要"随才而定"，严

防不顾实际情况的"瞎指挥"。王阳明说："人要随才成就，才是其所能为。"他告诉我们，每一个人都有一种乃至几种与众不同的才智。只要能够发现并顺从这种优势与特长去发展，就一定能够有所作为。比如有的天生嗓子好，可当歌唱家；有的天生弹性好、腿长，可以跳高，等等。家长是最了解孩子个性的。因此，家长要根据孩子特点，配合学校老师，努力把孩子的"随才"之志确立好。只有目标正了、方向明了、路线对了，"随才"之志才能如愿实现。需要说明的是，"致知"与"成才"是无二无别的。如果只注重"成才"而忽略"致知"，甚至拔苗助长，那就本末倒置了，这样不仅"才"开发不好，甚至还会出现"根枯叶黄"的现象，这样的教训实在是太多了，需要引以为戒。需要强调的是，"立志"固然重要，但不下"致知"的功夫，就等于是"空中楼阁"。只有像王阳明反复要求的那样，"无一息而非立志责志之时，无一事而非立志责志之地"，才能实现孩子的"随才"之志。

"今教童子，必使其趋向鼓舞，中心喜悦，则其进自不能已。"这句话出自《训蒙大意示教读刘伯颂等》，这是王阳明教育思想精华的集中体现。在这篇训蒙中，他不但指出了教育的宗旨、教育的方法、教育的原则，而且更重要的是指出了教育的缺陷：现在人教育孩子，每天只知道督促他们读书上课，严格要求，都不知道用礼仪引导；求其聪明，却不知道用善良来培养；经常绳捆鞭打，像对待囚犯一样对待他们，以至于孩子们"视学舍如囹狱而不肯入，视师长如寇仇而不欲见"。王阳明把这样的教育方式形容为"驱之于恶而求其为善"。这种方式是与教育的目标背道而驰的。"中心喜悦"，才能使孩子爱学、乐学、会学。作为家长，在辅导孩子时，还要特别注意启发诱导，让答案从其心中自然流出，切忌"竹筒倒豆子——
一览无余"。"学问也要点化，但不如自家解化者，自一了百当。"这句话，
可算作王阳明一生做学问的精髓，对我们做家长的具有重要的启发作用。
因为启发式教学，是增强自信心、提高创新思维的关键。一旦孩子相信自
己、依靠自己、战胜自己的能力形成了，就会瓜熟蒂落、水到渠成，还怕
心智不能成长？还怕"随才"之志不能实现？

　　以上观点，是我几年前研习王阳明家书家训的心得体会。近来逐篇阅
读王明勇博士所作《愿你此生更精彩——与高中孩子的十七堂对话课》中
的那些文章，越来越感觉我这篇《须从本原上用力——谈家长如何用心学
赋能孩子成长》，居然与王明勇博士的这本书有异曲同工之妙。欣喜之余，
权作是拜读王明勇博士文章的读后感。

2024 年 3 月 16 日

拳拳父爱 涓涓细流——一本教子有方书出版有感

刘晓庆

　　《愿你此生更精彩——与高中孩子的十七堂对话课》这本书即将出版，作为本书的责任编辑，犹如看到十月怀胎的孩子即将呱呱坠地一般，此时此刻感到十分欣喜和激动。和作者王明勇老师相识、相处的点点滴滴，也如放电影画面一般逐一浮现在我眼前。

　　我和王老师多年前因出版《"水兵律师"王明勇》一书而结缘。每年接触的作者不少，但能真正成为朋友的并不多见，而王老师就是其中之一。还记得第一次见面时，我们对了一下午稿子，临走时天色已黑，我也累得都快直不起腰来，而年长我十几岁的王老师却依旧腰板挺得笔直，英姿飒爽的军人风范与认真严谨的律师作风给我留下了极其深刻的印象。

　　印象深刻的还有是在聊天的空当，他竟如变戏法一般从兜里掏出鸡毛毽子，说踢就踢起来。他见缝插针般地珍惜时间，把健身运动落到实处，也让我很受教育。王老师思维敏捷，声如洪钟，口若悬河，丝毫没有大律师、大专家的架子，让人很容易走近。在随后的这些年里，王老师时常就像老朋友一样，会时不时地在微信上与我分享生活的点滴。也正是在这些点滴中，我看到了他的更多方面，何止是一个成功的大律师这么简单！

原来他不仅在部队里建功立业，转业后当律师功成名就，开律所也是风生水起，还是一位育儿有方的好父亲——女儿王岩就是妥妥的一位我们常说的"别人家的孩子"。女儿已经被他培养成了参天大树，儿子"小荷才露尖尖角"，一块璞玉正在他的手中精雕细刻。在电话中，我曾不止一次地向王老师求教："您到底是如何培养出如此优秀的孩子的？"也曾建言他应该写本育儿书，这将会比他的普法大业更加功德无量。

毕竟，这个世界上有什么能比把儿女培养成才更重要、更幸福的事呢？没想到王老师还真的听了进去，写了洋洋洒洒的几十万字交到我手中。从2022年9月10日教师节开始动笔，用了整整一年时间，一篇一篇均系用心写就。王老师每写完一篇，就发我一睹为快。能作为第一个读者和第一个受益人并于随后深度介入这本书的编辑出版，于我而言真的是人生中的一件幸事。

《愿你此生更精彩——与高中孩子的十七堂对话课》这本书是写给他儿子王士弘的，一位正处于"睁眼看世界，凝目思未来"阶段的高中学生。书中老父亲将自己一生的经历阅历，总结提炼成17条学习、工作与生活的行为准则，教育孩子如何做人、做事、做学问，充分表达了他对爱子的"殷殷舐犊情，拳拳慈父心"。每一条准则都是通过一篇文章提炼而来，写作风格就像一位老师站在讲台上向我们传授生动感人的一堂课，课堂上浸润着坚韧、诚信、正直、善良、感恩、勤奋的道理，犹如春风化雨一般地启发教育每一位学生感悟思考。我认为，这十七堂课不仅是上给孩子们的，也是上给像我这样有育儿困惑的家长们的，更是上给想"活到老，学到老"，对自己永远抱有成长期待的每一个追梦人的。

书中的每一篇文章都分为"博士观点""话题缘起""现身说法"这么三个部分，结构清晰明了。要说市面上的亲子教育类书籍，真可谓浩如烟海，但大都理论居多，不接地气，又或者空洞无物。本书的最大特色是每个案例都来自作者的生活实践，大多是其成长经历，比如儿童时在临近瓜田的玉米地里，对于那个追根溯源应该属于集体财产的甜瓜的摘或不摘的心理纠结，再比如中学时代班级里凸现大神一般复读生的降维打击……读起来都很有画面感、代入感；还有很多来自作者代理的案件，有谁能想到因为一个置物柜的腾挪问题都能导致命案发生，又有谁能想到仅仅因为一个"预"字，就能为当事人省下上亿元的人民币？还有一些来自作者的博览群书，博古通今，书中随处可见如"六尺巷"的故事，"芦衣顺母"的故事，"六祖慧能"的故事等。作者文笔细腻，语言文字通俗易懂，比如"不管刮多大的风，也不管下多大的雨，步子都不能乱""把难念的经，都唱作奉献之歌""坚持做个但行好事，莫问前程的笨小孩"等，即使合上书，这些话语也能时常在耳边萦绕。

书中的内容更是涵盖方方面面，谈读书，谈学习，谈做人做事做学问，谈修身养性，谈人际交往，谈为人处世，谈安身立命，谈家国情怀。作者从一名农村孩子到解放军战士，再到法学博士、高级检察官、知名律师，以及全军法制宣传教育先进个人和全国法制宣传教育先进个人，还取得了田径二级裁判、帆船二级裁判、二级心理咨询师等从业资格，并且曾在多所高校担任特聘教授……一路走来可谓掌声不断，鲜花无数。

　　真实的东西才有生命力，现身说法永远最有力量。作者用自己的素质教育作模板，向我们展示了一个优秀的人是什么样，一个成功的人是什么样。榜样的力量是无穷的。当然，书中不仅让我们看到了他人前的光鲜，也让我们看到了他背后的付出，告诉我们勤奋有多重要：数十年如一日地早起，平均每天比别人多出半天时间用于工作学习。看看吧，有成就的聪明的人都如此勤奋，你还有什么理由躺平？

　　作者的勤奋除了体现在工作学习上，还体现在笔耕不辍、著书立说上，更体现在勤动脑、善思考上，否则，怎么会有对"摸鱼"与"捉鱼"的考证？书中还向我们讲述休息与运动的关系该有多么重要，既有"战略"又有"战术"；更是用了大量篇幅告诉我们做人、做事、做学问都要肯下笨功夫，不要偷奸耍滑；告诉家长如何培养孩子的责任担当，不能做"精致的利己主义者"。作者还在书中剖析自己曾经犯下的错误，如在高规格晚宴结束之际被落下的经历。我在想，像王老师这么优秀的人都会犯错，我们普通人犯点儿错能有什么可怕的呢，重要的是知耻而后勇，要及时总结教训，避免再犯同样的过错。

　　如果说经典的《傅雷家书》《洛克菲勒写给儿子的38封信》离我们太过遥远，那么本书就犹如一位我们熟识的拥有"别人家孩子的"亲戚或邻居长者，通过十七堂课与我们语重心长地促膝交谈，娓娓道来。在书中我们既能看到作者身上的勤奋、坚持、厚道和智慧，也能看到他身上一位父亲的亲切慈悲，一名律师的严谨逻辑，一名成功人士的学习方法，是一个充满正能量的杰出典范。他在思维格局、思路办法、自律能力、自学能力、时间管理能力等诸多方面的倾情分享，都让我们受益匪浅。

　　这本书可以从任何一课开始阅读，即使只读上几分钟，也能从中深获教益。每读完一篇之后再读一遍，依然会有新的收获，常读常新。可以说这是一本实用的可供父母和孩子共读的成长指南。我强烈地将此书推荐给每一位有远见的父母和立志成才的孩子阅读。希望父母读过此书得到成长，进而言传身教给自己的孩子，助力孩子实现自我价值，培养出人格完整的、生活幸福的好孩子；也希望每一个孩子读完此书，都能更加出类拔萃，成为天之骄子！

　　愿你此生更精彩！

2024 年 1 月

痴情的猫

　　相对于狗的忠诚，猫是最容易移情别恋的动物。借用我老家寿光一个民间最为朴实的说法，叫作"狗是忠臣，猫是奸臣"。

　　就我个人的生活阅历而言，一条看家狗即便饿死，也决不会因为主人的贫寒而改换门庭。无论什么境况，它总是要对主人恪尽看家护院的职守，不离不弃，除非主人狠心把它送人。因而国人教育子孙后代动辄就是"狗不嫌家贫，儿不嫌母丑"，都到了以狗喻儿的地步了，人们对狗忠诚度的无限肯定，由此即可窥一斑而见全豹。

　　据我所知，我们亲爱的猫儿则是另外一副截然不同的嘴脸，它往往是看谁家有好吃的就踅摸到谁家，"喵、喵、喵"地对人拦路叫个不停，极尽讨好之能事，赖着不走，直到主人动了恻隐之心。关于馋嘴猫的赖皮，无论小时候还是最近几年，我都真真切切地见识过不下好几回，所以很有一些发言权。我以为，若论赖皮，猫比狗是有过之而无不及的。因此，我就真的很纳闷儿：不知究竟是哪个无良人最先用起了"癞皮狗"这个贬义词，以至于忠诚的狗儿成百上千年地背上了"赖皮"的黑锅，而且大有几百年之内都无可平反的迹象，多么可怜的狗儿啊！猫本赖皮却偏偏没有谁肯用"赖皮"一词形容猫，可见，世道是多么不公平。

我个人对猫的态度的些许改变，大约发生在三十年前。当时，我还在海军潜艇学院读书，是个大二且并不年轻的学生。之所以说并不年轻，一是因为相对于那些由高中直升大学的同学而言，我的年龄相对偏大，我是先当兵后考学的部队生；二是因为我所经历的风吹雨打和蹉跎岁月，早已把我的心态磨炼成不苟言笑的老夫子那般样子，早已习惯以成年人的，甚至是以一种提前感受的海军中尉的干部心态去看待人，琢磨事，体味情。因此，平常的事、一般的情、寻常的景，已经难以让我动容。但是，大学期间某个秋日黄昏发生的一件事儿，却在不经意间让我突然有了一种十分彻底的改变。

当时，日暮黄昏，夕阳西下，残阳如血，色彩斑斓，几乎西边的半个天都被映得通红，照得透亮，加上云彩的巧妙配合，生出了无限的曼妙与七彩的颜色。那种美，那种妙，那种娇，那种艳，只要见过，就会终身难忘。面对此情此景，不由心生无限遐想，难道这就是"云彩"一词的由来？我真的是被这造化、被这神奇、被这美妙给震撼了……

正慢慢欣赏与细细品味之间，没想到不经意间的低头一瞥，让我发现了人生中可能再也不会重复见到的，另外一种充满佛性的奇异景致，那就是一只黄黑相间的小花猫儿，竟然也在与我几乎相同的时间，朝着几乎与我相同的方向观望西天，仰头，侧身，一动不动地坐在进楼台阶的左边扶手高台上，仿佛被人使了定身法，在用一个长时间固定不动的姿势，仰望着西边粲然的天空！我从未见过如此痴情的猫儿。

　　那一时刻，我与这只痴情猫儿的唯一不同，就是我站在教学楼四层走廊西头的窗边，将半个身子探出窗外，陶醉于这大自然的神奇美妙之中，而它则是蹲坐在教学楼一层西头进楼台阶的左边扶手高台上，眼睛一眨也不眨地憧憬着这西方的极乐世界。瞥见这只痴情猫儿的那一瞬间，鬼使神差地我竟有了一个调皮到不近人情，准确地说是不合猫意的大胆设想：我要抓住这只痴情陶醉于西天美景的小花猫儿！

　　毫无疑问，我由四楼西侧走廊的尽头下到一楼，再由一楼东侧大厅门口出去（小花猫痴情呆坐的那个走廊西门，平常都是上锁不开的，所以我必须绕到东门大厅才能走出这座教学楼），之后再沿着楼前的花草树木由东往西，才能走到这只痴情猫儿僵硬呆坐的那个台阶，其间是很需要花费一些时间的。但是没想到，当我蹑手蹑脚地耗费几分钟时间下到一楼，再绕到楼外的台阶来到这只痴情猫儿的旁边时，它那痴情忘我地仰望西天美景的僵硬不变姿态，居然没有丝毫的改变，仿佛僵死了一般，以至于连我走到跟前它都没有任何的察觉，依然是身子一动也不动、眼睛一眨也不眨地仰望着西边的云天，痴情于这曼妙的美景！

　　直到我猛然出手，以迅雷不及掩耳之势抓住它的脖子，将它拽离那个已经呆坐许久的进楼扶手台阶高台，并经过了大约一两秒钟的光景之后，它才从陶醉痴迷的状态中猛然惊醒，嘶叫着在我手中拼命挣扎！

　　在这之前，恐怕无论如何我都不会相信，印象中极易移情别恋的猫儿，竟会对这夕阳美景痴情迷恋到如此地步。可见，美好的事物总是相同的，而且万事万物皆有灵性绝非佛家虚妄。是的，我们总是慨叹"可惜近黄昏"，却很少能够静下心来物我两忘地体味这"夕阳无限好"。事实上，直到此时此刻，我才知道自己总是那么"两眼一睁，忙到熄灯"地不知停歇，一天到晚，一年四季总是那么匆匆而过的灵魂该是多么可怜。

传说，猫是老虎的师傅，却独独留了爬树这一绝招儿没有传授给徒弟，因而猫才得以在老虎忘恩负义时，凭此爬树绝技临危脱身。听说，猫狗相遇之所以动辄打架，而且往往都是相对弱小的猫儿被撵得抱头鼠窜，根本原因就在于彼此沟通不畅。从动物的习性角度讲，这是猫与众不同的示好方式使之所以然。比如，狗儿向人示好的最主要表现形式，就是摇尾，被人口诛笔伐地称为"摇尾乞怜"，指的就是这种状态。猫儿则与此明显不同，如要示好，必先弓背曲腰，甚至为了追求效果还要毛发倒立。在狗儿的眼里，这不是故意挑衅又是什么呢？结果不言而喻。试想，拍马屁都拍到马蹄子上了，还能有猫儿的什么好果子吃？

在一个短视频中，我曾听到国学大师曾仕强先生说："所有的动物都没办法看天，因为老天爷不让它们看天。……我们说狗眼看人低，就是因为狗不敢抬头看人，更不敢抬头看天。……比如说鱼，它一看天就死了。"但我亲眼看到的这只小花猫儿，就曾真真切切呆呆傻傻地与我一同痴情无比地仰望那彩霞满天，它是否因为违反天条而痴情看天就会很快死去，我不得而知。因为自此之后，我就再也没有见到过这只痴情的小花猫儿。事实上，由于那让人痴迷的西天美景已成过眼云烟，往事不再，所以即便后来再次见到，也已经认不出对方的模样儿，也就再也没有让我们能够再次相见的缘分。回忆至此，再一次衷心感谢这只小花猫儿，再一次感谢生命中这难得一见的缘分。

当年在看周迅等人主演的电影《画皮2》时，我就对其中那句听过之后就要忍不住为之流泪的经典台词"你有过人的体温吗？有过心跳吗？闻过花香吗？看得出天空的颜色吗？你流过眼泪吗？世上有人爱你，情愿为你去死吗？"感慨万千，尽管也算十分地好奇喜欢，但是却在好奇喜欢之后成为过眼云烟。及至再次修改这篇散文《痴情的猫儿》，我才算真正体味咂摸出了其中的匠心独具和人情练达，也才知道真的是人鬼有别，猫狗不同，人与动物更是存在天壤之别，人与动物不可同日而语。

其实，每当想起或者说起这只猫儿的忘我痴情，就不能不想起我的母校海军潜艇学院，也不能不让我回忆起那十几年风里来雨里去的终生难忘的水手生活。当年驾驭潜艇驰骋深海大洋，特别是作为潜艇值更官在熬过伸手不见五指的漫长黑夜之后，在指挥舱里把住对空潜望镜向海面四周观察瞭望时，这种人生体验之惟妙惟肖和只可意会不可言传，再华丽的文字都将无以言表：区域游猎过程中，与长时间水下潜航与守望相生相伴的寂寞、煎熬、疲惫与期冀之情复杂交织；黎明之前的黑暗，仿佛必须有这分水岭似的，黎明前后的天空差别极大，伸手不见五指都不足以形容黎明之前的天空到底有多么黑暗。日出东方时，顽皮的太阳在跃出水面那一刹那的壮丽辉煌，让人终生难忘：先是天空出现一抹儿鱼肚白，渐渐地能够看清水天线，之后的天空便开始色彩逐步丰富起来。先是太阳由少到多地、一点儿一点儿地、慢慢腾腾地挤出水面，像一个高明的厨师煎出的香喷喷的金黄艳丽的山鸡蛋。但最生动活泼的、最蔚为壮观的，还是整个太阳脱离水天线的那一刹那。那一刻，初升的太阳就像一个顽皮的孩子，在水天线上轻轻一跃，就水到渠成似的悠然间突然蹦离水面，脱离得干净利落，一点儿也不拖泥带水，竟是那么轻松，那么活泼，那么自然，那么壮观！

终于熬过漫漫长夜之后，在水面下，从潜望镜中，品味日出东方的绝妙盛景，一切的艰难困苦、所有的疲惫劳累，都会瞬间烟消云散。其实，我们的生活、我们的人生又何尝不是这个样子的呢？幸福来自感觉，而痛苦源于比较。懂得知足，无论身处何地，也不管境遇如何，都会幸福快乐，所以说幸福就是一种态度、一种感受、一种体验，更是一种追求。生活原本是美的，只不过我们在忙忙碌碌中丢掉了自我，所以只看到其中的累，而没有体味到其中的得、其中的乐、其中的情、其中的爱。

记得上高中时，我曾非常迷恋一句话，迷恋到把它当成座右铭，写在临别赠言的日记本上送给要好的朋友，那就是"快乐心想来"。上大学时，我也曾被一名大学老师的演讲报告深深打动，这名老师虽然家境相对悲惨，但在工作上却特别努力，尤其难能可贵的是，他总是无私奉献且在学术上颇有建树。在先进事迹报告会上，他演讲的题目居然是"把难念的经，都唱作奉献之歌"，让我大为震撼！

晚上睡不着觉的时候，我常想，如果真的有人能够"把难念的经，都唱作奉献之歌"，那该是怎样的一个人啊？那又该是什么样的一种生活态度？能够有这种精神作支撑的人，他的生活能不美吗？他的品位能不高吗？他的精神能不纯吗？他生命的张力和生存的价值，怎么可能不被发挥到极致呢？

一般而言，猫儿的痴情是一时的，恐怕只是偶有为之而已，即便痴情到忘我，痴情到无视危险的存在，梦醒时分也会很快回归其本性。毕竟猫儿就是猫儿，它终究也成不了狗，因为成千上万年的自然造化，已经赋予它有移情别恋的本性，如同狗儿对主人的忠诚，亘古不变。我不明白的是，人对自身价值的追求，人的诚实善良的秉性是否应该如狗，还是应该像猫呢？因人而异，相信世间自有公论，而时间也会告诉我们一切……

初作于 2010 年 2 月 10 日

修改于 2022 年 6 月 29 日

附录二

王家老庄村的"三位中学生"与"五名博士群"

在国家下大力气以教育立法的方式，深入扎实推进九年制义务教育的当下，"中学生"早已司空见惯。但在"完小毕业"（相当于现在的小学毕业）为基层公务员队伍中比较少见高学历的 20 世纪 50 年代，"中学生"却是难得一见的凤毛麟角。毫无疑问，王家老庄村在这个时代就读中学的王连碧、王树宗、王明道等三位先学前辈，就是这样凤毛麟角一般的人物。

我于 1976 年 9 月入读寿光县马店乡（现为寿光市文家街道）老庄小学时，王连碧、王树宗和王明道三位先学前辈早已不是中学生，而是成名已久的大学毕业生。他们每个人都有自己讲不完的传奇故事，每个人都已活出人生精彩。跟就读老庄小学的其他学生一样，我也是在入学之后不久，便已对王连碧、王树宗、王明道这"三位中学生"耳熟能详。虽然没被挂像宣传，但他们的光辉形象早已镌刻在王家老庄村的男女老幼心中。在王家老庄村的老少爷们儿，以及曾在王家老庄村工作和生活过，以及工作和生活虽与王家老庄村无直接交集，但其内心深处却对王家老庄村耕读传家的良好家风有着深刻印象和高度认同之士的眼中，这"三位中学生"的美誉度与知名度并驾齐驱，我等后学晚辈均须仰视才见。

在王秀川、王敬武、王东峰、王素香等本村民办教师，以及汤明经等驻校公办教师，一次又一次地提及这"三位中学生"时的慷慨激昂与眉飞色舞的感召下，我们这些天真烂漫的少年儿童，都在潜移默化中，将王连碧、王树宗、王明道这"三位中学生"不仅是"村民骄傲，更是学生楷模"的价值观根植于胸，并在自觉不自觉中逐步树立起做人要做王连碧、王树宗、王明道这样的可以光宗耀祖之人的远大理想。就像南朝范晔所著《后汉书·皇后纪》中记载的东汉开国皇帝（光武帝）刘秀初到京城长安求学那天，看到气宇轩昂、威武雄壮的执金吾大将军和国色天香的美妙女子阴丽华后，就从心底发出的关于人生理想的无限感慨与美好向往："仕宦当作执金吾，娶妻当得阴丽华。"

需要澄清的是，"三位中学生"这个称谓并非我的发明。在我印象中，这个"三位中学生"称谓的由来，转述于王家老庄村曾经的党支部书记、此前的解放军战士王明亮。记得那是在我高二下学期的一天晚上，在我二叔王光景组织的一次家宴中，酒至微醺时，三哥王明亮借着三分酒意七分醉，指着挂在我叔堂屋后墙上的一幅墨竹图，让我大声诵念那墨竹图两边各有一行的"未出土时先有节，及凌云处尚虚心"。

在念之前，我还天真地以为三哥王明亮只是因为"酒"眼昏花不能认全其中的字，所以才请我帮忙呢。哪知他在参军入伍之前就曾做过老庄村办小学的语文老师，那时也没有"酒"眼昏花到不能认字。直到念完之后，看到三哥明亮那炯炯有神的目光和满怀期冀，我才突然醒悟这是他在借机敲打我，劝勉我在任何时候都要保持"有节"和"虚心"。

此时，我仅系寿光一中的一名普通高二学生，有无发展前途及日后能否做出值得村人骄傲的些许成就尚不确定，但三哥明亮已在对我用心培养，让我知道"有节"和"虚心"永远都是为人处世的根本。公道而言，王明亮并非我的亲哥，论辈分也在十服开外，但其以对待亲弟弟的姿态劝勉我在任何时候都要保持"有节"和"虚心"。仅此一点，便可看出王家老庄村的老少爷们儿对于耕读传家这个良好村风的延续传承，永远都有主人翁精神的自觉担当。

毫无疑问，在向我介绍"三位中学生"称谓由来的时候，王明亮也跟其他村民一样地心怀敬仰，一样地慷慨激昂，一样地眉飞色舞，一样地像是在讲述自己的"过五关，斩六将"。让我心头为之一振，甚至可以说是为之心潮澎湃的是，无论我刚上小学时的"三位中学生"故事讲述者如王秀川、王敬武、王东峰、王素香等本村民办教师，还是我叔家宴上的这次故事讲述者王明亮，居然都是一样地激情澎湃，一样地有责任担当！因此，我常想，王家老庄村之所以能在出现让人羡慕的"三位中学生"后，又雨后春笋一般生机盎然地诞生了一个"五名博士群"，原因大概就在这里。

在三十多年前的那个"有节"与"虚心"的言传身教家宴上，三哥明亮除了煞费苦心地劝勉我要"有节"和"虚心"，还机缘巧合地向我讲述了"三位中学生"称谓的由来。他说王树彬五爷（据说1958年之前曾用名王树茂）每当应邀到外村坐席，都会在酒酣耳热之际与人一争高下之时，骄傲自豪地高声大嗓喊道："恁村这算啥？我们王家老庄村有三位中学生！"

现如今，这"三位中学生"中的王连碧老爷（比我爷爷王树谷还高一辈）早已驾鹤西去，而王树宗三爷（与我爷爷同辈）和王明道大哥都已八十开外，属于耄耋之年，但其励志故事却是毫无例外地常讲常新。在我看来，王连碧、王树宗、王明道这"三位中学生"早已成为我们王家老庄村的陈坛老酒，历久弥香。

不得不说2022年10月27日是一个吉星高照的大好日子，我甚至以为这一天完全值得载入我们王家老庄村的家谱史册，因为在这一天的傍晚掌灯时分，我居然通过青医附院年轻有为的医务处长纪玉芝女士（原妇产科主任，也是我出类拔萃的年轻漂亮寿光一中小师妹）的大力引荐，联系上了虽然神交已久却从未谋面的王明道大哥的千金小姐王艳霞博士。更加令人振奋的是，王艳霞博士居然在与我建立微信联系之后不久，就不辞辛劳地连夜联系上了王家老庄村的其他三名已知博士，并于2022年10月27日晚上8点零9分，组建了共有五名博士参加的"王家老庄博士群"。建群之后我才发现，只有区区八九百口人的王家老庄村，居然已经出了两名医学博士、两名法学博士和一名工程学博士，而且都在各自岗位上做出了不凡的成绩。我认为这可不是一般的牛气冲天，所以值得写书以记盛世。

为了验证我这个牛气冲天的判断是否靠谱，在"王家老庄博士群"于2022年10月27日晚上建立的第二天一早，我就请教见多识广且素以帮助别人为自己快乐的寿光市文家中学校长梁东升："您能否告诉我在整个寿光市范围内，有多少个自然村的博士研究生人数已经超过三名？"没想到东升校长的回答一如其人，掷地有声地说："大哥，具体数字我不清楚，但肯定不多！"

由于弟弟王明荣在离开教育系统去做法官之前，与梁东升校长是非常要好的同事，加之弟妹桑海荣老师目前就在梁校长的手下做事，他们之间已经彼此默契并结下了深厚情谊，这也使我跟东升校长说话办事从来不拘小节，所以当即开玩笑地对他说："再探再报！"

三天后，东升校长向我传达来自更加见多识广的中华诗词学会会员、中国风景摄影师、寿光市文联委员和影视协会副主席梁仲胜先生的更为准确信息："据我所知，除周疃和桥南李外，在寿光市境内，一个自然村就有超过三名博士研究生的情况并不多见！"毋庸置疑，梁东升校长和梁仲胜先生向我传达的以上信息，足以让我对王家老庄村建立起可以傲视群雄的文化自信。

另需说明的是，在"王家老庄博士群"建立的当晚，我便抑制不住激动和兴奋，电话联系了对我而言堪称"忠厚长者"的王明忠姐夫，在向其通报喜讯并与之沟通交流看法后，虽已时至深夜，但我不管是否会因此打扰王敬堂大爷（与我爷爷王树谷先生同辈）休息，连夜向其通报已经联系上了王明道大哥的女儿王艳霞博士，并由其牵头组建"王家老庄博士群"这个特大喜讯。

我之所以会在第一时间向王敬堂大爷汇报思想、请示《王家老庄村村志》编撰工作，是因为王敬堂大爷虽然由于养家糊口的现实需要而失去了考研、读博的机会，却是王家老庄村读书人中的承上启下者。他不仅博古通今，而且大医精诚；不仅帮助身有残疾的父亲撑起了一片天，而且以相对有限的收入资助妹妹王莉老姑（她与我爷爷同辈，所以我叫她老姑）读完大学，他们兄妹俩也因此成为王家老庄村有史以来的第一对大学生兄妹，此等善举备受我辈尊敬。在"王家老庄博士群"建立当晚，我与王敬堂大爷沟通交流的核心要义，就是由我主笔撰写《王家老庄村的"三位中学生"与"五名博士群"》，并争取让其成为《村志》的一个序，以此记述王家老庄村的耕读传家与厚积薄发。

最后还需说明一点，对于王连碧、王树宗、王明道这"三位中学生"的学术领域和各自成就，由于我本人不够专业和他们的事业需要保密的原因，在此不予评说，但是对于他们的榜样力量和楷模作用，尽管我虽不才，却不敢稍吝笔墨。

清代文学家、史学家赵翼在《论诗五首》中说："江山代有才人出，各领风骚数百年。"我想，在王家老庄村的耕读传家历史长河中，曾经引领无数读书人一步一个脚印地努力前行和奋发向上的"三位中学生"王连碧、王树宗、王明道，以及正如火如荼于当下的青年才俊王明学、王艳霞、王晓玲、王岩等五名博士，都将无可避免地成为历史，而那些如同冉冉升起的明星一样的王家老庄村后起之秀，也必定会为王家老庄村的耕读传家续写新的辉煌。

2022 年 10 月 28 日晨写于青岛